곽재식과 힘의 용사들

일러두기

- 본문 중 큰따옴표("")로 표시한 대화나 혼잣말은 별도의 언급이 없는 한 이해를
  돕기 위해 창작해 넣은 것입니다.

곽재식과

ELECTROMAGNETIC
FORCE

GRAVITATIONAL
FORCE

WEAK
FORCE

STRONG
FORCE

자연계 4대 힘을 쥐락펴락한
과학자들의 짜릿한 우주 정복기

곽재식 지음

힘의 용사들

다른

들어가며

세상을 움직이는 네 가지 힘

과학자들은 자연을 이해하고 설명하려고 한다. 그렇다면 현대 과학이 세상을 설명할 때 가장 바탕이 되는 틀은 무엇일까? 한 가지 쉽게 꺼내볼 수 있는 이야기는 과학은 세상에 네 가지 힘이 있다고 보고 여러 가지 일을 풀이한다는 것이다. 세상의 온갖 물체를 만들어내고, 부수고, 움직이고, 다른 물체로 바꾸는 힘은 중력, 전자기력, 강력, 약력 네 가지인데, 이 힘들이 서로 다른 성질을 갖고 있기 때문에 세상에는 여러 가지 일이 일어난다. 요즘 과학자들은 전자기력과 약력은 사실상 같은 힘이므로 힘을 세 가지로 구분하는 것이 더욱 정확하다고 덧붙이기도 한다.

이 책은 바로 자연계 4대 힘이라고 하는 네 가지 힘을 소개하고자 썼다. 힘의 성질을 정확하게 배우고 활용하는 법을 익히려면 과학 교과서를 보는 것이 좋을 텐데, 나는 그보다는 이런 다양한 힘이 우리 생활에 얼마나 가까이 영향을 미치고 있는지 와닿게 써보는 것을 목표로 삼았다. 네 가지 힘은 세상을 움직이는 그 모든 원인이므로 상상 외로 넓은 영역에 걸쳐 발휘되고 있다. 예를 들어 전자기력은 전자제품에만 쓰이는 것이 아니라 생물이 음식을 소화하고 숨 쉬는 힘이기도 하고, 약력은 교과서에서는 특이한 방사능 물질과 연결 지어 설명하지만 별이 빛나고 태양이 뜨거워질 때에 꼭 필요한 힘이기도 하다. 나는 이렇게 과학의 여러 분야가 넓은 의미에서 서로 엮여 있고 항상 재미난 모습으로 곳곳에 연결되어 있음을 보여주고 싶었다.

누구나 읽기 쉽도록 네 가지 힘과 관련 있는 연구를 한 과학자를 두 명씩 소개하기로 했다. 특히 훌륭한 과학자로 정평이 나 있지만 그 삶은 상대적으로 덜 알려진 과학자들을 택했다. 과학자라고 하면 "천재라서 기이한 행동을 했다", "과학자들은 원래 성격이 괴상하다"라는 식의 이야기가 많은데, 나는 이런 무용담이나 가십이 지나치게 자주 언급된다고 생각해왔다. 인간으로서 공감을 느낄 수 있는 이야기가 더 필요하다고 생각했기에, 여러 방식으로 살아온 과학자들의 다채로운 삶을 소개하고자 했다. 그래서 이 책에서는 영화배우에서 난민까지 과학자들의 우여곡절한 인생 이야기를 통해 과학이 발전하는 모습을 입체적으로 보여주기 위해 애썼다.

책에 실린 이야기들은 대부분 내가 진행한 유튜브 시리즈 〈격동 500년〉에서 따온 것이다. 즐거운 프로그램을 긴 시간 같이해온 최진영 대표님, 이용 기자님께 깊은 감사의 말씀을 드리고 싶다. 또한 항상 제작과 촬영을 이끌고 지원해주신 원종우 선생님, 박민지 과장님과 여러 스탭분께도 감사의 말씀을 올리고자 한다.

2023년 6월 오송에서

곽재식

차례

FORCE 3 강력

FORCE 4 약력

공중에 올라간 우주선이 움직이는 방향과 속도를

잘 택하면 추락하지 않는 것은 신기한 현상이다.

하지만 따지고 보면 이 역시 중력 때문에 일어나는 현상이다.

달이 지구로 떨어지지 않는 이유, 지구가 태양에서

떨어지지 않고 계속 주변을 돌기만 하는 것도 같은 원리다.

뉴턴의 물리학이라고 들어봤니?

샤를레 후작부인

프랑스의 과학자, 가브리엘레 에밀리 르 토넬리에 드 브르 퇴유 뒤 샤틀레 후작부인Gabrielle Émilie Le Tonnelier de Breteuil, marquise du Châtelet은 1706년 12월 17일 프랑스 파리에서 태어 났다. 정식 이름은 대단히 길기 때문에 흔히 에밀리 뒤 샤틀 레라고 줄여서 부른다. 이때 '뒤 샤틀레'는 후작부인이라는 높은 귀족 지위에 오르면서 얻은 칭호이고, '뒤'는 이런 칭호 앞에 공통으로 붙는 말이다. 변함없이 쓰일 만한 호칭을 생각 해보라면 '샤틀레 후작부인' 정도이지 않을까 싶다.

오늘날의 시선으로 보면 샤틀레 후작부인을 위대한 과학 자라고 하는 것은 당연하다. 그렇지만 샤틀레 후작부인이 활 동하던 18세기 초반에 후작부인을 과학자라고 부르는 사람은 거의 없었을 것이다. 그럴 수밖에 없는 여러 가지 이유가 있었다.

가장 큰 이유는 그 무렵만 하더라도 과학자scientifique라는 말이 널리 쓰이지 않았기 때문이다. 그 시대에는 과학자를 특수한 방식으로 어렵고 깊은 생각에 심취한 철학자라고 생각했다. 그러므로 당시 사람들은 후작부인을 철학 분야에서 활동하는 사람이라고 생각했을 것이다.

우리는 흔히 근대 과학의 시작을 뉴턴의 물리학이 개발된 순간이라고 말한다. 말하자면 과학을 처음 시작한 사람, 과학의 창시자에 가까운 사람을 한 명만 꼽는다면 영국의 아이작 뉴턴이 가장 적당하다는 이야기다. 그런데 샤틀레 후작부인이 태어난 해에 뉴턴은 여전히 살아 있었다. 이렇게 보면 후작부인의 시대는 뉴턴의 시대 바로 다음 시대에 해당한다.

후작부인이 남긴 공적 중에 가장 널리 알려진 것은 뉴턴의 과학을 이해하기 쉽게 해석하고 많은 사람에게 소개했다는 점이다. 뉴턴의 새로운 과학이 몇십 년째, 그 성과에 걸맞은 인기를 누리지 못하던 시절에 샤틀레 후작부인은 뉴턴 과학의 핵심을 담은 책《프린키피아》를 프랑스어로 번역하고 해설했다. 이런 활동 덕에 뉴턴의 과학은 유럽 전체, 나아가 세계 모든 사람이 공감하고 여러 나라에서 공통으로 받아들이는 상식이 될 수 있었다.

그렇게 생각한다면, 샤틀레 후작부인은 세상에 근대 과학을 전파한 초창기 핵심 인물이라고 볼 수 있다. 흔히 과학자라고 하면 하얀 실험실 가운을 입고 첨단 기기가 가득한 연구소에서 일하는 사람을 떠올릴 것이다. 그러나 정작 과학이 처음 탄생해 퍼지던 시기에 큰 활약을 한 인물로 빼놓을 수 없는 사람은 복잡한 궁중 예법과 화려한 드레스에 친숙한 프랑스 귀부인이었다.

살롱에서 피어난 수학 사랑

샤틀레 후작부인은 귀족 가문에서 태어나 유복한 어린 시절을 보냈다. 후작부인의 아버지는 루이 14세 시기에 활동한 브르퇴유 남작이었다. 태양왕이라는 별명으로 불린 루이 14세는 "짐이 곧 국가다"라는 말을 남겼을 정도로 강력한 권위를 자랑하는 왕이었다. 루이 14세의 충성스러운 신하였던 브르퇴유 남작은 아마도 상당한 권세를 누리며 부유하게 살았을 것이다.

요즘 이런저런 글에서는 브르퇴유 남작이 젊은 시절에 총사대musketeers와 함께 일했을 것이라고 한다. 총사라고 하면, 알렉상드르 뒤마의 걸작 《삼총사》가 떠오른다. 원래 총사란 화승총을 잘 다루는 사람이라는 뜻에서 나온 말로 한동안 프랑스에서는 실력이 뛰어난 정예 부대를 일컫는 말로 쓰인 용어로 보인다. 《삼총사》에서 주인공에 가장 가까운 인물은 달타냥인데, 실제 프랑스 역사에는 유명한 총사로 달타냥이라는 사람이 있었다. 아마도 뒤마 역시 실존 인물 달타냥에 관한 이야기를 살펴보다가 《삼총사》라는 소설을 구상하게 되었을 것이다.

재미있는 점은 브르퇴유 남작의 젊은 시절과 실존 인물 달타냥의 노인 시절이 겹친다는 사실이다. 확실한 증거는 없지만 샤틀레 후작부인의 아버지는 젊은 시절 《삼총사》의 주인공 달타냥을 궁전에서 실제로 만났을지도 모른다. 어쩌면 달타냥과 같이 어울려 일했을 수도 있다. 후작부인이 어린 시절 아버지에게 옛날이야기를 들려달라고 하면, 아버지는 달타냥 이야기를 해주지 않았을까?

샤틀레 후작부인의 시대는 《삼총사》 속 프랑스처럼 귀족이니 왕족이니 하는 신분제가 강하게 유지되었던 것은 물론이요, 모든 사람에게 교육의 기회가 평등하게 주어지지도 않았다. 후작부인 역시 부유한 가문에서 태어나기는 했지만 여성이라는 이유로 정식 교육을 받을 수 없었다. 그래서 후작부인은 학교를 다닌 적이 없다.

다행히 브르퇴유 남작은 딸의 재능을 귀하게 여겼다. 여성에게 왜 쓸모없이 어려운 학문을 가르치냐고 주변에서 수군거렸을 법도 한데, 남작은 가정교사를 구해 딸이 관심을 가질 만한 다양한 분야의 지식을 배울 수 있도록 했다.

후작부인이 어린 시절 가장 화려한 솜씨를 뽐냈던 과목은 외국어였다. 당대 귀족과 학자 들이 익히던 옛 언어인 그리스어와 라틴어에 뛰어났고, 영어에도 훌륭한 재능을 보였다. 그 외에도 독일어·이탈리아어·스페인어 등의 언어에도 어느 정도 실력을 갖추었다는 이야기가 있다. 10대 초반 시절의 후작부인은 고전 문학, 특히 외국 문학에 밝았다.

후작부인의 외국어 솜씨는 이후로도 평생 훌륭한 수준을 유지했다. 나중에 후작부인이 뉴턴의 과학을 해석하고 소개하는 데에서 대활약한 것도 뉴턴이 라틴어로 쓴 책과 영국 사람들이 쓴 여러 글을 읽는 데 능숙했다는 사실과 관련 있을 것이다. 자기가 사는 나라와는 자못 다른 외국의 새로운 문화와 생각, 연구 성과를 빠르게 이해하고 폭넓게 파악할 수 있는 외국어 실력이 뛰어났던 것이다. 나는 후작부인이 어린 시절 심취했던 세계 여러 나라의 문학 덕분에 같은 시기의 다른 사람들과 달리 새로운 학문, 즉 과학을 받아들일 수 있었을 거라고 생각한다.

이런 이야기는 요즘 입시 정책 때문에 과목과 전공을 나누어놓은 것을 지나치게 크게 생각하는 문화와 대조를 이룬다는 생각도 해본다. 현대에는 전공이 영문학이나 철학이라고 하면 수학이나 물리학과는 어울릴 수 없을 정도로 거리가 멀다고 생각하는 사람들이 적지 않다. 사람의 성향이나 재능이 과목이나 전공에 따라 나뉜다는 것은 터무니없는 생각이 아닐까.

물론 영문학을 좋아하면서 수학을 싫어하는 사람도 있고, 수학을 잘하면서 문학에 재능이 없는 사람도 있다. 하지만 그렇다고 해서 영문학과 수학의 관계가 뜨거운 것과 차가운 것, 밝은 것과 어두운 것처럼 반대는 아니다. 그것은 오른팔로 공을 잘 던지는 야구 선수의 왼팔 힘이 약할 거라고 생각하는 것과 같다. 운동 실력이 뛰어난 야구 선수라면 오른팔로 공을 던진다고 해도 왼팔 힘 역시 보통 사람보다는 세다. 성격이 다른 학문을 익히는 것은 서로를 돕는다. 과목이나 전공을 나누어놓았다고 해서 그것이 뇌에서 서로 싸우는 것은 아니지 않은가. 샤틀레 후작부인은 사람의 성향을 단순한 제도에 맞춰 재단할 수 없다는 점을 알게 한다.

후작부인은 책을 보며 하는 공부 외에도 승마, 펜싱, 춤, 음악에도 관심이 많았다. 당시 프랑스 귀족 여성들은 사교계에서 활동하고 사람들과 교우하는 일이 중요했다. 후작부인 역시 귀족 가문의 딸로 다양한 분야에서 많은 훈련을 받았고, 자연히 춤과 음악에도 빠져들 수 있었을 것이다.

현대에도 잘 알려진 안토니오 비발디의 〈사계〉가 나온 것이 1725년인데, 이 무렵 후작부인은 10대였다. 〈사계〉는 지금 들어도 아름답고 놀라운 곡인데, 인터넷 동영상, 라디오, TV 같은 것이 없던 그 시대에는 음악을 들으려면 주로 귀족들만 갈 수 있는 연주회에 가서 직접 연주를 들어보는 수밖에 없었다. 그토록 어렵게 음악을 듣던 시절에 이처럼 새로운 곡을 체험하면 얼마나 놀랍고 충격적이었을까? 후작부인같이 예술에 밝은 사람에게는 급격하게 발전하고 있던 바로크 시대의 음악도 상당히 큰 감명을 주었을 것이다. 그래서였는지 후작부인은 지금의 피아노와 비슷한 악기인 하프시코드 연주도 잘했다고 한다. 오페라 노래를 곧잘 불렀다는 이야기도 있다. 하지만 후작부인이 심취한 분야는 수학과 자연철학, 즉 과학이었다.

철학을 하다 보면 현실에서 일어난 일을 냉정하고 체계적인 논리로 따지는 방법을 생각하게 된다. 그렇기에 옛 시대의 철학자들이 기초적인 수학과 과학에 관심을 가지는 것도 당연한 일이었다. 이것은 꼭 유럽에서만 나타난 문화는 아니다. 조선 시대만 하더라도 성리학자들이 수학이나 자연철학에 빠져드는 경우가 꽤 많았다.

조선 시대 학자들의 글을 읽다 보면 사람과 세상의 성향을 나타내는 기氣를 이해하기 위해, 불타는 현상이나 달과 해의 성질에 관해 고민한 이야기를 자주 볼 수 있다. 조선 시대 문신이자 정치가였던 황희 정승도 수학에 뛰어났다는 평을 받고 있다. 조선의 학자들 중에 마침 후작부인보다 조금 앞선 시대를 살았던 최석정은 영의정을 지낸 전통 성리학자이면서 동시에 그 시대를 대표하는 수학자로 활약했고, 《구수략》 같은 수학 이론서를 펴내기도 했다. 흔히 과학의 시대라고 하는 20세기의 대한민국에서 총리나 대통령 중에 수학자나 과학자 출신이 없었다는 점을 생각하면 더욱 놀라운 일이다.

물론 비슷한 시기 조선과 유럽의 수학과 과학에 대한 관심에는 분명한 차이가 있다. 수학과 과학을 전문적으로 다루는 학자들을 얼마나 더 진지하고 중요하게 여기느냐에 대한 차이도 있었다. 또한 수학과 과학이 더 많은 사람에게 퍼지면서 실용적인 문제와 관련을 맺는 정도도 달랐다. 그러니 '조선의 양반들도 수학에 관심이 있었는데, 왜 조선에서는 과학이 발달하지 못했을까?' 하는 질문은 더 많은 고민과 함께 설명해야 할 문제다.

그렇지만 과학이 탄생하던 순간과 샤틀레 후작부인의 삶을 이야기하는 데에는 일단 이 정도의 차이만 짚고 넘어가도 충분하다. 바로 그런 문화의 차이 때문에 브르퇴유 남작은 자신의 거처에서 모임을 갖거나 여가를 즐길 때, 수학자와 과학자 들을 자주 초청했다.

이것은 프랑스에서 유행했던 살롱salon 문화와 관련 있다. 당시 프랑스 귀족들 사이에는 날짜를 정해두고 자기 저택의 그럴듯한 공간을 개방해 친구, 동료, 친척, 명사 들에게 식사를 대접하고 문화에 대해 토론하며 시간을 보내는 풍습이 있었다. 이런 일을 하는 장소를 살롱이라고 불렀다. 예술가와 학자 들은 살롱에서 귀족의 관심을 얻고 이름을 알리며, 후원자를 통해 먹고살 방법을 찾기도 했다. 그러므로 살롱 문화는 프랑스의 문화와 학문 발전에 많은 영향을 끼쳤다. 21세기 한국에서도 가끔 라디오나 TV 프로그램에 '문학 살롱'이나 '음악 살롱' 같은 제목이 보이는데, 바로 프랑스의 살롱 문화에서 유래한 이름이다.

브르퇴유 남작은 자신이 살롱 행사를 열 때, 유명한 책을 쓰거나 새로운 사상을 글로 알린 문학가와 사상가는 물론이고 수학자와 자연철학자 들을 부르기도 했다. 요즘 교과서에도 나오는 베르누이, 오일러 같은 수학, 과학의 위인들도 프랑스에 왔다가 브르퇴유 남작의 집에 들러 살롱 모임에 참여할 정도였다고 한다. 프랑스 과학계에서 이름난 인물이었던 작가 베르나르 퐁트넬은 남작의 살롱에서 활약하며 가족들과 꽤 친한 관계가 되기도 했다.

한 가지 재미있는 것은 퐁트넬이 한참 앞서서 쓴 과학 교양서가 있었는데, 그 책은 철학자와 어느 후작부인이 대화하는 형식으로 쓰였다고 한다. 그런 구성은 어린 에밀리 뒤 샤틀레가 여러 학자들과 교류했고 훗날 정말 후작부인이 되는 미래를 예견한 것 같다는 느낌도 준다.

샤틀레 후작부인은 아버지의 살롱 행사를 드나드는 학자들과 교류하면서 당시 과학계의 최신 유행과 주요 관심사를 접했을 것이다. 덕분에 10세 무렵부터 기본적인 천문학을 접할 수 있었다.

그 과정에서 후작부인은 수학의 재미에 깊이 빠지게 된 것 같다. 요즘에 수학은 학창 시절 누구나 배우는 과목이지만, 18세기 초에는 큰 숫자를 헤아리거나 곱셈이나 나눗셈을 할 줄 아는 사람이 드물었다. 수학으로 넓이와 부피를 계산하고, 확률을 따지는 것은 아주 놀라운 지식을 익히는 기분이었을 것이다. 그러니 방정식을 세우고 풀어서 요즘 시험 문제에 나오는 것처럼 철수가 가진 사과의 개수나 영희가 뛰어간 거리를 계산한다는 것이 대단히 짜릿한 일로 느껴졌을지도 모른다. 후작부인의 뛰어난 수학 실력은 이후 많은 연구에 큰 도움이 되었다.

문제가 전혀 없었던 것은 아니다. 수학을 향한 사랑 때문인지, 샤틀레 후작부인은 젊은 시절 엉뚱하게도 도박에 빠진 적이 있다. 보통 사람들은 도박을 할 때 그저 운에 맡기지만 후작부인은 이길 확률을 계산하고, 그 확률을 높이는 방법을 논리적으로 따져 돈을 딸 수 있다는 자신감이 있었던 것은 아닐까.

어쨌든 브르퇴유 남작이 남긴 편지 중에는 샤틀레 후작부인이 하루아침에 4만 프랑이나 되는 막대한 금액을 도박으로 땄다는 내용이 있다. 남작은 후작부인이 그 돈으로 새 드레스와 읽고 싶은 책을 사들였다면서 놀랍고 이상한 아이라고 말한다. 물론 도박의 결말이 좋을 리는 없었다. 후작부인은 큰돈을 잃기도 했고, 한동안 도박 빚을 갚느라 곤혹을 치르기도 했다.

드레스를 벗고 과학의 세계로

10대 후반으로 접어들면서 후작부인은 본격적으로 사교계에서 활동하기 시작했다. 그러다가 19세가 되던 해에 열 살 이상 차이가 나는 샤틀레 후작과 결혼한다. 이후 에밀리 뒤 샤틀레는 샤틀레 후작부인이라는 칭호를 얻게 되었다.

후작부인의 결혼이라고는 하지만 21세기의 우리가 흔히 생각하는 결혼과는 상당히 달랐다. 시작부터가 당시 많은 프랑스 귀족의 결혼처럼 가문의 성장을 위한 정략결혼이었다.

여러 가지를 계산해 이루어진 결혼이었을 것이다. 크게 보면, 에밀리 뒤 샤틀레의 집안은 프랑스 왕실과 가까운 고귀한 가문이라는 장점이 있었고, 후작은 세력이 강한 군인 집안에 재산이 많다는 장점이 있었다. 그렇기에 결혼으로 두 가문의 장점을 합할 수 있었다. 후작은 부인과 떨어져 자신이 거느린 군부대가 머무는 로렌 지역에서 생활하는 것을 좋아했다고 하는데, 이곳이 바로 우리에게 잘 알려진 알퐁스 도데의 소설 《마지막 수업》의 무대인 알자스-로렌 지역이다.

그렇다 보니 후작 부부는 결혼 후 대부분의 시간을 따로 생활하며 보냈다. 후작은 결혼을 유지하면서도 공공연히 다른 여성과 애인 관계로 지냈다. 샤틀레 후작부인은 후작과의 사이에서 2남 1녀를 두었는데, 자식 셋을 낳은 후에는 후작부인 역시 가문에 대한 의무는 다했다고 생각했던 것인지 남편과는 멀리 떨어져 살면서 혼자 지냈다고 한다. 이런 결혼 생활은 오늘날 시선으로 보면 어색하지만 당시 프랑스 귀족들 사이에서는 유행처럼 꽤나 퍼져 있었던 듯하다. 지금도 18세기 프랑스 귀족 사회를 배경으로 하는 소설이나 연극에서는 이런 식의 연애 풍속이 자주 보인다.

결혼 후, 20대의 후작부인은 다른 귀족 집안의 부인들과 교류하며 궁중 모임이나 사교 모임에 활발히 참여했던 것 같다. 사교 활동에서는 다양한 배경의 남자들과도 자연히 어울렸으며, 당시 루이 15세의 왕비였던 마리아 레슈친스카와도 상당히 가까웠다고 한다.

이런 시절이었으니, 어쩌면 샤틀레 후작부인은 TV 사극에서나 볼 법한 궁중 음모에 휘말리거나 영화에 나올 만한 스캔들의 주인공이 되었을 수도 있었다. 그러나 사람이 자기가 관심 있고 좋아하는 것에 대한 마음은 어쩔 수 없는 것인지, 이런 삶 속에서 후작부인은 괴상하게도 과학에 더욱 깊은 관심을 가지게 되었다.

몇 가지 이유가 있었다. 우선, 후작부인은 본격적으로 사교계 생활을 시작한 이후 살롱 활동에 더욱 적극적이었다. 어린 시절 아버지의 살롱에 온 학자들을 구경하다가 몇 마디 대화를 나누는 것과 다르게, 이제는 직접 나서 학자들과 교류할 수 있었다. 그들과 긴 시간 토론할 실력도 쌓은 상태였다.

후작부인이라는 높은 지위를 얻고 프랑스 귀족 사교계에 이름이 알려지면서 명망 있는 학자들을 쉽게 만날 수 있었고, 과학과 수학의 최신 연구 성과를 접할 수 있었다. 그뿐만 아니라 경제적으로 부유해지면서 다양한 책을 구해 마음 놓고 몰두할 수 있었던 것도 학식을 쌓는 데 도움이 되었을 것이다.

이 시기 후작부인의 활발한 활동을 상징하는 일로, 카페 그라도 사건이 있었다.

당시 프랑스 과학자들은 지금의 파리 루브르 박물관인 루

브르 궁전에 있는 방에서 공식 회의를 했다고 한다. 회의를 마친 학자들은 인근에 있는 카페 그라도로 가서 좀더 자유롭게 어울리며 과학 토론을 이어 나갔다. 샤틀레 후작부인은 과학자들의 토론에 관심이 있었고, 아마도 여기에 참여한 몇몇과는 친분도 있었던 듯하다.

그날도 후작부인은 토론에 참여하려고 했다. 그런데 카페 입구를 지키던 사람이 후작부인을 막아섰다. 남자만 들어올 수 있으며 여자는 출입금지라는 뜻이었다.

"드레스 입은 사람은 들어갈 수 없습니다."

그러자 후작부인은 다음 번 토론에 드레스를 벗고 남성복 차림으로 나타나 카페에 들어가려고 시도했다.

그렇게 해서 후작부인이 카페 토론에 참여했는지 어쨌는지는 정확히 알 수 없다. 하지만 말은 자유로운 토론이라고 해놓고 성별에 따라 장벽을 치던 시대를 조롱한 후작부인의 행동은 널리 소문났을 것이다. 과학을 향한 후작부인의 의욕과 호기심을 잘 나타내는 일화다.

30대에 접어들 무렵 후작부인의 이러한 의욕과 호기심이 하나둘 성과로 완성되어 세상에 나온다. 그리고 이때 후작부인의 삶과 학문에 영향을 미친 인물, 볼테르가 등장한다.

볼테르는 당시 프랑스에서 가장 큰 화젯거리였던 작가이자 사상가다. 샤틀레 후작부인보다 열 살 정도 나이가 많았지만, 후작부인보다 오래 살았으므로 둘은 비슷한 시기를 살았다고 볼 수 있다.

볼테르는 프랑스 왕실과 사회를 비판하고, 개인의 권리와 자유를 옹호하는 여러 글을 썼다. 볼테르의 글은 신랄하게 비아냥거리는 표현이 많아서 특히 눈길을 끌었다. 볼테르에 대한 평가는 프랑스 대혁명 이후에 더욱 높아졌다. 파리의 판테옹이라는 곳에는 마리아 스크워도프스카 퀴리와 피에르 퀴리 부부를 비롯한 프랑스의 역대 위인들의 시신이 안치되어 있는데, 그곳이 생기기 한참 전에 세상을 떠난 볼테르의 유해를 굳이 이장해 놓았을 정도다. 지금도 프랑스 문화계에서는 종종 프랑스 역사를 대표하는 작가로 볼테르를 언급한다.

샤틀레 후작부인이 볼테르와 만난 것은 볼테르가 도망 다니다가 머물 곳이 마땅찮을 때 후작부인을 찾아왔기 때문이다. 볼테르는 프랑스를 비판하는 글을 쓰다가 감옥에 갇혔고, 프랑스에서 쫓겨난 적이 있었다. 한동안 영국에서 머물다 돌아왔는데, 프랑스 정부에서 관심 대상으로 취급되다 보니 편안하게 활동하며 머물 곳을 구하기에 어려움이 있었던 것 같다.

이때 샤틀레 후작부인은 시레Cirey성을 본거지로 삼아 그곳을 다스리며 지내고 있었다. 어쩌면 시레성의 주인은 학식이 풍부하고 학자들과 토론하는 것을 즐기는 젊은 후작부인이라는 소문이 꽤 퍼져 있었을지도 모른다. 볼테르도 그 소문을 들었을까? 어쨌든 프랑스에서 가장 많은 관심을 받는 작가였던 볼테르가 시레성에 머물게 되었다.

후작부인은 곧 볼테르와 자신이 잘 통한다는 것을 알게 되었다. 그 이후 평생 볼테르와 활발히 교류했다. 초기에 둘은 연인으로 지냈으며, 한동안 샤틀레 후작부인은 볼테르의 애인으로 알려져 있었다. 후작부인이 과학에 관한 뛰어난 글을 여럿 발표하고 과학계가 그 글에 상당한 영향을 받은 후에도 프랑스에서는 꽤 오랜 시간 샤틀레 후작부인을 그저 '볼테르의 애인이었던 후작부인' 정도로만 언급했던 것이다. 프랑스에서는 볼테르가 워낙 위대한 작가다 보니, 후작부인의 과학적 업적을 두고도 막연히 볼테르의 영향을 받아 쓴 글 정도로 보는 사람들이 적지 않았다. 후작부인의 업적이 진지한 평가를 받은 것은 세월이 한참 흐른 후였다.

볼테르와 후작부인은 영국의 사상에 대한 관심이 일치했을 것으로 보인다. 영국 망명 시절 볼테르는 프랑스에 없는 영국의 장점을 눈여겨보았다. 그 시기 영국은 비교적 민주주의가 발달한 나라였다. 그래서 개인의 자유와 권리, 평등에 있어 프랑스보다 앞서 나가고 있었다. 프랑스에서 쫓겨난 처지였던 볼테르에게는 영국의 민주주의 문화가 더욱 멋져 보였을 것이다. 그러다 보니 영국 학자들의 여러 사상에도 자연스럽게 호감을 보였던 것 아닌가 싶다.

샤틀레 후작부인은 어릴 때부터 외국어에 밝았기에 자연히 프랑스의 이웃 나라인 영국의 문화와 글에도 관심이 많았다. 또한 뉴턴의 물리학을 중심으로 빠르게 발전하던 영국의 과학에도 주목했을 것이다. 그래서 프랑스의 인기 작가인 볼테르가 직접 경험한 영국 문화와 사상을 이야기했을 때 후작부인은 더욱 귀를 기울였을 것이다.

이 무렵 샤틀레 후작부인이 내놓은 글로 《꿀벌의 우화*The Fable of the Bees*》 프랑스어 번역, 해설판이 있다. 이 글은 성인이 된 후작부인이 본격적으로 작업한 첫 결과물로 꼽을 만하다. 원작은 네덜란드 출신으로 영국에서 활동했던 작가 버나드 맨더빌이 쓴 것인데, 그렇게 보면 후작부인의 첫 작업은 영국에서 주목받던 사상을 프랑스에 소개한 것이라고 볼 수 있겠다.

재미있는 점은 《꿀벌의 우화》는 꿀벌의 생활이나 자연에 대한 관찰과는 상관없는 책이라는 사실이다. 샤틀레 후작부인이 18세기 과학자로 잘 알려져 있어서 삶의 모든 활동이 과학과 관련 있었다고 착각할 수 있지만, 사실은 그렇지 않다. 오늘날 《꿀벌의 우화》는 오히려 경제학과 관련한 책으로 자주 언급되고 있으며, 당시에는 윤리학과 철학에 관한 이야기로 유명했다. 영어와 외국 문화에 대한 후작부인의 관심이 한때는 경제학으로 뻗어나갔고, 다른 시절에는 과학에 더욱 깊게 몰두했던 것이다. 한편으로 아직은 경제학, 과학이라는 학문이 정확하게 구분되기 전이었기 때문에 철학에 뛰어난 사람이 경제학도 하고 과학도 하던 시대라고도 볼 수 있다.

《꿀벌의 우화》는 사람 사는 사회의 특징을 꿀벌 무리에 빗대어 설명하는 내용이다. 맨더빌은 이 책에서 더 잘살고자 하는 욕심으로 열렬히 경쟁하는 꿀벌 무리는 발전하고 강해지며, 선하게 살면서 절제하는 꿀벌 무리는 결국 가난하게 망해

가는 모습을 묘사했다.

예를 들어, 사치스러운 미술품으로 주변을 장식하려는 허영과 욕심이 넘쳐나는 꿀벌 무리가 있다고 해보자. 이런 꿀벌들은 좋은 조각품과 그림을 만들려고 애쓰기 때문에 더 정교하게 조각하는 기술을 발달시키게 되고 그러다 보면 다양한 기계나 장치를 만드는 기술도 발전해 부강하게 된다. 그에 비해 절제하며 투박하고 불편한 삶에 만족하는 착한 꿀벌들이 모여 사는 무리에서는 화려한 조각품이나 그림을 만들 이유가 없다. 그러다 보면 기술이 쇠퇴한다. 어느 날 더 뛰어난 무기를 갖춘 욕심쟁이 꿀벌 무리가 쳐들어오면 착한 꿀벌 무리는 망하게 된다.

자유로운 경쟁과 욕망이 사회를 발전시키는 동력이 될 수 있다는 점을 강조했기 때문에 요즘에는 《꿀벌의 우화》가 경제학 이론을 한발 앞서 제시한 재미있는 책으로 평가받는 편이다. 그러나 이 책이 나온 시대에는 책의 내용을 비판하고 맨더빌을 욕하는 사람이 대단히 많았다. 그도 그럴 것이 이책의 내용은 '착하게 사는 것이 좋다'는 너무나 평범한 상식에 반대하는 것처럼 보였기 때문이다.

경직된 당시 사회에서는 위험한 생각으로 보이기 십상이었다. 실제로 사회를 어지럽히는 사악한 사상을 담은 책으로 취급되기도 했다.

오히려 이런 책은 샤틀레 후작부인이 다루기에 어울리는 내용일 수도 있었다. 후작부인은 사회에서 특별히 인기 있는 학자도 아니었고, 많은 사람에게 존경받는 인물도 아니었다. 그러니 조금은 위험한 책을 연구하는 데에도 거리낌이 없었던 것이 아닐까.

더군다나 후작부인은 다른 사람의 사상이나 연구 결과를 분석할 때, 무조건 믿거나 의심하기보다 차근차근 여러 면에서 살피는 실력이 뛰어났다. 자기와 가까운 학자의 연구라고 해서 그저 옳다고 여기거나 지지하는 사람이 아니었다는 뜻이다.

반대로 글이나 정치, 사상 면에서 자신과 서로 대립하는 위치에 있는 사람이라도 훌륭한 연구를 했다면 그것을 인정하고 받아들였다. 여성은 정규 교육조차 받을 수 없던 시대의 고정관념 속에서 성장한 학자였지만 다른 사람의 연구를 이해할 때는 편견을 넘어설 줄 알았다.

중력이론과의 만남

이후 후작부인이 본격적으로 연구에 착수한 분야는 바로 뉴턴의 사상이었다.

과학의 역사에서 가장 먼저 탐구된 힘이자, 높은 곳에 있는 물이 아래로 흐르게 하는 힘이고, 누워 있을 때보다 서 있을 때 힘든 이유가 되는 힘, 너무나 친숙하면서도 가장 신비로운 힘인 중력은 그렇게 세상에 자신의 정체를 알리고 유럽에서 제자리를 찾기 시작했다.

샤틀레 후작부인과 볼테르는 시레성에서 즐거운 한 시절을 보냈다. 배우들을 고용해 볼테르가 쓴 연극 대본을 공연으로 올리는가 하면, 여러 가지 과학 실험을 하고 재미있는 결과를 사람들이 구경하게 하는 일도 했던 것 같다. 굳이 나누어보자면, 볼테르는 연극에 좀더 심취했고 후작부인은 과학에 좀더 빠져들었다고 상상해볼 수 있겠다. 그렇지만 두 사람은 서로 장단이 잘 맞는 친구이자 동료로서 어느 분야에서건 합심했다.

1730년대 후반 두 사람이 심취했던 주제는 뉴턴의 중력이론이었다. 특히 프랑스 사회와 정치인들의 사상에 불만이 많았던 볼테르는 뉴턴의 이론을 새로운 철학 사상처럼 여기면서 관심을 보였다. 뉴턴의 학문은 그때까지 학자들이 생각하던 것과는 달랐다. 중력이론은 당시 영국에서 굉장한 인기를 끌었다. 볼테르는 뉴턴의 학문도 프랑스와는 다른 영국의 신선한 생각을 품은 지식이라고 보았던 것 같다.

프랑스의 과학자 중에 뉴턴의 이론을 상당히 깊이 이해하고 있던 인물로 알렉시 클레로라는 학자가 있었다. 샤틀레 후작부인은 클레로를 불러 뉴턴 이론을 이해하기 위한 기본 지식을 가르쳐달라고 했다.

과연 그 속에는 볼테르 같은 사람이 놀랄 만한 내용이 담겨 있었다.

뉴턴의 이론에서는 무게가 있는 물체라면 무엇이든 중력

이라는 힘을 만들어낸다고 말한다. 중력이라는 말 자체가 '무게의 힘'이라는 뜻이다. 중력은 따라서 무거울수록 강해진다. 또한 멀리 떨어진 물체를 끌어당길 수 있다. 무게가 두 배인 물체는 두 배의 힘으로 끌어당긴다. 무게가 세 배면 힘도 세 배가 된다. 핵심은 이 정도다. 기본 원리는 이상할 정도로 단순하다. 굳이 특징을 한 번 더 강조한다면, 중력은 무게가 있는 모든 물체에 가리지 않고 언제나 생긴다는 점이다.

당시 사람들에게 중력이론은 대단히 충격적이었다.

옛사람들은 하늘의 별과 해와 달은 무언가 신비한 힘을 가진 물체라고 생각했다. 고대 그리스인들은 해가 아폴로 신이고 달은 아르테미스 신이라고 생각했다. 그렇기 때문에 해와 달은 신비한 힘을 발휘해 열을 내뿜거나 밤하늘을 밝히는 일을 할 수 있다고 여겼다. 그만큼 신령스럽고 성스러운 물체였다. 달에게 기도하면 사냥을 잘할 수 있고, 화성에 제물을 바치면 전쟁에서 승리할 수 있다고 생각하는 사람도 많았다.

그나마 뉴턴의 시대 즈음이 되면 승리를 위해 달과 별에게 제사를 지낸다는 사람이 많지는 않았다. 그래도 해와 달은 신비롭고 알 수 없는 놀라운 것이라고 생각하는 믿음은 굳건히 남아 있었다. 유럽이 아니라 16세기 조선 시대 율곡 이이의 글 <천도책>에도 달은 음기로 똘똘 뭉친 덩어리고, 해는 양기가 똘똘 뭉친 덩어리라고 쓰였다. 세계 대부분의 지역에서 사람들에게 해, 달, 별은 사람이나 사람이 만든 물건과는 당연히 다른 물질이며 상상하기도 힘든 천상의 물체, 천상의 신령이었다.

　그러나 뉴턴은 밤하늘의 해와 달도 모든 평범한 물체처럼 끌어당기는 힘, 중력이 있을 뿐이라고 생각하고 이론을 만들었다. 차이가 있다면 해, 달, 지구, 행성 같은 물체는 우리가 일상에서 보는 물체보다 훨씬 무거워서 그만큼 중력이 강력하다는 점이다. 그리고 중력은 거리가 멀어질수록 그 힘이 약해지는데, 두 배 멀어지면 힘이 4분의 1로 약해지고, 세 배 멀어지면 힘은 9분의 1로 급격히 약해진다고 보고 계산했다. 이 정도의 간단한 원리로 해와 달이 움직이는 방향과 속도를 정확하게 계산했다.

　원래 중력이론은 돌을 어느 정도 속도로 던지면 어느 높이까지 올라갔다가 얼마나 멀리 가서 떨어지는지를 계산하는 데 쓰는 단순한 계산법에서 출발한다. 혹은 포탄을 발사할 때 어떤 각도로 얼마나 빠르게 발사하면 어디까지 날아가는지 계산하는 방법이라고 봐도 좋다.

　그런 만큼 중력은 일상생활에서도 언제나 쉽게 느낄 수 있다. 물체가 허공으로 튀어오르면 바닥으로 떨어지는 이유도 지구가 중력으로 물체를 땅 쪽으로 당기기 때문이고, 물이 높은 곳에서 낮은 곳으로 흐르는 이유도 지구가 땅 쪽으로 물을 당기는 중력 때문이다. 탑을 잘못 쌓으면 무너지는 이유도 받쳐주는 것이 없으면 무언가에 걸릴 때까지 계속 땅 쪽으로 당기는 지구의 중력 때문이다. 물과 기름을 섞으려고 하면 가벼운 기름이 위에 뜨고 무거운 물이 가라앉는 이유, 계단을 내려갈 때보다 올라갈 때가 더 힘든 이유도 모두 중력 때문이다.

뉴턴은 하잘것없는 돌멩이가 중력의 힘으로 바닥에 떨어지는 위치를 계산한 방식 그대로 밤하늘의 해와 달에 적용해 해와 달이 도는 속도와 위치를 계산했다. 이 말은 해와 달이 움직이는 데에 이상한 원리나 신령의 신비로운 힘은 없다는 뜻이다. 해, 달, 행성, 별은 돌멩이와 같은 물체일 뿐이다. 신기한 힘을 가진 마법의 물체가 아니다. 중력과 중력을 계산하는 방법이 그전까지 모든 사람의 마음속에 깊이 세워두었던 신비로움에 대한 생각을 마구 깨부순 셈이다.

이런 사실은 행성을 보고 운수를 점치고, 달의 신기한 기운이 사람에게 미치면 운명을 바꿀 수 있다고 생각했던 사람들에게는 세상을 보는 방식을 완전히 바꾸어놓는 문제였다. 특히 뉴턴은 하늘에서 곡선과 타원을 그리며 움직이는 달과 행성이 주고받는 힘을 계산하기 위해 미적분학이라는 계산법을 만들었다. 지금도 미적분학은 더하기, 빼기, 곱하기, 나누기에 비하면 어려운 수학이지만, 당시에도 대단히 현란한 방법이었다. 그런 만큼 정확한 답을 구할 수 있는 멋진 방법이었다. 공식에 따라 차근차근 계산하면, 결국 중력이 당기는 힘을 준다는 하나의 원리로 밤하늘 행성들의 움직임을 예언이라도 하는 것처럼 차곡차곡 계산할 수 있었다.

극적인 사례는 뉴턴이 세상을 떠난 후 혜성을 계산할 때 드러났다. 옛사람들은 밤하늘에 보이는 혜성이 불길한 사건의 징조라고 생각했다. 《삼국유사》를 보면, 신라에 혜성이 나타나자 사람들은 나라에 큰 난리라도 나는 것이 아닌가 싶어 겁을 먹었는데 <혜성가>라는 마법의 노래를 부르자 혜성이 사라져 안심했다는 이야기가 실려 있을 정도다.

그럴 만도 한 것이 혜성은 갑자기 불규칙하게 하늘에 나타나는 물체이고, 그런 만큼 하늘나라 신령들이 장난치는 것이 아닌가 싶은 생각이 들게 할 만한 물체였다. 모르기는 해도 샤틀레 후작부인의 시대에도 사악한 악마들이 지상에 재난을 일으키기 전에 몸풀기 삼아 지옥에서 불덩이를 꺼내 던지면 그게 하늘에서 혜성으로 보인다고 누군가 주장한다면 꽤 많은 사람이 믿었을 것이다.

그러나 중력으로 하늘의 물체를 설명하는 방식은 다르다. 징조도, 난리도, 신령도, 악마도 따지지 않는다. 혜성에 중력이 생긴다는 점에 초점을 맞출 뿐이다.

모든 하늘의 행성과 태양, 지구와 혜성에는 중력이 있다. 그러므로 지구는 혜성이 멀리 있을 때는 약하게 끌어당기고 가까이 올수록 세게 끌어당긴다. 너무 당기면 가속도가 심하게 생겨서 갑자기 속도가 올라 빠르게 날아가고, 그러다가도 방향이 바뀌어 반대로 당기는 힘을 받으면 속력이 느려질 때도 있다. 그 정도는 돌멩이나 나무토막을 던지면 지구가 당기는 중력을 받아 바닥에 떨어지는 것과 다를 바 없다. 따라서 중력을 정확하게 계산하면 혜성의 움직임도 계산할 수 있다.

그 계산은 과거와 현재는 물론 미래에도 들어맞는다. 수천 년 동안 사람들은 혜성이 언제, 왜 나타나는지 알 수 없어서 무서운 것이라고 생각했지만, 악마의 장난이 아니라 단순한 바위 덩어리와 다를 바 없다 치고 중력 계산을 적용하면 언제 어디서 혜성이 나타나는지 답이 나온다. 그 말은 악마의 장난은 없고 혜성도 괴상한 물체가 아니며, 그저 세상의 모든 물체와 똑같이 힘을 받는 평범한 물체일 뿐이라는 뜻이다.

뉴턴의 동료였던 에드먼드 핼리는 사람들 눈에 잘 보이는 혜성이 실제로 언제 등장할지 중력이론을 이용해서 예측했다. 그리고 계산은 들어맞아 당시 많은 사람이 감탄했다. 이후 그 혜성은 '핼리 혜성'이라는 이름을 갖게 되었다. 혜성들 중에 아마도 가장 널리 알려진 혜성이 아닌가 싶다.

샤틀레 후작부인과 볼테르에게 중력이론을 가르쳤던 클레로는 프랑스에서 핼리 혜성의 출현을 계산해 명망을 얻었던 인물이다. 그런 만큼 중력이론과 뉴턴 과학의 특징을 충실히 설명하고자 노력했을 것이다. 두 사람은 차차 중력이라는 힘과 그 힘을 통해 물체에 속도가 생기고 더 빨라지거나 느려질 수 있다는 점을 이해했을 것이다.

볼테르와 따로 또 함께

두 사람에 대한 요즘 글들을 보면, 볼테르보다 샤틀레 후작부인이 중력이론과 뉴턴이 개발한 계산법에 대한 이해가 훨씬 깊었던 것으로 보인다. 우선 볼테르는 후작부인에 비해 기본 수학 실력이 부족했던 것 같다. 클레로가 남긴 기록에는 자신에게 과학을 배우는 두 사람 중에 한 사람은 실력이 대단히 훌륭한데, 다른 한 사람은 수학이 무엇인지도 이해하지 못하는 것 같다는 내용이 있다고 한다. 후작부인의 수학 실력이 뛰어났다는 점은 전후의 여러 기록에서 확인되므로, 여기에서 수학이 무엇인지도 이해하지 못하는 것 같던 인물은 볼테르를 말할 가능성이 아주 높다.

그때는 지금처럼 순서대로 수학 공부를 할 기회가 부족했다. 그런 점을 고려하면 나는 당시 기준에서 볼테르의 수학 실력도 그렇게 뒤지지는 않았을 거라고 생각한다. 볼테르는 이후 뉴턴의 이론과 중력에 대한 여러 글을 쓰기도 했다. 그렇기에 클레로의 감상이 볼테르가 수학을 너무 못했다는 이야기라기보다 샤틀레 후작부인이 출중해서 자신과 수학에 대해 쉽게 말이 통할 정도였고, 그에 비하면 볼테르는 다소 답답했다는 의미로 봐야 한다고 생각한다.

1738년, 뉴턴의 과학이 지닌 의미와 특징을 정리한 책이 한 권 나왔다. 《뉴턴 철학의 요소Éléments de la philosophie de Newton》라는 제목으로 프랑스 사람들에게 뉴턴 이론을 홍보하고 소개하는 책이다.

책을 쓴 사람의 이름은 여전히 명망 높은 작가였던 볼테르로 되어 있었다. 하지만 볼테르는 이 책은 다른 사람과 공동으로 쓴 책이라고 편지 등에서 언급한 적이 있다고 한다. 그렇다면 이 책은 사실 후작부인과 볼테르가 공동으로 썼다고 보아야 할 것이다. 재미있는 점이, 이 책에는 먼 곳에 있는 학자가 빛을 비추면 그것을 지혜의 여신 미네르바가 받아서 책을 쓰는 작가에게 전해주는 그림이 그려져 있다. 빛을 비추는 학자는 뉴턴임을 짐작할 수 있다. 여기에 굳이 미네르바라는 여신을 그려 넣은 것은 볼테르가 뉴턴 이론을 이해하는 데 큰 도움을 준 후작부인을 표현한 것이 아닌가 싶다.

이런 막연한 이야기 외에도 이 무렵 샤틀레 후작부인은 〈주르날 데 사방Journal des savants〉이라고 하는 학술지에 자기 이름으로 제대로 된 논문을 내기도 했다. 〈주르날 데 사방〉은 지금도 발행되는데 그때나 지금이나 꾸준히 비슷한 주제를 다루고 있다. 요즘 이 학술지에는 18세기 프랑스 사상에 대한 논문이 자주 실리고 있다. 이렇게 보면 과거의 역사와 옛 사상을 연구한 논문을 싣는 학술지인 것 같다. 그러나 후작부인이 활동하던 시기는 다름 아닌 18세기였고, 그때도 〈주르날 데 사방〉은 18세기 사상을 다루고 있었다. 말인즉 당시에는 오히려 최신 사상을 다루는 학술지였다는 이야기다. 그래서 후작부인은 이 학술지에 《뉴턴 철학의 요소》의 주요 내용을 요약한 글을 실었다.

후작부인의 학술적인 글이 공식적으로 널리 출판된 것은 이때가 처음이다. 대략 30대 초반의 나이였다. 이 시대 사람들이 사회 활동을 지금보다 훨씬 일찍 시작했고 수명이 짧았다는 점을 생각하면, 학자로서 그렇게 빠른 출발을 했다고 볼 수는 없다. 많은 기대를 모았던 똑똑한 젊은이였지만, 여러 여건 때문에 어려서부터 화려한 업적을 남긴 인물이 되지는 못했다.

주변에서 후작부인의 활동을 나쁘게 보는 사람도 있었던 것 같다. 당시 사교계에서 후작부인에 대해 안 좋은 이야기를 하고 다니는 사람들 사이에서는 후작부인이 외모도 부족하고 재능도 없는데 돈은 많아서 이런저런 선생님을 불러다가 남들은 안 하는 기하학 같은 공부를 하면서 고상한 척을 한다는 식의 비난도 있었던 것 같다. 심지어 볼테르와의 친분도 유명해지고 싶어서 이름난 작가를 끌어들인 것뿐이라고 수군대는 사람도 있었던 듯하다.

이런 정도라면 과학 연구는 그만둘 수도 있지 않았을까? 후작부인에게 과학 연구를 하라고 강요한 누가 있었던 것도 아니고 과학 연구를 하지 않으면 먹고살 수 없었던 것도 아니다. 딱히 과학에 뛰어나다고 해서 큰 명예를 누릴 수 있는 상황도 아니었고, 여성을 과학자로 받아주는 기관조차 많지 않았다. 심지어 영국 문화와 사상 이야기, 뉴턴과 과학에 대해 이야기하며 친해졌던 볼테르조차도 1730년대 말 즈음이 되면 후작부인과 멀어져 다른 여성과 가까워진다. 후작부인은 평생 볼테르와 동료로 친분을 유지하며 자주 같이 일했다. 하지만 처음처럼 애정이 넘치는 관계는 몇 년 지나지 않아 깨졌다.

그러니 그때쯤 후작부인이 과학을 잠시 동안의 장난으로

여기고 그만두어도 크게 이상할 것은 없다고 생각한다. 그런데 왜 후작부인은 이후에도 계속 과학 연구에 힘을 쏟았을까?

300년이 지난 지금 우리가 그 마음을 정확히 알 수는 없다. 쉽게 생각해볼 수 있는 것은 후작부인의 성격이다. 하고 싶은 것은 하고, 그렇게 직접 해보는 재미를 즐기던 호쾌한 기질이 30대, 40대에도 꾸준히 이어졌기 때문이 아닐까? 주위에서 수군대기도 하고, 남들이 부질없다고 말해도 자기가 재미있다면 꿋꿋하게 즐기며 버티는 마음이 있지 않았나 싶다.

또 다른 이유를 상상해보라면, 오히려 과학 연구가 후작부인에게 힘이 되었을 수 있다. 주변의 시선이 답답할수록 샤틀레 후작부인은 과학 연구를 하면서 마음을 달래고 용기를 얻었을 것이다.

뉴턴과 라이프니츠 사이에서

당시 프랑스에서는 뉴턴의 과학 이론이 굉장한 화제가 되긴 했지만, 생각보다 널리 퍼지지는 못했다. 조금 단순화해서 설명하자면 이 시대의 영국 학자들은 뉴턴이 영국 사람이기 때문에 좋아하고, 프랑스 학자들은 뉴턴보다 프랑스 출신인 데카르트를, 독일 학자들은 독일 출신인 라이프니츠를 더 좋아하는 분위기가 학계에 꽤 퍼져 있었던 것 같다. 그렇다고 프랑스 사람이 뉴턴이나 라이프니츠의 학설은 무조건 싫어했다고 볼 수는 없다. 뉴턴, 데카르트, 라이프니츠의 학설은 서로 통하는 점도 많다. 하지만 그러다가도 뉴턴의 학설과 데카르트의 학설이 서로 다른 점이 있다고 하면 아무래도 프랑스 사람들은 데카르트가 더 옳다는 식으로 생각하는 분위기였다는 뜻이다.

그런데 마침 중력이라는 힘에 뉴턴과 데카르트는 다른 생각을 가지고 있었다. 뉴턴이 생각한 중력은 무게가 있는 모든 물체가 가까이 있든 멀리 있든, 하여튼 끌어당기는 힘을 낸다는 이야기다. 멀리 있어도 그 세기가 점점 약해질 뿐이지 중력은 계속 걸린다. 이런 사실은 언제나, 어디서나, 어디에나 통한다. 예를 들어, 지금 이 책을 읽고 있는 독자님 역시 몸무게가 있으니 그 몸무게만큼 지구가 당기는 힘을 받을 것이다. 서 있으면 몸무게가 다리에 걸려 다리가 아플 것이고, 앉아 있거나 누워 있다면 몸무게가 엉덩이나 등에 걸리는 느낌을 받을 것이다. 지구가 당기는 힘은 모든 사람에게 걸린다. 이 힘은 지구에서 떨어져 있어도 계속 걸린다. 10층 건물, 20층 건물에 있다면 지구와 꽤나 떨어져 있지만 거대한 지구 역시 몸무게만큼 당기는 힘을 준다. 심지어 우주선을 타고 달이나 화성에 가서 이 책을 읽고 있다고 하더라도 지구에서 멀리 떨어져 있으니 그 힘을 아주 약하게 받을 뿐이지 지구의 중력을 조금은 받는다.

그뿐만 아니라, 반대로 독자님의 몸도 지구를 끌어당기는 힘을 준다. 지구에 비해 몸무게가 워낙 작기 때문에 그 힘이 거의 영향을 미치지 못할 뿐이다. 나아가 주변의 모든 물체도 서로를 당긴다. 지금 독자님 앞에 자동차가 한 대 서 있다면 그 자동차와 독자님 사이에도 당기는 힘이 있다. 자동차의 무게가 너무 작기 때문에 지구의 중력이 몸무게 걸리는 힘에 비하면 너무 약해서 몸이 못 느낄 뿐이다. 심지어 지금 이 책을 쓴 나와 독자님 사이에도 아주 약하게나마 당기는 힘이 있다. 독자님께서 다른 나라에 가거나, 심지어 로켓을 타고 우주로 나간다고 하더라도 그 힘이 사라지지는 않는다. 거리가 멀어지면 아주아주 약해지지만 중력은 언제나 모든 무게가 있는 물체를 서로 당긴다.

좀 싱거운 생각이지만, 헤어진 사람이라서 만나지 못하고 멀리 떨어져 있다고 하더라도 어딘가에 그 사람이 있기만 하면 그 사람과 나 사이에는 항상 미약한 중력의 끌어당기는 힘이 생긴다. 그 사람이 다른 도시나 외국으로 건너가 살고, 지금 무슨 일을 하고 있다고 해도, 그 사람과 나 사이에는 약하게 당기는 힘이 생긴다는 뜻이다. 뉴턴의 생각에 따르면 중력이란 원래 그렇다. 그래서 중력을 다른 말로 세상 모든 무게 있는 것이 끌어당기는 힘이라고 해서 '만유인력'이라고 한다.

데카르트는 이런 생각이 황당하다고 보았다. 아무것도 없는 허공에 서로 떨어져 있는 두 물체 사이에 무엇이 건너가서 어떻게 서로를 당긴단 말인가? 사람이 물체를 움직이려면 손을 갖다 대야 하고, 손을 안 대고 뭘 움직인다면 그것을 초능력이라고 한다. 대체로 그런 초능력을 재미 삼아 보여주는 마술사가 아니라면, 자기가 신비로운 힘을 가진 마법사, 마녀라고 주장하는 사기꾼이나 협잡꾼에 불과하다. 데카르트는 그런 초능력 같은 힘은 세상에 없다고 믿는 것이 학자의 태도라고 생각했다. 어떻게 어떤 물체가 당기는 힘이 손에 닿지 않는 먼 곳에 가끔씩 생기는 것도 아니고 모든 곳에서 언제나 생길 수 있는가? 눈에 보이지 않는 작은 요정들이 날아다니며 세상 모든 물체에 갈고리를 걸어 당기기라도 한단 말인가?

대신 데카르트의 후계자들은 세상에 어떤 물질들이 가득 차 있고, 그 물질들이 서로 꿈틀거리거나 밀치는 가운데 힘을 전달한다고 보았다. 아닌 게 아니라, 뉴턴은 중력이 어떤 식으로 허공에 뻗어나가는지는 굳이 따지지 않겠다고 이야기했다. 즉 뉴턴은 중력은 어쨌든 놀라운 힘이라서 멀리 떨어져 있어도 물체끼리 서로 당길 수 있다 치고 계산하면 세상의 온갖 물체에 대한 계산이 잘 맞는다고 설명한 것이다. 이정우 교수는 뉴턴이 이런 식으로 어물쩍 넘어간 것을 두고 "뉴턴은 연금술에도 관심이 많았기 때문에 내심 마법 같은 힘이 있을 수도 있다고 생각했기 때문이지 않았을까"라고 언급한 적 있다.

프랑스의 데카르트 계통 학자들은 파도를 헤치고 나아가는 배가 물결을 일으키듯이, 우주 공간에 있는 행성이나 별들이 어떤 소용돌이를 일으키고 그 소용돌이가 다른 물체에 닿으면 그것이 다른 행성들을 움직이는 것 아닌가 하는 식으로 생각했다. 뉴턴이 말한 대로 멀리 떨어져 있어도 하여튼 끌어당기는 힘이 있는 것이 아니라, 어떤 소용돌이가 무엇인가를 휘저으며 계속 퍼져나가고 그 퍼져나간 것에 닿아야 가까이 오든 돌아가든 힘을 받는다고 보았다.

이것은 생각하기에 따라서 뉴턴의 중력이론보다 더 상식에 가까운 설명이기도 하다. 또한 중력이 소용돌이치는 물결 같다는 설명은 수백 년 후에 나오는 상대성이론과 약간은 닮은 점이 있어 보이기도 한다. 하지만 그렇다고 완전히 옳은 생각이라고 보기는 어려운 발상이다. 뉴턴의 중력이론에 비하면 현실에서 쓸모도 부족했다.

그런데도 당시 프랑스 학자들 사이에는 "프랑스 사람이라면 데카르트지"라는 생각에 뉴턴의 학설을 완전히 받아들이지 못하거나 가볍게 보는 경향이 어느 정도는 남아 있었다.

샤틀레 후작부인은 이런 편견을 뛰어넘는 사람이었다. 그러면서도 뉴턴의 이론만 무조건 옹호한 것이 아니라 프랑스 사람으로서 데카르트의 수학과 발상 또한 충분히 이해할 수 있는 학자였다. 어쩌면 후작부인이 프랑스의 유명 인사들에게 온갖 비난을 받으며 사는 동안 "프랑스 학자들이라고 꼭 맞는 말만 하겠느냐"는 생각을 품었기 때문에 다른 나라 사람의 학설에도 폭넓은 관심을 가졌던 것은 아닐까?

샤틀레 후작부인은 독일의 라이프니츠와 후계자들의 학설

에도 관심을 가지며 그 장점을 활용하고자 했다. 후작부인의 라이프니츠 학설에 대한 이해 역시 상당히 수준이 높아 보인다. 나는 특히 이 문제에서 후작부인이 동료였던 볼테르에 비해 어떻게 과학에서 더 훌륭한 솜씨를 보일 수 있었는지가 드러난다고 생각한다.

라이프니츠는 수학에서 뉴턴 못지않게 뛰어났던 독일의 학자다. 특히 뉴턴의 걸작이라고 하는 미적분학을 뉴턴의 도움 없이 스스로 만들어낸 인물로 유명했다. 그래서 한동안 영국과 독일의 과학계에서 누가 미적분학을 창시한 인물인지를 두고 긴 논쟁을 벌이기도 했다.

지금의 결론은 두 사람이 서로의 것을 베끼지 않고 거의 비슷한 시기에 각자 미적분학을 만들었다는 것이다. 그러나 오늘날 수학을 배우는 사람의 눈으로 보면 라이프니츠의 미적분학이 더 쉽고 명쾌한 점이 많다. 그래서 한국 고등학교 미적분학에서 배우는 dy/dx 등의 미적분학을 표현하는 방법은 대개 라이프니츠가 개발한 방식을 이어받은 것이라고 보아야 한다. 그런 만큼 요즘 학생들 시각에서 본다면 진정한 미적분학의 왕은 뉴턴보다는 라이프니츠라고 해야 할 정도다.

라이프니츠는 해, 달, 행성, 별, 돌멩이, 포탄 등 세상의 온갖 물체의 움직임을 따지고 계산하는 방법에 대해서도 뉴턴처럼 나름대로의 생각을 품고 있었다. 그 생각을 발전시킨 라이프니츠는 세계 전체의 모습과 그것이 움직이는 원리를 꿰

뚫는 한 가지 학설을 제안하기도 했다. 라이프니츠가 쓴 책 중에 《변신론》이라고 있다. 라이프니츠는 샤틀레 후작부인 보다 나이가 훨씬 많았기 때문에, 이 책은 후작부인이 아직 어린이였을 때 나왔다. 책에 담긴 신과 세상에 대한 생각은 후대에도 자주 인용되었다. 나는 후작부인과 볼테르도 이 책에 실린 라이프니츠의 생각을 알고 있었을 거라고 본다.

오랫동안 철학자들은 악의 문제를 고민했다. 그 내용은 세상을 조물주가 만들었고, 조물주의 힘이 전지전능하다면, 왜 악을 없애지 않았느냐는 질문이다. 1년 내내 세상이 온화한 날씨면 좋을 텐데 왜 겨울은 추워서 동상으로 고생하게 하는가, 세상에 아무 병이 없어서 다들 건강하면 좋을 텐데 왜 전염병이 돌아 수많은 사람이 고통받을 수밖에 없는가 하는 등의 문제다. 세상의 악한 것들을 퇴치하지 않고 놓아둘 수밖에 없었다면, 사실 조물주는 전지전능하지 않고 힘이 부족해서 나쁜 것들을 충분히 해결할 수 없는 것이 아니냐는 생각으로 이어질 수 있다.

라이프니츠는 이 질문에 대해 사실은 지금 우리가 사는 세상이 가능한 가장 좋은 세상, 즉 최선의 세상이라는 답을 제안했다. 겨울철 추운 날씨, 전염병, 화산, 지진, 폭풍 등 온갖 재난이 있는 이 험한 세상이 어떻게 해서 가장 좋은 세상이냐고 누가 따진다면, 라이프니츠는 우리가 그 진정한 의미를 몰라서 그렇지 나중에 깨닫고 보면 결국은 가장 보람차고 좋은 세상일 수밖에 없다고 설명했다.

예를 들어, 겨울에 날씨가 추운 것은 고통이지만 그렇기 때문에 추위를 이겨내려고 사람들이 불 피우는 기술부터 시작해서 다양한 기술을 개발하게 된다. 그러니까 결국 추위는 사람에게 좋은 현상이다. 전염병이 돌아 사람들이 괴로워하지만 그 과정에서 힘들 때 서로 돕고 사는 방법을 깨닫게 되어 도덕 수준이 높아지는 계기가 된다. 그런 식으로 우리가 잘 몰라서 그렇지 전지전능한 신의 눈으로 보면 세상의 모든 일은 가장 좋은 목적으로 만들어져 있을 수밖에 없다고 주장했다. 라이프니츠는 이것이 악의 존재 이유와 조물주의 전지전능함을 동시에 풀 수 있는 답이라고 보았다.

볼테르는 라이프니츠의 이런 사상이 황당하다고 강력하게 비판했다. 현대에도 자주 읽히는 볼테르의 대표 소설《캉디드》의 상당량이 라이프니츠의 사상을 비웃는 내용으로 채워져 있다. 소설에는 "이 세상의 모든 일은 가장 최선으로 만들어져 있다"는 스승의 가르침을 굳게 믿고 있는 주인공이 세상 곳곳을 돌아다니며 별별 고난을 겪는 이야기가 펼쳐진다. 소설에 나오는 스승이라는 사람은 사기꾼에 가깝게 묘사되어 있고, 주인공은 그런 사기꾼에게 속았으면서도 그 가르침을 귀중하게 여긴다. 그래서 주인공은 자기 주변에 생기는 온갖 나쁜 일 때문에 고통받으면서도 "이게 완벽한 세상이지"라고 생각하는 우스꽝스럽고 측은한 모습을 보인다.

풍자와 코미디에 관대한 요즘이라도 볼테르가 이 정도 내용의 소설을 쓰면서 라이프니츠와의 관계를 좋게 유지하는 것은 쉽지 않을 거라고 생각한다. 아마 당시 볼테르는 라이프니츠와 후계자들과 거의 원수가 되기를 각오하지 않았을까 짐작한다.

그러니 아무래도 볼테르는 라이프니츠의 다른 생각들도 적극적으로 배우고자 하지는 않았을 것이다. 게다가 라이프니츠는 미적분학으로 뉴턴과 겨루던 인물이었으니, 영국에 대한 호감으로 뉴턴을 좋아했던 볼테르가 굳이 라이프니츠의 수학과 과학을 적극적으로 이해하려 들지는 않았을 거라고 생각한다.

그러나 샤틀레 후작부인은 그렇지 않았다. 어쩌면 후작부인에게 라이프니츠의 사상을 처음 알려준 것은 학식이 풍부하고 여러 학자의 사상에 밝은 볼테르였는지도 모른다. 만약 정말 그랬다면, 볼테르는 라이프니츠를 욕하기 위해서 그의 사상을 이야기했을 것이다.

정작 후작부인은 그런 편견을 넘어섰던 것 같다. 사실 후작부인은 진작부터 볼테르의 사상을 무조건 받아들이고 따르는 인물은 아니었다. 1739년 무렵 프랑스의 과학 아카데미라는 단체에서 과학 논문 공모전을 열었던 적이 있다. 당시 논문 주제는 '열, 빛, 불의 성질에 대해 말해보라'는 것이었다. 이 공모전에 볼테르가 참여했는데 샤틀레 후작부인도 볼테르와 따로 참여했다. 두 사람은 논문 대회에서 경쟁했는데, 둘 다 선정되지는 못했지만 후작부인의 논문은 상당한 관심을 얻었다. 후작부인은 빛의 색깔과 그 특성에 관한 논문을 썼는데, 빛이 색깔별로 서로 다른 힘을 갖고 있다는 사실과 요즘 말하는 적외선 비슷한 생각을 드러냈다는 점은 현대 과학과 일치한다고 평가받기도 한다.

후작부인은 볼테르가 그렇게나 싫어하던 라이프니츠 계통의 수학과 과학도 받아들였다. 아마도 후작부인의 수학이 나중에 더욱 훌륭한 경지로 성장한 것은 새로운 지식을 냉정하게 판단하고, 어떤 사람의 학설이라도 도움이 될 만한 부분을 파악해 골고루 받아들였기 때문이 아니었을까.

편견을 넘어선 과학적 재능

샤틀레 후작부인은 에너지에 관한 공을 세우기도 했다.

근대 과학에서 에너지라는 말은 대단히 중요하다. 요즘은 너무 많이 쓰이는 말이라서, 그 의미가 정확히 무엇인지는 몰라도 에너지가 무엇이라는 느낌 정도는 다들 있을 정도다. 심지어 '긍정 에너지'라든가 '행복 에너지'처럼 실제 에너지와는 별 관계없는 문학적인 표현도 굉장히 자주 쓰인다.

과학에서는 어떤 일이 벌어질 때 에너지가 그 형태만 바뀌지 전체 합계는 유지된다는 점을 아주 중요하게 여긴다. 예를 들어, 전기를 사용해서 전등을 켜면 전등에서 빛 에너지가 나오는 대신 전기 에너지는 줄어든다. 전기 에너지가 줄어든 만큼 빛 에너지가 나왔기 때문에 전체 에너지 합계는 변하지 않는다. 나무에 불을 붙여서 빛이 나오고 열이 생기면, 빛 에너지와 열 에너지가 나온 양만큼 나무는 화학 에너지를 잃어버린다. 이것을 나무가 재로 변했다고 설명한다.

이런 식으로 온갖 분야의 별별 에너지를 다 정해놓고, 항상 어떤 일이 일어나면 에너지의 종류는 변하지만 합계는 일정하다고 풀이한다. 에너지의 합계가 변하지 않는다는 법칙을 '에너지 보존 법칙'이라고 하는데, 좀 과장하자면 현대의 과학은 세상에서 관찰되는 여러 가지 현상을 최대한 에너지 보존 법칙에 맞게 설명을 만들어내는 과정이라고 할 수 있다.

라이프니츠와 후계자들은 일찌감치 그 비슷한 생각에 관심이 있었다. 조물주가 완벽하게 만들어놓은 세상이므로 자꾸 바뀌는 것 같지만 사실은 이미 최상의 상태라서 절대로 변하지 않는 무엇이 있다고 설명하면 좋을 것 같았기 때문이다. 마침 에너지 보존 법칙에 따르면 우주 전체의 에너지 합계는 항상 일정하다. 조물주가 최상, 최선의 상태로 세상을 만들었다는 말과 애초에 우주를 변하지 않는 하나의 전체 합계 에너지를 갖도록 만들었다는 말에는 통하는 것이 있다고 보았다. 아직 과학이라는 말이 완전히 자리 잡기 전인 당시 학자들은 이런 식으로 과학과 자연에 대한 이론과 철학, 자신의 신념을 이리저리 섞어서 생각하는 경우가 무척 많았다.

요즘 우리가 아는 에너지라는 개념이 하루아침에 완성된 것은 아니다. 샤틀레 후작부인은 에너지라고 할 만한 것에 관심이 많아 초기에 연구한 사람이라고 볼 수 있다.

특히 후작부인은 움직이는 물체가 속력에 따라서 갖게 되는 에너지, 즉 운동 에너지를 계산하는 방법에 대한 생각을 퍼뜨리는 데 공을 세웠다. 오늘날 학교에서는 운동하는 물체가 갖는 에너지는 그 속력의 제곱에 비례한다고 가르치는데, 후작부인이 바로 이 학설을 지지한 대표적인 인물이었다. 나는 만약 후작부인이 아니었다면 에너지에 대한 생각이 발전하고 유행하는 것은 훨씬 뒤처졌을지도 모른다는 생각도 해본다. 그랬다면 우리는 지금처럼 에너지라는 말을 이렇게까지 자주 사용하지 않았을 수도 있고, 다양한 형태로 활용되지 못했을지도 모른다. 당연히 에너지를 연구한 끝에 개발된 수많은 과학 이론이 나오는 시기도 더 늦어졌을 것이다.

후작부인이 이런 결론을 얻기 위해서는, 프랑스 학자들 사이에서 인기가 없고 뉴턴의 후계자들은 싫어했던 라이프니츠의 학설도 이해하려고 노력해야 했다. 나는 항상 귀족 사회의 갖가지 정략에 시달리며 자신에 대한 뒷소문을 들으며 살아야 했던 후작부인이 다양한 학자들의 학설을 연구하며 일종의 자유를 누리지 않았을까 상상해본다. 뉴턴과 라이프니츠의 학설을 편견 너머로 살펴보면서 프랑스 학자들이 하지 못하는 자유로운 생각을 하는 동안 프랑스 귀족 사회에서 느낀 답답함은 통쾌함으로 바뀌지 않았을까.

후작부인의 기분이 어땠는지야 알 수 없는 노릇이지만, 그렇게 편견을 초월해 여러 학자의 학문을 받아들인 결과, 후작부인은 1740년 무렵에 이르면 다양한 관점에서 당시의 과학

이론을 누구보다 잘 해설하는 학자로 성장하게 된다.

이 시기 후작부인은 《물리학 체계》라고 하는 책을 익명으로 썼는데, 과학을 배우는 사람을 위한 교재였다. 당시 13세가 된 아들을 위해 쓴 책이 아니냐는 이야기도 있다. 그도 그럴 것이 책에는 마침 어미 새가 아기 새에게 먹이를 건네는 삽화가 그려져 있다. 책의 서문은 여성이 내용을 설명하고 남성이 듣는 형식으로 구성되어 있다는 점도 재미있다. 요즘 지식을 알려준다는 책이나 방송 프로그램을 보면 똑똑한 남성이 순진한 여성에게 무엇인가를 설명해준다는 형식이 아주 많은 것을 보면 비교되는 느낌이다.

학계에서 샤틀레 후작부인이 남긴 최고의 업적은 사후에 나온 《프린키피아》 프랑스어 해설 번역본이다. 《프린키피아》는 뉴턴의 대표작으로 그가 세상에 처음 중력과 그 계산법을 설명한 책이다. 명쾌하고 멋진 내용이지만, 요즘 과학 교과서에 비하면 어렵게 쓰인 부분이 많아서 이해하기 쉽지 않은 책이기도 하다.

후작부인은 뉴턴 과학과 중력의 핵심을 해설해서 프랑스 학자들에게 퍼뜨리자는 생각을 했던 것 같다. 다양한 학설을 섭렵하며 폭넓게 문제를 이해했고, 어려운 내용을 쉽게 설명하기 위해서는 어떻게 해야 하는지 잘 알고 있었던 것이다. 어쩌면 옛날부터 볼테르 같은 주변 사람들에게 수학에 대해 이야기하면서 과학과 수학을 쉽게 설명하려고 했던 경험의 결과가 이렇게 꽃핀 것인지도 모른다.

《프린키피아》번역 원고가 완성될 때 즈음 샤틀레 후작부인은 임신을 한다. 당시는 지금보다 의학 기술이 매우 부족했던 시기라서 여성이 출산 중 사망하는 사례가 많았다. 후작부인은 자신의 몸 상태에서 무엇인가를 느꼈는지, 미래를 예상한 듯 과학 아카데미에 원고를 보내 보관해달라고 요청했다.

샤틀레 후작부인은 딸을 출산한 지 6일 후인 1749년 9월 4일 세상을 떠났다. 43세의 나이였다. 볼테르는 장수해서 후작부인보다 30년 이상 더 살았는데, 후작부인이 세상을 뜬 후에 《프린키피아》번역판을 내주었다. 1756년 볼테르는 익명으로 책을 출판했고, 3년 후인 1759년에는 이 책을 후작부인이 번역했다는 점을 밝혀 다시 출판했다. 볼테르는 서문에서 "책을 두 명의 천재가 썼다"고 표현했다. 이론을 개발한 뉴턴과 그 책을 번역하고 해설한 샤틀레 후작부인의 천재성을 높이 평가한 것이다.

샤틀레 후작부인의 《프린키피아》번역본은 프랑스에서 긴 세월 동안 《프린키피아》를 이해하기 위한 기본서로 유통되었다. 그러므로 프랑스 과학자들은 여러 세대에 걸쳐 중력이론을 이해하기 위해 다름 아닌 후작부인의 번역과 설명을 읽었다. 프랑스 과학자들의 과학에 대한 생각은 후작부인의 책을 따라 머릿속에 쌓였다고 말할 수도 있다.

아주 새로운 지식이 등장해서 전 세계에 퍼져나갈 때는 대체로 그 지식을 처음 떠올린 사람 못지않게 지식을 퍼뜨리기 위해 노력하고, 내용을 더 깊이 이해할 수 있도록 도움을 주는 여러 인물의 활약이 꼭 필요하기 마련이다. 뉴턴의 이론을 근대 과학의 시작이라고들 이야기한다. 샤틀레 후작부인 시대에 과학은 처음 세상에 등장한 신인 가수의 신곡 악보 같은 것이었다. 후작부인은 그 악보를 녹음하고 반주를 입히고 홍보해 세상 곳곳에 퍼뜨리고 알리는 역할을 한 사람이다.

샤틀레 후작부인은 평생 꾸준히 갈고닦은 재능에 더해서, 자신의 부유함과 자유로운 성격을 과학을 위해 사용했다. 그 결과 이후 많은 사람이 새로운 생각의 기회를 얻을 수 있었다. 영국 주변에 머물던 뉴턴의 과학이 후작부인의 손길을 따라 프랑스와 유럽으로 더욱 빠르게 퍼졌다. 그로 인해 과학을 이용해 세상을 탐구하고 바꿔나간다는 발상도 유럽 전체로 퍼졌다고 볼 수 있지 않을까? 유럽에서 과학 문명이 빠르게 성장했던 그 빛나는 시기를 만든 과학자들 사이에 후작부인의 자리가 있다는 생각을 해본다.

비행 궤도를 계산해야 우주에 가지

우주에 가지

캐서린 존슨

미국의 과학자 캐서린 존슨Katherine Johnson은 한창 우주 개발 경쟁이 뜨거웠던 20세기 후반 미국의 우주선이 우주를 안전하게 날아다니도록 하는 일에 공을 세운 인물이다. 20세기 중반 냉전 시대에는 세계가 자본주의 국가와 공산주의 국가로 나뉘어 금방이라도 큰 전쟁을 벌일 것 같은 긴장 관계가 이어졌다. 그 시절에서도 10여 년은 어느 쪽이 우주 개발에 더 훌륭한 기술을 갖고 있느냐를 두고 치열한 대결을 했던 때가 있었다. 자본주의 국가의 대표라고 할 수 있는 미국과 공산주의 국가의 대표라고 할 수 있는 소련이 서로 맹렬히 우주를 향해 로켓을 발사하고 탐사선을 띄우며 성과를 겨루었다는 이야기다. 지금 돌아보면, 대체로 초반에는 소련이 우세하게 앞서 나갔지만 결국 미국이 승리를 거둔 것으로 평가한다.

우주 개발 대결에서 미국을 승리로 이끈 영웅으로 누구를 꼽을 수 있을까? 사상 처음으로 달에 착륙해 첫발을 디딘 닐 암스트롱을 지목하는 사람도 많을 것이고, 미국의 로켓 개발에 중요한 역할을 하면서 과학자들을 대표한 베르너 폰 브라운을 떠올리는 사람도 있을 것이다. 이들은 당시 한국에서도 꽤 유명했다. 남북한이 각각 자본주의와 공산주의 체제를 택하는 바람에 한국인은 냉전을 가장 치열하게 경험했다고 할 수 있는데, 그래서 한국인들은 두 세력 간의 우주 경쟁 이야기를 무척 강렬한 소식으로 받아들였다. 폰 브라운 박사에게 편지를 보내며 미래에 로켓 과학자가 되겠다는 꿈을 드러낸 한국 학생들이 있었는가 하면, 암스트롱은 한국을 직접 방문해 서울 시내를 돌며 시민들에게 환호를 받기도 했다.

미국의 우주 개발 계획에 관심 있는 사람이라면 제임스 웹이라는 이름을 떠올릴지도 모르겠다. 2022년 활동을 시작한 고성능 우주 망원경에 제임스 웹이라는 이름이 붙으면서 더욱 유명해진 이 사람은 미국의 우주 개발을 주관했던 기관인 미국 항공 우주국**NASA**의 국장이었다.

그는 냉전 시기, 우주 개발이 치열했던 때에 NASA를 지휘했다. 그때 그가 만든 방침, 정책, 전통이 지금까지 NASA에 많은 영향을 끼치고 있다고 한다. NASA의 우주 개발 임무는 군사 무기를 개발하는 것이나 돈을 벌기 위한 목적보다는, 과학 연구를 우선한다는 특징이 있다. 이런 방침이 자리 잡는데 제임스 웹은 어느 정도 역할을 했다. 그는 많은 존경을 받았고, 그 덕에 세월이 흘러 2020년대에 우주로 나간 망원경의 이름이 되기도 한 것이다.

그렇다고 해서 과학이 일부 위대한 영웅의 공적만으로 발전하는 것은 아니다. 한 사람이 달에 발자국을 남기기 위해서는 발자국을 찍을 때 신을 신발을 개발하는 기술자부터, 무사히 달에 도착하고 돌아오도록 우주선과 로켓을 개발하고 만드는 수많은 과학자와 기술인 들의 노력이 필요하다. 많은 사람에게 알려지지 않았고, 대단하게 내세울 것 없는 사람들도 여럿 달라붙어 각자의 방법으로 조금씩 과학을 갈고 다듬기 때문에 과학은 발전한다. 간혹 어느 날 비범한 인물이 단숨에 과학을 크게 발전시키는 일이 벌어질 때에도 결국 그 엄청난 발전을 위해서는 긴 시간 작은 연구 성과들이 밑바탕 되어야 한다.

캐서린 존슨은 우주선이 목적지까지 안전히 날아가려면 어느 방향으로, 얼만큼의 속도로 날아가야 하는지를 계산하는 작업을 맡았던 사람이다. 처음에는 단순한 계산을 반복해서 수행했고, 차차 자신의 일을 키워나가면서 나중에는 더욱 새롭고 복잡한 일을 해나갔다. 그 과정에서 존슨은 자기 몫만큼 우주 개발 역사의 획을 그었다.

존슨을 높이 평가할 만한 까닭이 또 있다. 존슨은 여성이고 동시에 흑인이면서 그 모든 일을 해냈다. 성차별과 인종차별이 지금보다 훨씬 심각하고 노골적이던 20세기 중반에 존슨은 스스로의 삶을 통해 차별의 부당함을 밝힌 사람이었다. 또한 일에서 성차별과 인종차별을 극복하는 것이 옳을 뿐만 아니라, 결과도 더 좋다는 것을 많은 사람에게 증명했다. 그렇게 여성과 흑인을 비롯한 사회의 소수자들에게 자신의 재능을 살릴 기회에 도전하도록 희망을 주었다. 과학뿐만 아니라 사회 발전에서도 존슨의 역할은 결코 작지 않다.

국가의 탄생, 차별의 탄생

캐서린 존슨은 1918년 미국 웨스트버지니아주 화이트 설퍼 스프링스에서 태어났다. 한국에도 많이 알려진 미국 컨트리 송으로 〈컨트리 로드Country Road〉라는 노래가 있다. 가사를 보면, "웨스트버지니아West Virginia", "블루 리지 마운틴스Blue Ridge Mountains" 같은 지명이 나오는데, 화이트 설퍼 스프링스는 이 노래의 배경이 되는 블루 리지 마운틴스 지역에서 가깝다. 옛날 노래 가사에 나오는 평화롭고 풍요로운 풍경이 펼쳐진 곳이다. 존슨의 아버지는 시골에서 이런저런 기술이 필요한 일을 하며 살았으니 존슨의 고향집은 공간으로만 보면 노래 속 정경에 가까웠다.

그러나 존슨이 태어난 시대는 결코 평화롭지만은 않았다. 당시 분위기를 단적으로 설명하자면, 〈국가의 탄생The Birth of

Nation〉이라는 유명한 영화를 언급해볼 만하다. 영화가 개봉된 시기는 1915년이니, 존슨이 태어난 때와 가깝다.

골치 아픈 상황을 하나 가정해보자. 어떤 사람이 대단히 아름다운 노래를 만들었다. 가사는 알 수 없는 외국어로 되어 있다. 그렇지만 운율이 잘 맞아서 리듬에는 완벽하게 어울린다. 무엇보다 곡조가 너무나 아름답다. 흥겨우면서도 절정에서는 묘하게 감동적이다. 그런데 노래 가사를 번역했더니, 범죄를 찬양하고 선행을 비웃는 내용으로 가득 차 있었다. 게다가 노래를 만든 사람은 노래 가사처럼 사람들이 나쁜 짓을 하기를 바란 악당이었다. 그래도 이 노래를 여전히 좋은 노래라고 평가할 수 있을까? 노래가 가치 있다고 존중해야 할까?

이런 문제는 쉽게 답을 낼 수 없다. 그런데 현실 세계에서 정말로 이런 문제 상황을 만들어낸 영화가 〈국가의 탄생〉이었다.

〈국가의 탄생〉은 개봉 직후 많은 사람에게 좋은 평가를 받았다. 이후 영화를 만드는 사람에게는 "영화를 잘 만들기 위해서는 이 영화의 기법을 배워야겠다"는 생각을 심어주기도 했다. 영화 기법의 발전에 대단히 큰 영향을 미친 것이다. 이 영화가 나오기 전 시대의 영화가 연극 공연을 동영상으로 촬영해 기록하는 정도였다면, 〈국가의 탄생〉은 편집, 장면의 교차, 가까이 찍은 화면과 멀리서 찍은 화면을 활용하는 방법 등 갖가지 영화다운 기술을 멋지게 보여주었다. 기술과 재주 면에서 따져본다면 〈국가의 탄생〉은 '영화의 탄생'이라고 불러야 할 만하다.

그런데 영화의 줄거리는 대단히 파괴적이다. 이 영화는 남북전쟁 전후, 미국에서 벌어진 사건을 다루면서 흑인에 대한 멸시를 대놓고 드러냈다. 흑인을 사악하게 표현하는 내용을 담고 있을 뿐만 아니라, 그것이 당연하고 옳다는 것을 증명하기 위한 장면도 많다. 남북전쟁은 북부의 부자들이 비열한 수법으로 돈을 더 많이 벌기 위해 벌인 충동질의 결과에 불과하다는 주장을 담고 있다.

"북부의 부자들은 공장을 건설해서 돈을 많이 벌었다. 그런데 그 부자들은 농업이 발달한 남부가 싫어서 남부를 더 수탈하고 남부를 망하게 하고 싶었다. 그래서 남부를 뒤집어엎기 위해 별 불만 없이 노예로 살고 있던 흑인들의 감정을 부추겨 싸우게 만든 것이다. 이 모든 것은 부유한 북부 부자들의 음모다!"

이 영화에서 대부분의 흑인은 백인을 공격할 생각으로 가득 찬 무섭고 사나운 범죄자 집단으로 그려지고, 일부 착한 흑인들은 노예일 때 주인을 충직하게 섬긴 사람들로 나온다. 만약 누가 이 영화를 보고 깊은 감동을 받아 영화가 말하는 대로 인생을 살겠다고 결심한다면, 그 사람은 착한 사람이 편안하게 살 수 있는 사회를 만들기 위해 인종차별을 실천할지도 모른다.

〈국가의 탄생〉을 어떻게 평가하는 것이 옳은지는 지금도 짧게 정리하기 어렵다. 다만 존슨이 태어났던 시기에는 이 영화에 대한 고민이 단지 영화평에만 얽힌 문제가 아니었다.

1910년대 미국에는 실제로 〈국가의 탄생〉에 감동하는 사람이나, 그와 비슷한 사상이 옳다고 생각하는 사람이 많았다. 어느 정도의 인종차별은 당연하다고 생각하는 사람들이 널려 있었다. 이를테면 흑인에게는 투표권을 제한해야 한다는 식의 생각이 꽤나 유행했다. 민주주의 사회에서 투표는 후보자의 장단점을 평가하고 그에 따라 진행해야 하는데, 흑인들은 교육을 받지 못해 무식하고 감정적이기 마련이어서 나라에 도움이 되는 투표를 할 수 없다는 것이다. 흑인들은 아무렇게나 투표하기 때문에 사기꾼 같은 후보자를 뽑을 가능성이 높다는 편견이 있었다.

인종차별은 좀더 교묘한 논리로 확대되기도 했다. 예를 들면, 차별을 차별이 아닌 합리적인 구분이라는 식으로 포장했다. 가장 흔한 것으로 흑인이 이용하는 시설과 백인이 이용하는 시설을 구분했다.

백인 손님은 노예의 후손인 흑인과 가까이 있는 것을 불편해하고, 흑인도 그런 백인을 싫어할 것이다. 함께 있는 것은 서로 껄끄러운 일이니 백인 전용 식당과 흑인 전용 식당을 만들면 편하지 않을까? 백인 전용 식당에는 백인 손님만 올 수 있고, 흑인 손님은 받지 않겠다는 이야기다.

이것은 백인 손님을 위해서기도 하지만, 흑인 손님이 왔다가 옆에 있는 백인 손님에게 눈총을 받거나 둘 사이에 시비가 붙는 문제를 방지하기 위해, 다시 말해 흑인 손님을 보호

하는 조치라고 주장하는 것이다. 애초에 식당 주인이 백인의 취향을 고려해 백인 전용 식당을 만들었다는데, 누가 뭐라고 할 것인가?

그런데 이런 일이 생기면 흑인은 결국 더 큰 피해를 입을 수밖에 없다. 대체로 백인은 부유하고 흑인은 가난하기 마련이므로, 백인 식당과 흑인 식당을 나눈다면 가게 주인들은 흑인 식당보다 백인 식당을 차리려고 할 것이다. 그래야 돈을 많이 벌 수 있기 때문이다. 그러므로 이런 제도가 운영되면, 백인 식당은 계속 늘고 점점 좋아지지만 흑인 식당은 생겨나기 어렵다. 세월이 흐르면 흑인들은 외식할 곳을 찾기 어려울 정도로 불편을 겪게 된다.

이런 일은 존슨의 어린 시절 미국 곳곳에서 벌어지고 있었다. 온갖 가게마다 '백인 전용, 흑인 출입 금지'라는 표시가 되어 있었다. 물 마시는 곳조차 백인과 흑인이 나뉜 곳이 많았다. 심지어 길거리에도 백인이 다니는 길과 흑인이 다니는 길을 구분했다. 별별 이유로 인종차별 정책이 이루어졌다. 당시 사람들은 그런 일이 합리적이라고 생각했고, 인종차별의 피해 사례는 점점 더 늘어나고 있었다.

인간 컴퓨터가 되다

캐서린 존슨 역시 흑인이라는 이유로 피해를 입었다. 존슨은 어릴 때부터 수학에 재능이 있었다. 그런데 존슨이 사는 지역에서 흑인이 다닐 수 있는 학교 중에는 지금의 중·고등학교에 해당하는 교육 과정을 배울 수 있는 곳이 없었다. 그 무렵 미국에서는 학교 역시 백인 학교와 흑인 학교로 나뉘어져 있었기 때문이다. 자연히 가난한 흑인을 위한 학교는 부족했다. 미래에 사람을 우주로 보내는 임무에서 중요한 공적을 세울 존슨이 허무하게도 다닐 학교가 없어서 중학교 공부조차 할 수 없는 위기에 빠진 것이다.

존슨의 부모님은 딸을 다른 지역에 보내서라도 학교를 계속 다니게 하고자 했다. 어머니는 교사 출신이었다고 하는데, 어쩌면 그랬기 때문에 재능 있는 딸이 공부를 그만두는 데 미련이 컸는지도 모른다. 상상해보자면, 어머니는 차별 사회에서 기회가 부족해 좌절하는 흑인 학생들의 모습을 자주 봤을 것이다. 그러니 딸에게는 최대한 기회를 만들어주고 싶지 않았을까.

"똑똑한 학생들이 배우고 싶어도 학교가 없다는 이유로 재능을 살릴 기회도 얻지 못하는 것은 너무 불쌍해. 캐서린은 그런 부당한 일을 겪게 하고 싶지 않아."

그렇게 해서 존슨은 고향을 떠나 학창 시절을 보냈다.

어린 딸만 보낼 수는 없었기에 가족들은 존슨의 학기에 따라 만나고 헤어지는 생활을 반복했다. 요즘으로 치면 주말부부 같은 생활을 하며 긴 세월을 보낸 것이다. 그렇게 살자니 집안 형편이 나아질 리 없었다. 따지고 보면, 이 모든 불편과

손해는 흑인과 백인 학생은 분리해 가르치는 것이 서로에게 좋다는 믿음 때문이었다.

다행히 존슨은 가족들이 불편을 감수할 만큼 뛰어난 학생이었다. 빠른 속도로 교육 과정을 익혔고 남들보다 몇 년 일찍 대학에 진학해 수학과 프랑스어를 전공했다.

나는 존슨의 프랑스어 실력을 알 만한 특별한 기록을 발견하지는 못했다. 하지만 스무 살이 되기 전에 대학을 졸업한 것을 보면 프랑스어 실력도 결코 부족하지는 않았던 것 같다.

존슨의 주특기는 역시 수학이었다. 소문처럼 도는 이야기에 따르면, 웨스트버지니아 대학을 다닐 때 존슨은 학교에 개설된 모든 수학 과목을 들었다는 말도 있다. 심지어 교수가 존슨 같은 우수한 학생이 들으면 좋을 새로운 과목이 필요하다며, 존슨을 위한 수학 과목을 개설했다는 말도 있다. 훌륭한 공적을 세운 학자의 학창 시절은 전설 같은 이야기로 과장되기 마련이니 어디까지가 정확한 사실인지는 알기 어렵다.

그런 이야기가 생길 정도로 자연히 존슨은 수학에 뛰어났던 것은 사실이다. 자연히 존슨은 수학에 자신감을 갖고, 수학자가 될 꿈을 꾸면서 웨스트버지니아 대학교 대학원에 진학했다. 흑인은 몸을 쓰는 일이나 예술에 재주가 뛰어나다는 편견이 있다. 그만큼 두뇌를 활용하는 지적인 일이나 치밀한 수학 계산에는 약하다는 편견도 있다. 당시에는 그런 편견이 널리 퍼져 있었다. 여기에 더해 논리적인 수학은 남성의 두뇌에 적합하고, 여성은 감성적인 문학이나 언어에 적합하다는 편견도 뿌리 깊었다. 그렇기에 여성이자 흑인으로 수학을 전공하는 존슨은 더욱 희귀했다. 존슨이 대학원에 들어가던 1930년대 후반이라면 수학을 전공하는 웨스트버지니아 대학의 대학원생 중에서 흑인 여성은 존슨이 거의 유일했을 것이다.

다행히 존슨은 대학원 생활을 잘해냈다. 나중의 행적을 보면 존슨은 일을 열심히 하면서도 다른 사람들과 잘 어울려 지내는 착실한 사람이었던 것 같다. 어려운 날도 분명 많았을 것이다.

"여자가 수학을 한다고? 배운 것을 잘 받아들이기는 하겠지만 세상을 바꿀 만큼 놀라운 발견을 할 수 있겠어?"

"아무리 수학을 잘해봐야 누가 흑인을 고용하고 전문가로 대접하면서 그 사람에게 수학을 배우려고 하겠어? 헛공부를 하는 셈이지."

이렇게 수군거리는 사람도 많았을 것이다. 그러나 존슨은 우수한 실력과 함께 착실함을 갖추고 있었다. 존슨의 생활이 그대로 이어졌다면, 수학 이론의 깊은 영역을 연구하는 수학자로 학계에 자리 잡았을지도 모른다.

대학 졸업 후 결혼한 존슨은 대학원에 진학하고 1~2년이 지날 무렵 출산을 하게 되었고, 육아를 위해 학업을 포기해야 했다. 당시에는 흔한 일이었다. 한참 세월이 지난 1960년대 영국의 옥스퍼드 대학이나 케임브리지 대학 같은 명문대학에서도 여학생은 결혼하면 직업을 위해 하던 일을 그만두는 것이 관습처럼 퍼져 있었다. 1980년대 무렵 한국이나 일본도 여직원은 결혼을 하면 어지간하면 일을 그만두는 것이 보통인 곳들이 있었다.

국가가 차별을 극복하기 위한 제도를 개선하고 누구나 삶에서 마땅히 누려야 할 자유를 보장하기 위해 애쓰는 것은 당연하다. 존슨의 이야기는 평등과 자유를 위한 노력이 그 나라의 과학 발전과 인재를 키우는 데에도 중요하다는 점을 보여준다. 만약 존슨이 출산과 육아를 하면서도 계속 공부할 방법이 있었다면, 미국 수학계는 그만큼 뛰어난 인재를 얻을 수 있었을 것이다. 과학 기술이 발전하기 위해서는 엄청난 돈을 들여 만든 고성능 망원경이나 입자가속기 같은 실험 장비가 필요하지만, 학교와 회사 안에 어린이집을 두고 지원하는 것도 중요하다.

20대 초반의 젊은 나이에 존슨은 모든 꿈을 포기할 수밖에 없었다.

"헛된 꿈이었을까. 몇 년만 마음 놓고 공부할 수 있다면, 수학자로서 정말 멋진 일을 해낼 수 있을 것 같은데. 그 몇 년이 나한테는 허락되지 않네. 이제 내 꿈은 여기서 영영 끝나는 걸까."

이후 존슨의 삶은 살림과 육아를 중심으로 돌아갔다. 그러나 수학에 대한 열정만큼은 간직했다. 이 시기에 존슨이 학생을 가르쳤다는 글을 본 적이 있다. 수학 교사로 틈틈이 일하면서 어떻게든 실력을 갈고닦으며 하고 싶은 일을 향한 애정을 유지한 것이다. 그런 존슨에게 누군가는 이런 말을 했을지도 모르겠다.

"그렇게 수학을 잘해서 대수학자라도 될 것처럼 굴더니 결국 집안일을 하다가 부업으로 아이들을 가르치는 게 전부인 인생이네."

그러나 존슨은 무너지지 않았다.

1950년대 초 드디어 존슨에게 삶을 바꿀 기회가 찾아왔다. 수학과 프랑스어에 능한 영재였던 존슨은 그사이 30대 중반의 아이 엄마가 되어 있었다. 세상은 바뀌어 미국과 소련의 냉전이 시작되었고, 한국전쟁이 벌어져 미군이 공산주의 국가와 직접 전쟁을 하기도 했다. 그러자 전쟁에 사용할 무기와 기계를 연구하는 일에 많은 돈이 투자되었다.

특히 첨단 무기로 제트기와 로켓이 많은 관심을 받았다. 빠른 속도로 비행해 적진 위로 날아들 수 있는 제트기는 당시 군인들이 상상할 수 있는 가장 훌륭한 무기였다. 왜냐하면 제트기에 핵폭탄을 실어서 적진으로 보낼 수 있기 때문이다.

존슨이 학교를 다니던 시절의 전쟁인 제2차 세계대전과는 상황이 다르다. 그때는 적의 도시를 차지하기 위해 며칠 동안 산과 들을 진격하고 탱크와 대포를 끌고 다니며 긴긴 싸움을 벌여야 했다. 그러나 1950년대의 최신 기술인 제트기를 띄우면 한 시간 만에 1,000킬로미터 떨어진 적의 핵심 도시에 핵폭탄을 떨어뜨릴 수 있다. 그러면 다른 자잘한 전쟁이 어찌되든 그 도시는 바로 파괴된다.

지난 몇백 년, 몇천 년 동안 장군들은 군사를 이동하며 적이 길목에 숨어 있으면 어떡할까, 포위당하면 어떡할까 하는 고민을 했다. 그런데 1950년대 핵무기 시대가 되자 그 많은 문제는 중요하지 않게 되었다. 전화 한 통으로 명령을 내리고 두어 시간 기다리면 그걸로 끝이다.

그러니 더 빠르게, 더 높이 날 수 있고, 적에게 발견되면 쉽게 피할 수 있는 비행기가 전쟁에서 중요한 수단이었다. 나아가 제트기보다 훨씬 빠르게 먼 거리를 날 수 있는 로켓 역시 중요한 무기로 각광받고 있었다. 그렇다 보니 이런 기술을 개발하는 연구소들은 많은 돈을 써서 사람을 채용해 일을 크게 벌이는 분위기였다.

바로 그때 존슨은 사람을 뽑는다는 소식을 듣는다.

"비행기 연구소에서 수학 잘하는 사람을 뽑는다던데? 워낙 일손이 부족해서 그런지, 여성이나 흑인도 채용하고 있대. 서류를 한번 내보면 어때?"

아마도 급하게 많은 사람을 동원해서 연구를 진행하다 보니, 다른 기관들과는 조금 다른 문화가 자리 잡지 않았나 싶다. 그 덕에 흑인이라도 수학만 잘하면 가리지 않는 일자리가 생기기 시작했다.

그렇다고 해서 수학 연구에 조예가 깊은 학자를 뽑는다는 이야기는 아니었다. 그저 남들보다 수학을 좀더 잘하고 좋아하는 정도의 실력이 있으면 되었다. 존슨으로서는 더욱 눈길이 가는 제안이었을 것이다. 재능을 살려 중요한 일을 할 수 있는 기회이지만, 박사 학위를 갖추고 학계에서 실력을 쌓은 경력이 필요한 일은 아니었기 때문이다. 그곳이 바로 NACA, 미국 항공 기술 자문위원회National Advisory Committee for Aeronatuics라는 곳이다. 취직한 지 채 몇 년이 지나지 않아, 존슨의 직장은 NASA로 개편된다. 존슨은 세계 어느 곳보다도 활발히 우주를 연구하는, 우주 개발의 상징과도 같은 곳에서 일하게 된 것이다.

존슨이 새 직장을 얻자마자 놀라운 연구 결과를 발표하면서 완전히 다른 삶을 살게 된 것은 아니다. 존슨은 그저 컴퓨터가 되었다. 사람이 컴퓨터가 되었다고 하니, 사이보그로 변신해서 전자두뇌를 갖게 되었다는 이야기처럼 들릴 것이다. 하지만 그 당시 미국에서 컴퓨터는 전혀 그런 의미가 아니었다. 1950년대 초는 컴퓨터가 탄생한 지 몇 년 지나지 않았을 무렵이다. 대부분은 컴퓨터라는 기계가 있다는 사실을 모르고, 컴퓨터라는 말을 들어본 적도 별로 없을 시기였다.

그때는 컴퓨터computer라고 하면 말 그대로 컴퓨트compute, 즉 계산하는 사람이라는 뜻을 먼저 떠올렸다. 라이트write, 글쓰기하는 사람을 라이터writer, 작가라고 하고, 페인트paint, 색 칠하기하는 사람을 페인터painter, 화가라고 하는 것과 같다. 존슨이 하던 일인 컴퓨터란, 연구소 책상에 앉아 있다가 학자들이 필요한 계산을 종이에 써주면 그것을 손으로 계산하고 답을 주는 작업을 맡아서 하는 사람이었다. 요즘 우리에게 와닿는 말로 번역하자면 계산 담당 직원, 즉 계산원이라고 할 수 있다.

당시 과학 기술 연구소에서는 복잡한 계산을 할 일이 많았다. 요즘에는 전자계산기나 스마트폰으로 계산을 하고, 스프레드시트 프로그램을 써서 다양한 계산을 대량으로 빠르게 할 수 있다. 더 복잡한 계산을 하기 위한 여러 가지 전용 프로그램도 많이 나와 있다. 그러나 컴퓨터가 대중화되기 이전 시대에는 이 모든 계산을 사람이 손으로 할 수 밖에 없었다. 19세기 말부터 계산을 좀더 편리하게 하고 숫자를 덜 헷갈리게 따질 수 있도록 도와주는 간단한 기계 장치들이 조금씩 나오기는 했지만 결국은 사람이 하나하나 꼼꼼하게 계산하는 작업이 가장 중요했다.

연구소의 높은 지위에 있는 학자들은 대개 문제를 풀이하는 방법을 개발하고 그 방법을 이용해 어떻게 계산해야 하는지 길을 찾는 일을 했다. 그러면 그 방법대로 여러 차례 계산을 반복하면서 필요한 답을 구하는 작업은 월급이 적고 직급이 낮은 계산원들이 수행했다.

예를 들어, 한 대를 만드는 데 583만 달러가 들어가는 비행기를 다섯 대 만들려면 돈이 얼마나 필요한지 계산하려면 583만 곱하기 5를 계산해야 한다. 곱하기 계산은 어려우므로 이 문제를 583+583+583+583+583으로 바꿔 계산하기로 한다. 그래서 '583+583+583+583+583'이라고 쓴 종이를 계산원에게 넘기면 계산원은 그 계산을 왜 해야 하는지, 무엇을 의미하는지도 모른 채, 열심히 덧셈을 반복해서 나온 답을 제출하는 식이었다.

학자들은 옷 만드는 공장에서 무슨 원단을 이용해서 어떤 디자인의 옷을 만들지 정하는 사람이고, 계산원은 그에 따라 줄줄이 늘어 앉아 재봉틀을 열심히 돌리며 옷을 만드는 사람이라고 하면 비슷할 것이다.

19세기 말 이후 미국에서는 이런 계산원 역할을 여성이 담당하는 문화가 상당히 널리 퍼져 있었다. 새로운 기술이 등장할 때 특정 업무를 여성들이 주로 하다 보면, 그 분야의 일은 여성에게 적합한 직업이라는 문화가 생긴다. 전화가 오면 통화하려는 사람에게 연결해주는 전화교환원이라든가, 사람이 말을 하면 그대로 키보드로 입력하는 타자수 같은 직업은 과거에 여성의 일이라는 인식이 있었던 것이 그 예다.

컴퓨터 탄생 초기에는 학자들이 컴퓨터에 어떤 계산을 할지 지정해놓으면, 그 내용을 컴퓨터가 인식할 수 있는 프로그램으로 바꾸는 작업, 지금 식으로 말하면 프로그래밍이나 코딩 또한 주로 여성이 맡아서 하는 일이었다. 요즘 컴퓨터 프로그래머는 남자가 많지만 초창기에는 오히려 여성의 영역이었다. 아마도 계산원이 대개 여성이었던 20세기 초중반 분위기도 이런 흐름에 영향을 미쳤을 것이다. 여성 계산원들에게 종이와 연필 대신 전자기기가 주어진 셈이라고 생각했을 테였다.

존슨은 아침부터 저녁까지 끝없이 쏟아지는 종이를 읽으며 계산에 계산을 거듭하면서 하루를 보냈고, 그렇게 생계를 이어나갔다. 그런 작업들이 모인 결과, 사람이 지구 바깥 세

정확한 탄도의 계산은 왜 중요할까

1950년대 중반 무렵이 되자, 존슨은 계산원들 중에서도 실력이 뛰어나고 성실한 직원으로 자리 잡게 되었다. 원래 계산원이 하는 일은 더하기, 빼기, 곱하기, 나누기의 무수한 반복이었는데, 경험을 쌓으면서 존슨은 그 이상으로 발전해나갔다. 같은 계산이라도 어떻게 하면 더 정확한지, 일을 어떤 방식으로 나누면 더 효율적인지 같은 문제에도 능숙했다.

나중에 존슨은 계산원에게 일을 주는 학자들과 직접 대화하면서, 비행기와 미사일을 개발하기 위해서는 어떤 계산을 해야 하는데 그것을 쉽게 풀이하는 방법은 무엇인지 의논하는 일에도 조금씩 참여하게 되었다. 반복 노동에 가까운 일을 하기 위해 고용되었지만, 자기 일의 쓰임을 이해하고, 잘할 수 있는 방법을 고민하다 보니 점점 더 깊은 연구에 발을 들이게 된 것이다.

나는 과학 기술 분야에서는 이런 식으로 부드럽게 경험과 연구, 기술과 과학이 이어지는 일이 중요하다고 생각한다. 물건을 만들어내는 공장에서는 기계를 조작하고 다루는 사람을 기능직 노동자로, 그 사람들을 관리하는 사람은 사무직 노동자로, 기계와 기술을 개발하는 사람은 연구직으로 분류하는 경우가 많다.

그런데 종종 기능직, 사무직, 연구직이 따로 놀면서 서로 의사소통이 되지 않는 곳이 있다. 기능직은 고졸이나 전문대학을 졸업하고 취직한 사람이고, 사무직은 대졸자, 연구직은 대학원생 졸업자로 학력이 나뉘기도 하는데, 그러다 셋은 아예 다른 부류의 사람이라는 식으로 구분되기도 한다. 이런 구분은 의사소통에 장벽이 된다. 과학 기술이 발전하려면 기계를 붙들고 일하는 사람이 느낀 경험이 그 기계를 개발하고 분석하는 사람들에게 전달되는 편이 좋고, 현장에서 노동하는 사람이 떠올린 생각이 서로 다른 배경을 가진 사람들에게 공유되어야 한다.

아주 단순한 예를 들어보자면, 로켓의 껍데기 철판을 두드려 구부리는 작업을 하는 사람이 "이 철판이 0.1밀리미터만 더 얇아도 된다면, 내 손에 훨씬 익숙한 공구를 써서 두 배는 더 빠르게 작업할 수 있다"라는 의견을 낼 수 있을 것이다. 그 말이 로켓을 설계하는 연구원에게 전달되었다고 상상해보자. 그러면 같은 성능이지만 0.1밀리미터 더 얇은 다른 재질로 설계를 바꾸어 로켓을 만드는 비용과 시간을 줄이는 방식을 고안할 수 있다. 직급, 출신, 학력을 넘어 활발히 의견 교환이 이루어지는 것만으로 사람은 더 쉽게 우주로 갈 수 있게 된다.

더군다나 이렇게 의견을 교환할 수 있는 상황이 되면 단순히 철판을 두드리는 작업을 하던 사람도 로켓의 기능과 역할을 더 과학적으로 생각하게 된다. 그러면 새로운 발상이 등장할 수 있는 기회는 더욱 늘어난다. 이렇게 생각하면 캐서린 존슨은 여성과 흑인에게 가해지던 차별을 넘어, 미국 항공 업계에 모두가 함께 일하는 문화를 만들어내는 데 공을 세운 사람이라고 할 수도 있다.

존슨이 특히 실력을 발휘한 분야는 탄도와 관련이 깊다. 탄도는 대포알이나 총알 같은 탄환이 날아가는 길을 말한다. 앞을 향해 대포를 쏘면 대포알은 어느 정도 날아가다가 바닥에 떨어질 것이다. 만약 대포를 약간 위로 겨냥해서 쏜다면 처음에는 점점 높이 날아가고 얼마 후에는 가장 높은 곳에 도달했다가 떨어지기 시작할 것이다.

이것은 체육 시간에 공 던지기를 할 때도 경험할 수 있다. 공을 가장 멀리 던지려면 45도에 가까운 각도로 던지는 편이 좋다는 말을 들어봤을 것이다. 공 던지기와 대포 쏘기 원리는 비슷하다. 체육 시간에 공을 던지는 손은 대포 속 화약이 폭발하는 힘에 해당하고, 손을 떠나 날아가는 공은 대포알에 해당한다.

공을 던졌을 때 어디에 떨어질지 계산하는 것이 바로 탄도를 따지는 문제다. 야구 경기에서 뛰어난 수비수들은 공이 날아가는 모양과 속도를 보고 공이 어디에 떨어질지 가늠해 그곳에 가서 공을 잡는다. 뛰어난 수비수들은 본능적으로 탄도를 계산한다고 볼 수 있다.

그런데 스포츠 경기의 공이 아니라 적을 공격하는 대포알이라면 본능적 감각 대신 정확한 경험과 계산이 필요하다. 그렇기에 어느 정도 무게의 대포알을 얼마큼의 힘과 각도로 발사하면 어디에 떨어진다는 사실을 치밀하게 따져야 한다.

이것을 계산하는 학문을 탄도학이라 하고, 탄도학에서는 지금까지도 미적분학과 뉴턴의 중력이론을 이용하는 방법이 가장 유용하다. 대포를 떠난 대포알에 작용하는 가장 강력한 힘은 지구가 대포알을 잡아당기는 중력이다. 중력이 어떻게 대포알의 움직임을 바꾸고 그 결과 낙하 위치가 어디로 변하는지를 계산하는 뉴턴의 이론이 요긴할 수밖에 없다. 심지어 군대에서 대포 쏘는 일을 하는 포병 부대에서는 수학에 밝은 병사들을 주로 배치하는 경향이 있다. 한국 사람들 사이에서, 수학을 전공했더니 포병 부대에 배치받았다는 이야기를 듣는 것은 어렵지 않다.

대포알뿐만 아니라 로켓이 날아갈 때도 비슷한 계산을 활용한다. 대포알은 처음 발사될 때 화약을 터뜨리는 힘을 한 번만 주지만, 로켓은 연료가 소모될 때까지 날아가면서 꾸준히 힘을 줄 수 있다는 점에서 차이가 있다. 하지만 날아가는 동안 지구가 끌어당기는 중력을 받아 방향과 위치가 변한다는 점은 같다. 아닌 게 아니라 대한민국의 국군 포병 부대에는 로켓을 이용하는 무기도 많이 배치되어 있다. 뉴스에 자주 등장하는 북한의 장사정포라고 하는 무기도 로켓으로 날아가는 무기다.

지상에서 발사해 적의 땅 위에 있는 목표물을 공격하는 로켓 무기를 탄도미사일이라고 하는데, 이 역시 미사일을 발사해서 대포알을 날리고 공 던지기를 하는 것과 비슷한 곡선을 그리며 날아가기 때문에 붙여진 이름이다. 로켓을 최대한 강하게 오래 가동해서 불을 뿜으며 높은 곳을 향해 미사일을 쏜다. 그러면 미사일은 점점 더 멀리 더욱 높은 곳으로 올라간다. 그러다가 가장 높은 점에 도달한 후에는 꺾여서 지상으로 떨어진다.

탄도 모양의 곡선으로 미사일이 날아갈 때, 그 방향과 각도를 잘 조절하면 멀리 있는 적을 정확히 공격할 수 있다. 게다가 땅으로 내리꽂힐 때에 떨어지는 속도가 굉장히 빠르기 때문에 적이 피하기 어렵고 위력을 높일 수도 있다. 그래서 예전부터 로켓 무기는 장점이 많다고 인정받았다.

예를 들어, 조선 시대에는 신기전이라고 하는 작은 소형 로켓이 있었다. 나중에는 신호탄으로 활용되었지만, 15세기 무렵에는 여러 발을 한꺼번에 쏘는 방식의 공격용 무기로 꽤나 자주 쓰였다.

조선의 장군 중에 출중한 무예 실력으로 젊은 나이에 높은 자리에 오른 이징옥이라는 인물이 있다. 《조선왕조실록》 1451년 음력 1월 8일 기록에서 이징옥은 이렇게 말했다.

"신기전은 적을 대하는 데에 가장 긴요한 물건입니다."

이징옥은 로켓 무기를 잘 활용하고 정확하게 공격하는 데 재주가 뛰어난 인물이었을 것이다. 이징옥이 뉴턴의 중력이론으로 탄도를 계산하는 방법은 몰랐겠지만, 여러 차례 신기전의 성능을 실험하고 발사하는 각도와 떨어지는 위치의 관계를 살피면서 나름대로 탄도를 추측하는 감각을 갖고 있었을 거라는 생각은 해볼 만하다.

캐서린 존슨의 시대가 되면 로켓을 이용해서 적을 공격하는 방법이 조선 시대와는 비할 바 없이 발전한다. 이징옥이 쓰던 신기전은 잘 쏘아봐야 수백 미터 즈음 날아갔지만 1950년대의 탄도미사일은 수천 킬로미터를 단숨에 날아가는 놀라운 무기였다. 신기전 끄트머리에는 손바닥에 쏙 들어올 정도의 화약통이 폭발해 주변에 불을 지를 수 있는 장치가 달려 있었지만, 1950년대의 탄도미사일에는 원자폭탄이나 수소폭탄이 들어 있었다. 적진에 갑자기 불길을 일으켜 놀라게 하는 정도가 아니라, 시속 수천 킬로미터의 어마어마한 속도로 날아가 도시 하나를 파괴할 수 있는 정도의 무기가 실용화되었다.

냉전의 소용돌이에서

1950년대 후반, 당시 소련의 연구진은 탄도미사일 기술을 더욱 발전시켜 한 대륙에서 다른 대륙까지 먼 거리를 곡선을 이루며 날아갈 수 있는 로켓을 세계 최초로 완성했다. 이런 무기를 흔히 대륙간 탄도미사일, 약자로 ICBM이라고 한다.

소련이 ICBM을 갖고 있다는 말은 언제든 미사일 단추만

누르면 유럽이나 아메리카 대륙으로 단숨에 핵무기가 날아갈 수 있다는 뜻이다. 엄청난 속도로 높이 올라갔다가 땅으로 떨어지며 꽂히는 ICBM은 21세기 현대 과학 기술로도 방어가 매우 어렵다. 당연히 1950년대 기술로는 막을 수 없는 무적의 핵무기가 탄생했다고 볼 수 있었다. 게다가 소련은 그 기술을 더욱 발전시켜서 세계 최초의 인공위성 스푸트니크 1호를 성공시켰고, 나아가 유리 가가린이라는 인물을 세계 최초로 우주에 보냈다가 귀환하게 하는 데 성공했다.

냉전 시대에 세계 최초로 우주에 다녀온 사람이 소련 사람이라는 이야기는 소련이 미국을 앞질렀다는 정도의 가벼운 문제가 아니었다. 소련이 미국에 핵무기를 떨어뜨릴 수 있는 무서운 기술을 자유자재로 응용할 수 있을 정도로 발전시켰다고 전 세계에 광고하는 것과 같았다. 이런 상황은 대단히 큰 위협이었다. 미국 편을 들던 많은 나라가 "소련이 미국보다 더 강한가 보다"라면서 소련 쪽으로 돌아설 위험까지 생길 만했다.

스푸트니크 1호 발사 소식을 한국 언론에서도 굉장히 심각하게 다루었다. 한국전쟁이 끝난 지 얼마 안 된 시점이었다. 그러니 한국인에게는 우주 개발 경쟁이 단순히 먼 나라들의 자존심 싸움 문제가 아니었다. 또다시 공산주의와 자본주의 진영 간의 대결이 벌어지면 과연 그때도 미국이 우리 편에서 싸울 것인가 하는, 심각한 걱정거리였다.

세상이 그렇게 돌아가고 있으니 미국 정부는 어떻게든 미국이 소련의 우주 기술을 따라잡는 모습을 전 세계에 보여 주려고 애썼다. 그러려면 일단 미국도 우주에 사람을 보내야 했다.

미국 기술진이 사람을 우주에 닿게 하는 간단한 방법으로 사용한 것이 바로 탄도미사일이었다. 체육 시간에 공을 던질 때 멀리 공을 던지면 자연스레 공이 높게 올라간다. 그렇기 때문에 ICBM 용도로 개발된 공격용 로켓은 멀리 쏘면 그 과정에서 저절로 우주에 가까운 높이까지 올라가는 것들이 있었다. 만약 목표에 도달하기를 포기하고 그저 높이만 쏘아 올린다면 우주까지 훌쩍 올라갔다 내려올 수도 있다. 공을 던질 때 머리 위로 똑바로 던지면 앞쪽으로는 거의 못 날지만 위으로는 아주 높이 올라갔다 내려오는 것과 같은 이치다.

지구와 우주 사이에 "여기서부터 우주라고 부른다"라는 명확한 경계선이 있는 것은 아니다. 그러나 세계 연구진들이 대체로 동의하는 대략의 선은 있다. 가장 널리 쓰이는 기준은 헝가리 출신의 미국 학자 시어도어 폰 카르만의 이름을 딴 '카르만선'이다. 이 기준은 해발 10만 미터, 그러니까 100킬로미터가 기준이다. 숫자 100을 고른 것을 보면 다분히 편의상 택한 기준 같기는 하다. 하지만 이 정도 높이에 올라가면 정말 주변이 우주처럼 보인다. 하늘이 파랗지 않고 검은 우주 공간이 보인다. 유성이 지구에 떨어지며 빛나는 높이보다도 높은 공간이다.

무엇보다 이 정도 높이면 공기가 거의 없어서 사람이 숨쉬기 힘든 것은 물론이고 비행기가 날개로 떠받치는 힘을 이용해 날기도 어렵다. 반대로 말하면 공기를 헤치고 나가며 맞바람을 맞을 일이 없어서 로켓, 우주선, 인공위성이 아주 빠른 속도로 움직이기 좋은 곳이라는 뜻이다.

1961년 미국 연구진은 미사일 용도로 개발된 레드스톤이라는 로켓을 높이 발사하면 지상에서 180킬로미터 이상까지 도달했다가 떨어지는 것이 가능하다는 사실을 알아냈다. 그정도면 확연히 우주라고 할 수 있는 높이다. 레드스톤은 멀리 날아가는 ICBM은 아니었지만 당시 상황에서는 실험하기 좋은 미사일이었다. 레드스톤 끄트머리에 조그마한 캡슐을 붙이고 그 캡슐에 무사히 지상으로 착륙할 수 있는 기능을 달아놓으면, 캡슐 속에 사람을 싣고 우주에 도달했다가 15분 정도 후에 다시 착륙한다는 계산이 나왔다. 그 캡슐을 우주선이라고 부른다면 어쨌든 사람이 우주선을 타고 지구 바깥으로 나갔다 들어오는 데 성공했다고 말할 수 있다.

고작 잠깐 지구 바깥에 닿았다가 돌아오는 것이 무슨 대단한 일이냐고 할 수도 있다. 그러나 당시로서는 그것만 해도 굉장한 도전이었다. 엄청난 속도로 날아가는 쇳덩어리 안에 지구 바깥까지 무사히 사람을 머물게 할 수 있는 기술을 개발하고 확인하는 일이었고, 사람이 안전하고 정확하게 떨어지도록 조절할 수 있는 로켓 기술과 우주선 비행 기술이 있어야 했다. 시속 수천 킬로미터, 경우에 따라 시속 1만 킬로미터를 넘을 수도 있는 엄청난 속도를 견뎌야 했고, 그렇게 빠른 속도로 먼 거리를 움직이는 우주선과 모든 통신이 정상적으로 이루어지게 하는 기술도 필요했다.

실제로 2020년대 우주 관광 회사 중에 블루오리진이나 버진 갤럭틱 같은 회사의 우주선이 판매하는 상품도 이런 식으로 잠시 지구 바깥 공간에 머물다 오는 것이다. 심지어 요즘 미국에서는 카르만선이 아니라 비표준단위인 50마일, 그러니까 80.5킬로미터 지점을 우주의 기준으로 삼는 경우도 있다. 그러니 미사일을 이용해 100킬로미터보다 높이 사람을 보낸다는 것은 언제든 자랑스럽게 내세울 만한 기술이다.

무엇보다 세계 최초로 우주에 사람을 보낸 소련을 따라잡았다고 어떻게든 빨리 알려야 했다. 안타까울 만도 했던 것이 미국은 원래 레드스톤 로켓으로 사람을 우주에 닿게 했다가 돌아온다는 계획을 소련보다 먼저 성사할 예정이었다. 준비가 조금씩 늦어진 탓에 간발의 차이로 소련이 세계 최초 기록을 먼저 세우게 되었으니 안달이 난 미국으로서는 무엇이든 빠른 성과를 보여줄 필요가 있었다.

NASA 최초 궤도 비행의 숨은 영웅

캐서린 존슨이 소속된 팀은 우주로 나갈 최초의 미국 사람을 태운 미사일의 탄도를 정밀하게 계산하는 역할을 맡았다. 만약 이 계산이 잘못되면 우주선은 우주에 닿지 못할 수도 있고, 더 심각하게는 우주선이 견딜 수 있는 속도나 위치를 벗어나는 바람에 파손될 위험도 있었다. 최악의 경우에는 우주선이 땅에 떨어졌을 때 어디에 어떻게 떨어졌는지 알지 못할 수도 있었다. 그렇게 되면 우주선에 탄 사람은 목숨을 잃을지도 모르고, 미국이 소련을 따라잡기는커녕 허둥지둥 따라가려고 무리하다가 생명을 희생했다고 비난만 받을 것이다.

결과는 어땠을까? 존슨의 팀은 성공을 거두었다. 1961년 5월 프리덤 7호라는 이름이 붙은 우주선은 앨런 셰퍼드를 태우고 우주에 갔다 오는 데 성공했다. 셰퍼드는 나중에 아폴로 14호 우주선을 타고 달에 갔다 오는 데에도 성공하면서 더욱 유명한 우주비행사가 되었다. 프리덤 7호와 비슷한 방식으로 우주 관광을 하는 블루오리진의 우주선에 '뉴 셰퍼드'라는 이름이 붙은 것도 바로 앨런 셰퍼드를 기념하기 위한 것이다. 셰퍼드라는 이름에는 양떼를 이끄는 목동이라는 뜻이 있으니, 사람들을 우주로 인도하는 새로운 목동이라는 어감을 의도하기도 했을 것이다.

존슨이 소속된 팀은 점점 더 중요한 일을 맡았다. 셰퍼드가 우주에 갔다 온 것은 소련의 유리 가가린이 우주에 다녀온 것과 불과 1개월밖에 차이 나지 않았다. 대단히 아슬아슬하게 미국이 소련에 뒤지고 있는 셈이었다. 그러니 미국 정부는 어떻게든 상황을 뒤집을 계기를 마련하고 싶었다. 더 멋지고 훌륭한 우주 비행 기록을 미국이 달성해야 한다는 이야기가 나왔다. 사람을 달에 착륙시키겠다는 최초의 구상이 나온 것도 결국은 미국이 뒤처진다는 속 터지는 느낌 때문이었다고 봐야 한다.

그러나 달에 착륙하기 전에 꼭 밟아야 할 과정이 있었다. 일단 사람을 태운 우주선을 궤도 비행시키는 데 성공해야 했다.

대부분의 우주선은 잠깐 우주에 나갔다가 다시 들어오는 것이 아니라 오랜 시간 우주에 머문다. 넓은 의미로 생각해보면 인공위성도 우주선이라고 부를 수 있을 텐데, 인공위성은 몇 달, 몇 년, 심지어 몇십 년 동안 우주에 머물 수도 있다. 1990년대 초에 발사한 한국 최초의 인공위성 우리별 1호의 경우, 2000년대 초반 기기의 수명이 다해 작동은 멈추었지만 아직도 30년 가까운 세월 동안 우주에서 계속 지구를 돌고 있다.

이렇게 우주선이 오랜 시간 지구를 돌며 날아다니는 것을 궤도 비행이라고 하는데, 궤도 비행에는 정교한 기술이 필요하다. 소련의 가가린은 궤도 비행 방식으로 우주에서 꽤 긴 시간 머물다가 내려왔다. 그러니 이 분야에서 미국은 여전히 소련에 뒤져 있는 상태였다.

공중에 올라간 우주선이 움직이는 방향과 속도를 잘 택하면 추락하지 않는 것은 신기한 현상이다. 하지만 따지고 보면 이 역시 중력 때문에 일어나는 현상이다. 그러므로 그 절묘한 움직임도 뉴턴의 이론으로 계산해낼 수 있다. 달이 지구로 떨어지지 않는 이유, 지구가 태양에서 떨어지지 않고 계속 주변을 돌기만 하는 것도 같은 원리다.

우주를 날아다니는 소행성이 지구 주변을 지나간다고 상상해보자. 영화에서는 이런 소행성이 지구에 떨어지려고 하면 과학자들이 그것을 막기 위해 고생하는 이야기가 자주 나온다. 실제로는 넓디넓은 우주에서 커다란 소행성이 하필 지구에 떨어지는 일은 매우 드물다.

그래도 소행성이 지구 가까이로 다가온다고 생각해보자. 떨어질 정도는 아니지만 지구 근처를 지나간다고 치자. 소행성과 지구 사이에는 그 무게만큼 서로를 끌어당기는 중력이 발생할 것이다. 그러면 소행성은 지구의 중력에 당겨진다. 그중에 지구에 가깝게 다가온 꽤 무거운 소행성이 있다면, 소행성은 지구의 중력으로 당겨져 날아가던 방향이 눈에 띄게 바뀔 수도 있다.

어떤 소행성은 지구 주변을 시속 몇만 킬로미터쯤의 속력으로 빠르게 지나가려다가도 지구 가까이 가는 바람에 중력에 아주 강하게 끌어당겨질 수도 있다. 잘하면 방향이 90도쯤 확 꺾여서 전혀 다른 방향으로 날아가게 될지도 모른다.

그렇다면 어떤 소행성은 우주를 날아다니다가 지구의 중력 때문에 방향이 꺾였는데 한 번 방향이 꺾인 후에도 계속 꺾이고 또 꺾여서 지구 주변을 360도로 한 바퀴 도는 것도 가능하지 않을까? 중력은 멈추지 않고 계속 끌어당기는 힘이기 때문에 이런 일도 충분히 발생할 수 있다.

궤도 비행이 이루어지려면 여기에 조건이 하나 더 필요하다. 지구를 360도 돌아 원래 위치에 도착했을 때, 날아가는 방향과 속도가 처음 그 위치에 있었을 때의 방향과 속도와 꼭 맞아떨어져야 한다. 만약 그렇게만 된다면 소행성은 처음 지구 근처에 와서 방향이 꺾이기 시작했을 때와 같은 상황에 놓인다. 그러면 이야기는 다시 처음으로 돌아간다. 소행성은 다시 지구 중력의 영향으로 방향이 꺾인다. 그러면서 지구를 한 바퀴 더 돌게 된다. 이런 일이 계속 반복되면서 소행성은 뱅글뱅글 지구를 돌 것이다. 이것이 궤도 비행의 원리다.

지구에서 우리가 겪는 움직임에만 익숙하다 보면 특별히 힘을 주는 것이 없는데 물체가 오랜 시간 계속 지구 주변을 돈다는 사실이 이상하게 느껴질 수 있다. 그러나 이것은 지구와 우주의 환경이 다르기 때문이다.

지구에서 땅 위를 돌아다니는 자동차는 땅에 끌리는 마찰력 때문에 엔진을 돌리지 않으면 얼마 지나지 않아 멈추게 되어 있다. 설령 땅에 닿지 않고 붕 떠서 다닐 수 있는 물체가 있다고 하더라도 움직이다 보면 공기 때문에 맞바람이라도 받게 된다. 결국 그 힘으로 멈출 수밖에 없다. 지구에서는 계속 나아가려고 애쓰지 않으면, 곧 멈춘다. 이것이 지구에 사는 우리의 상식이다.

그러나 우주에는 땅도 없고 공기도 없다. 멈추도록 방해하는 것이 없다. 따라서 방향과 속도만 잘 맞추면 우주의 물체는 지구가 당기는 중력에 의해 방향만 계속 바뀌면서 멈추지 않고 계속 돌 수 있다. 실제 인공위성이나 우주선은 아주 옅은 공기를 느끼기도 하고, 다른 약한 힘을 주변에서 받기도 해서 영원히 지구를 돌지는 못한다. 그러므로 안정적으로 오래 돌게 하기 위해서는 조금씩 속도를 높이거나 낮춰야 할 때가 생긴다. 하지만 인공위성이 중력 때문에 계속 지구 주변을 돈다는 기본 원리에 오류는 없다. 달이 지구 주위를 도는 것이나, 지구나 화성 같은 행성이 태양 주위를 도는 것도 같은 원리다.

미국이 바로 이런 궤도 비행 방식으로 지구를 도는 우주선에 사람을 태우는 계획을 시도한 것은 1962년이었다.

당시 개발된 ICBM급 로켓으로 아틀라스 로켓이라는 무기가 있었다. 로켓 꼭대기에 사람이 탈 수 있는 작은 캡슐을 달고 우주에서 정확한 방향과 속력으로 캡슐을 쏘면, 캡슐은 지구를 빙빙 돌게 된다는 계획이었다. 아틀라스 로켓은 무기로는 오래 쓰이지 않았다. 하지만 인공위성 발사나 우주 탐사용으로는 쓸 만하다는 평판을 얻어, 계속 개조판이 나오며 오랫동안 활용된 괜찮은 로켓이다. 심지어 60년이 지난 지금도 그 후속 개조 기종이 인공위성 발사 등에 활용되고 있다. 2004년 발사된 한국의 DMB용 인공위성 '한별'도 바로 아틀라스의 후속 개조 기종에 실려 우주에 안착해 지구를 돌았다.

1962년 캐서린 존슨은 이미 실력을 인정받은 전문가로 자리 잡고 있었다. 복잡한 탄도를 계산한 결과를 정리한 기술 보고서에도 저자로 이름을 올렸다. 정확한 계산 능력은 정평이 나서 컴퓨터와 기계 장치를 통해 풀이된 계산 결과를 검토하는 일을 맡기도 했다.

아틀라스 로켓의 발사가 다가오자 존 글렌이 탑승자로 결정되었다. 글렌은 대략 다음과 같은 말을 했다고 한다.

"캐서린 존슨, 그분이 계산을 확인해줘야 해요. 그래야 안심하고 우주선을 탈 수 있어요."

이 이야기는 상당한 화젯거리가 되었다.

1962년 2월 글렌의 우주 비행은 성공으로 끝났고, 글렌은 마침내 미국 우주 기술이 소련을 따라잡는 데 성공한 영웅으로 남게 되었다. 글렌은 그 인기와 영향력으로 미국 상원의원이 되기도 했다.

글렌의 비행이 어찌나 인기가 있었는지, 미국 정부는 글렌이 탔던 작은 캡슐형 우주선 프렌드십 7호를 동맹국에 보내 자랑하기도 했다. 미국 기술이 소련 기술에 버금가니 안심하라는 의미도 있었을 것이다. 프렌드십 7호는 우주에서 돌아온 지 반년이 채 지나지 않은 그해 7월 한국에서 '우정 7호'라는 이름표를 달고 지금의 세종문화회관 자리에 전시되었다.

존슨은 이후에도 긴 세월 NASA에서 일했다. 글렌의 궤도 비행 성공 이후, 선배 연구원으로 여러 사람의 존경을 받았다. 심지어 세월이 흘러 우주 개발에 대한 사람들의 관심이 시든 후에도 존슨의 이야기는 책이나 영화로 만들어져 다시 알려졌다. 존슨은 100세가 넘게 장수했는데, 작고하기 4년 전인 2016년에는 그의 이야기를 다룬 영화 〈히든 피겨스〉가 크게 흥행하며 전 세계에 이름을 알렸다. 그에 앞서 2015년에는 미국 정부에서 받을 수 있는 훈장 중에 가장 영예로운 대통령 자유 훈장을 받기도 했다.

존슨이 한창 일하던 시절은 성차별과 인종차별이 굉장히 뿌리 깊던 시기였다. 하지만 막상 일하기 시작하면 다들 사람을 우주에 보내는 일이 급하고 바빠서 그런 차별을 따지고 의식할 겨를이 없었다는 말도 있다. 존슨은 열정적으로 일하는 과정에서 자연스럽게 차별과 고정관념을 극복하고 새롭게 일하는 방식을 만들어 퍼뜨린 것이다. 굉장한 목표를 향해 온갖 새로운 발상을 개발하면서 모든 것을 바쳐 노력하다 보면, 자연히 인종을 따지고 성별을 따지는 일은 무의미하다는 사실을 저절로 알게 된다는 이야기다.

지구 바깥에서 시속 3만 킬로미터로 날아다니는 철통 속에 있는 사람을 어떻게 하면 땅에 안전하게 내려오게 할 수 있을까를 계산해야 한다면, 누구든 그 문제를 잘 푸는 사람의 말을 들어야 한다. 흑인이 지적한 문제라고 무시하고, 여성이 제시한 의견이라고 얕본다면 성공하기 어려울 수밖에 없지 않겠는가. 미래로 나아가는 기술을 개발하기 위해서는 저절로 미래 사회처럼 일해야 한다는 뜻이다.

우주 개발처럼 국력을 기울이고 국민의 관심을 받는 사업에서는 이렇게 차별을 극복하며 새롭게 일하는 방식을 보여주는 것이 사회의 다른 영역에도 영향을 미친다. 가깝게는 존슨의 이야기를 들은 다음 세대의 어린이와 청소년이 사회적 약자나 소수자라도 수학, 과학, 우주 분야에 얼마든지 도전할 수 있다는 꿈을 품게 된다. 인종이나 성별로 직업을 나누었던 회사나 단체에서는 자신들의 조직을 개편하는 계기로 삼을 것이다. 다시 말해, 우주 개발 사업은 단지 기술을 발전시키는 기회일 뿐만 아니라, 미래 사회의 일하는 방식을 사회 곳곳에, 세상 곳곳에 퍼뜨리는 역할을 했다.

그렇다면 캐서린 존슨은 사람을 우주 공간에 보냈을 뿐만 아니라, 사람들을 미래로 이끄는 데에도 큰 공헌을 한 인물이라고 할 수 있겠다.

전기를 이용하는 여러 제품은 말할 것도 없고,

빛의 정체는 전자기력으로 생기는 파동,

즉 전자기파이므로 빛에 관련된 물건들도 전자기력의 결과다.

화학과 물질의 성질도 전자기력의 문제라고 했으므로

무엇인가 불에 타거나 녹이 슬고, 어떤 물질이 변질되는 것 등도

모두 전자기력 문제다.

인생살이 세상만사의 75퍼센트 정도는

전자기력이 하는 일이라고 할 만하다.

전파가 널리
쓰이게 할 거야

헤디 라마

먼 옛날부터 전해 내려오는 이야기지만 삼손과 데릴라에 얽힌 사연은 여전히 볼수록 재미있다. 엄청난 힘을 가진 삼손이 보통 사람은 할 수 없는 일을 해내며 사람들을 놀라게 하는 이야기에는 박진감 넘치는 짜릿한 맛이 있다. 그 힘에 취해 경솔한 행동을 하는 대목이나 데릴라의 말에 휘둘리는 모습은 무엇이 옳고 그른지, 사람이 어떻게 살아야 하는지 생각하게 한다. 다곤Dagon 같은 낯선 고대의 신이 중요한 소재로 등장하는 마지막 장면은 신비하면서도 으스스하다.

그 때문에 삼손과 데릴라 이야기는 많은 지역에서 인기를 얻어 널리 알려져 있다. 우리나라 역시 예외가 아니다. 예전에 프로야구 이상훈 선수가 머리카락을 길게 기르고 등장해 훌륭한 실력을 보여주면 사람들은 그를 삼손이라는 별명으로 불렀다. 삼손과 데릴라 이야기 속에는 사람의 감정과 그것이 사회에 미치는 영향에 관한 내용도 들어 있다. 또한 힘센 영웅이지만 약점도 있다. 이런 내용은 요즘 액션 블록버스터 영화의 초능력 영웅 이야기와도 매우 비슷하다.

삼손과 데릴라 이야기가 이렇게까지 널리 퍼진 이유로는 1949년 미국 할리우드에서 나온 〈삼손과 데릴라〉가 특히 잘 만든 영화였다는 점도 빼놓을 수 없을 것이다. '들릴라'라고도 표기하는 여자 주인공의 이름이 '데릴라'로 더 친숙한 것도 어쩌면 영화의 인기를 보여주는 간접 증거가 될지도 모르겠다. 이 옛날 영화 제목에서 들릴라를 데릴라로 표기했기 때문이다.

영화가 나오고 70년 이상의 세월이 흐르는 동안 온갖 영화와 TV에서 삼손과 데릴라의 새로운 모습이 수없이 나왔지만, 아직도 그 모습은 〈삼손과 데릴라〉가 기준이다. 오늘날 이 영화 전체를 보여주는 곳은 드물지만, 지금도 가끔 삼손과 데릴라 이야기를 언급할 때는 여전히 1949년판 영화를 참고 자료로 활용한다.

〈삼손과 데릴라〉에서 여주인공을 맡아 영원한 데릴라의 표준이 된 사람은 오스트리아 출신으로 미국에서 활약한 헤디 라마Hedy Lamarr라는 배우다. 라마의 연기력은 훌륭했고 이 영화를 영원한 명작의 위치에 올려놓는 데 충분히 제 몫을 했다고 평할 만하다. 옛날 영화에 관심이 많은 사람이라면 라마가 〈삼손과 데릴라〉뿐만 아니라 1940년대 영화를 통해 상당한 실력을 뽐내던 인기 배우였다는 사실을 알지도 모르겠다.

최근에는 헤디 라마라고 하면 영화와 연기 외에 또 다른 이야기도 조금씩 알려지고 있다. 라마는 상당히 진지하게 발명가로 활동한 적이 있는 인물이며, 그 때문에 여러 기술 분야에도 상당한 지식을 갖춘 사람이었다. 특히 전파를 이용한 통신 분야에서 개발한 기술은 상당히 유용했다.

영화배우이면서 동시에 훌륭한 통신 공학자라고 볼 수도 있으니 라마는 놀랍고 신기한 사람이라는 쪽으로 이야기가 퍼지는 추세다. 인터넷상에서 이런 이야기가 돌기 시작하면 기이한 내용으로 과장되면서 더욱 빠르게 퍼지기 마련이다. 그래서 요즘에는 라마가 와이파이 기술을 발명했다거나 과학자로 인정받고 싶었지만 어쩔 수 없이 영화배우 생활을 하며 괴로워했다는 식의 엉뚱한 이야기도 돌고 있다.

라마는 결코 잊혀진 비운의 주인공도, 그렇다고 괴상한 재주를 부리던 천재도 아니다. 대신 라마의 삶과 연구를 돌아보면 전자기력을 이용한 발명품이 어떤 식으로 빠르게 발전해왔는지 알 수 있다. 또한 과학 기술이 삶에 영향을 미치기까지 사람들의 노력이 모여 어떻게 실용화로 이어지는지, 그 진짜 모습을 엿볼 수 있다.

라마는 제1차 세계대전 발발 몇 달 후 1914년 11월 9일 오스트리아의 수도 빈에서 태어났다. 본명은 헤트비히 에바 마리아 키슬러였다. 헤디 라마라는 이름은 나중에 할리우드에서 영화배우로 활동하면서 사용한 연예인 시절의 예명이다.

라마는 부유한 가정에서 태어났다. 당시 오스트리아는 오스트리아-헝가리 제국이라고 해서, 동유럽의 많은 영역을 지배하는 제국의 형태로 운영되고 있었다. 아버지는 은행에서 중요한 직책을 맡아 일하는 사람이었다. 은행가로 살아가려면 어떤 산업이 전망이 좋고 어떤 회사에 투자해야 하는지 알아야 한다. 그러니 라마의 아버지는 20세기 초에 급격히 발전하던 전기나 전자기기 산업에도 관심이 있었을 것이다.

어린 시절 라마는 아버지와 가까운 사이였던 것으로 보인다. 그랬다면 시내를 거닐거나 좋은 곳을 구경하기 위해 아버지와 함께 나섰다가 아버지에게 이런저런 전기·전자 기술에 관한 신기한 이야기를 들을 기회가 많았을 것이다. 아마도 20세기 초 빈의 화려한 모습을 보며 아버지는 어린 라마에게 이런 이야기를 하지 않았을까.

"돌돌 감은 전선 뭉치 주위에서 커다란 자석을 빠르게 움직이면 전선에 전기가 흐르지. 그 전기를 끌어오기 위해 전선을 멀리 연결해서 이렇게 가로등을 밝히는 거란다. 요즘 회사들은 전기로 돈을 벌기 위해 어떻게 하면 자석을 빨리 움직이는 기계를 만들까 고민하고 있단다.”

그러나 라마의 삶에 더 많은 영향을 끼친 쪽은 아버지보다 어머니였을 것이다. 어머니는 지금의 헝가리 부다페스트 출신의 피아니스트였다. 라마는 어려서부터 예술이나 공연에 관심을 가졌을 텐데, 그렇다고 라마가 어머니의 경력을 그대로 본받은 것은 아니다. 20세기의 아이였던 만큼 부모 세대와는 무엇인가 다른 유행에 더 끌리는 경향이 있었다. 마침 20세기 초 세상에는 청소년들을 매혹시키는 새롭고 놀라운 예술이 있었다. 바로 영화였다.

당시 영화는 대중 예술의 한 형태로 자리 잡고 있었다. 1920년대에는 걸작으로 평가받는 영화들이 나오면서 영화배우와 제작사 들이 큰돈을 벌기도 하고 훌륭한 예술가로 인기를 끄는 사람도 등장했다. 찰리 채플린의 전성기도 바로 이 무렵이다.

채플린의 인기작인 〈서커스〉가 나온 것이 1928년이니 라마가 10대 중반일 무렵이었고, 영원한 걸작으로 남은 〈시티 라이트〉는 10대 후반일 때 나왔다. 이런 영화들이 처음 개봉했을 때 사람들은 영화가 주는 재미와 감동에 큰 충격을 받았다. 라마 역시 자신의 미래를 꿈꾸며 영화에 빠져들었다.

라마는 재능도 있었다. 이미 10대 때 미인 대회에서 입상했고, 연기 수업을 받기도 했다. 이후 영화사에 들어가서 촬영장에서 자잘한 일을 돕기 시작하면서 영화계에 발을 들여놓는다. 여느 연기자들처럼 처음에는 그저 지나가는 엑스트라로 배우 일을 시작했고, 그러다 한두 마디 대사가 있는 연기를 하는 식으로 경력을 쌓아나갔다. 라마는 단시간에 영화인들 눈에 띄었고, 연극 무대에서 중요한 역할을 맡으며 영화 제작자들에게 좋은 평가를 받았다.

1930년대 초, 그러니까 아직 10대 후반의 라마는 제작자의 제안으로 고향을 떠나 영화 산업이 더 발달한 독일 베를린으로 옮겨 일을 시작한다.

모든 일이 쉽게 풀리지만은 않았다. 처음에는 훌륭한 제작자가 라마를 큰 영화사에 소속시켜 착실하게 연기를 가르치고, 중요한 영화에 하나둘 출연하게 하면서 인기 배우로 이끌어간다는 달콤한 계획이 있었다. 그러나 그런 약속이 깨지기도 했고 영화 일은 생각보다 힘들 때도 있었다.

그런 혼란 중에도 라마는 꾸준히 이런저런 영화 제작진들과 일을 계속했다. 그러다 보니 조금씩 괜찮은 평을 받은 영화에 출연할 수 있었다. 이 무렵 어린 라마의 삶은 요즘 한국의 10대 아이돌과 상당히 닮아 보인다.

당시 라마는 〈엑스터시〉처럼 지나치게 자극적이라는 평가를 받은 영화에 출연했다. 동시에 연극 무대에 오르면서 인기몰이를 하기도 했다. 그러면서 라마의 이름은 유럽 영화계에 널리 알려졌다. 그렇게 라마는 채 스무 살이 되기 전에 영화계에서 첫 번째 전성기를 경험했다.

10대 시절 라마가 배우로 성장한 것은 영화 산업 전체의 빠른 성장과 맞물려 있었다. 이 시기 영화는 소리 없이 화면만 보는 무성영화뿐만 아니라 입 모양과 똑같이 목소리를 넣을 수 있는 유성영화로 발전했다. 그 덕에 영화가 세상에 미치는 영향도 더욱 커졌다.

단적인 예를 들자면 1930년대 초에 나온 〈드라큘라〉, 〈프랑켄슈타인〉, 〈늑대인간〉 같은 공포 영화들이 있다. 당시 영화 속 드라큘라나 괴물의 모습은 요즘 공포 영화에서 보이는 모습과 같았다. 즉 오늘날 전 세계 문화에 자리 잡고 있는 드라큘라나 늑대인간의 모습은 바로 1930년대 초 영화의 급성장과 함께 탄생했다고 해도 과언이 아니다.

전기 기술 발전이 연 유성영화 시대

영화 매체의 성장은 전기 기술의 발전 덕분이기도 했다. 19세기 말에서 20세기 초에 이르는 동안 전기에 관한 많은 과학 연구가 이루어졌다. 연구 결과를 이용해 세상을 편리하게 하고 돈을 많이 벌 수 있는 활용 기술의 개발도 세계 곳곳에서 빠르게 진행되었다.

맨 처음 학자들이 생각한 전기의 힘은 아주 간단했다. 세상의 모든 물체는 플러스 전기를 띠고 있거나, 마이너스 전기를 띠고 있거나, 전기를 띠지 않을 수 있다. 모든 물체가 다 그렇다. 돌이나 쇳조각은 물론이고 나무나 참새, 고양이, 사람도 마찬가지다. 그런데 플러스 전기를 가진 물체들 사이에는 서로 밀어내는 힘이 생긴다. 이것은 마이너스 전기를 가진 물체들 사이에서도 마찬가지다. 이와 다르게 플러스 전기와 마이너스 전기를 가진 물체 사이에는 서로 당기는 힘이 생긴다. 힘의 정도는 얼마나 센 전기가 걸렸는지, 전기를 지닌 물체 사이의 거리가 얼마나 되는지에 따라 달라진다.

중력은 모든 물체가 서로 끌이당기는 힘이다. 전기는 끌어당기는 힘 외에 밀어내는 힘이 생길 때도 있다는 점에서 중력과 다르다. 그런데 따져보면 중력과 전기는 비슷한 점이 더 있다. 무게가 적을수록 중력이 약해지는 것처럼 전기가 약할수록 힘이 약해진다는 것도 닮았고, 멀리 떨어져 있을수록 약해지는 것도 비슷하다. 심지어 약해지는 정도도 비슷하다.

여기까지는 신기하기는 해도 사업을 일으켜 크게 돈이 될 만한 특징은 아니다. 그런데 19세기 말 마이클 패러데이를 중심으로 한 과학자들이 전기와 자기의 관계를 알아내면서 갑자기 전기는 엄청난 기회가 되었다.

자기는 철을 붙이는 자석의 성질이다. 자기의 힘을 자력이라고도 한다. 그런데 과학자들은 전기와 자기가 서로 밀접한 관련이 있다는 사실을 알게 되었다. 전기를 변화시키면 자기를 만들 수 있고, 자기를 변화시켜 전기를 만들 수 있다. 예를 들어, 전기선 근처에서 자석을 빠르게 움직이면 전기를 계속 만들 수 있는 것도 바로 이 원리 때문이다.

반대로 응용하는 것도 생각해볼 수 있다. 전기가 움직이는 곳에는 자기가 생긴다. 그래서 거기에 나침반을 가까이 가져가면 자석 근처에 가져다 댄 것처럼 나침반이 움직인다. 그러므로 기다란 전기 회로를 만들어놓고, 한쪽 끝에서 전기 회로를 켰다 껐다 하면 전선 근처에 있는 나침반이 전기 회로를 조작할 때마다 흔들리게 할 수 있다.

전기선을 아주 길게 연결해서 1킬로미터 정도 거리에 걸쳐 연결하면, 스위치를 조작하는 것만으로 1킬로미터 떨어진 먼 곳에서 나침반을 흔들리게 할 수 있다. 만약 나침반이 흔들리는 것을 '불이 났다'라는 신호로 정하고 전선만 연결되어 있으면 멀리 떨어진 곳에도 불이 났다는 사실을 알릴 수 있다. 다시 말해 전기를 이용해 먼 곳에 특정 신호를 쉽게 전달할 수 있다는 뜻이다. 이것이 바로 전신, 전보의 기본 원리다.

지금 보면 별것 아닌 간단한 방식의 기계라고 생각하겠지만, 당시 사람들에게 전기로 단숨에 소식을 전할 수 있다는 것은 너무나 신기한 일이었다. 대단히 유용하고 큰돈이 되는 기술이기도 했다. 사람들이 이 기술을 어찌나 좋아했는지 1858년에는 대서양 바다 밑에 3,000킬로미터가 넘는 긴 전깃줄을 깔고, 영국과 미국이 전기로 통신한다는 계획을 현실로 만들기도 했다. 그럴 만한 투자였다. 이 긴 전선이 없을 때는 누군가 몇 달 동안이나 배를 타고 가서 편지를 전달해야만 소식을 전할 수 있었다. 그러나 거대한 공사, 간단한 전기와 자기의 원리 덕에 이제는 머나먼 미국의 소식이 영국으로 빠르게 전달되었다.

열광적인 분위기에 휩쓸려 전기와 관련된 사업에는 점점

더 속도가 붙었다. 토머스 에디슨 같은 미국의 과학 기술 사업가는 이 시기를 상징한다. 이런 인물들이 만든 전기 기술 회사는 자기를 이용해 전기를 만드는 장치를 개발했고, 집집마다 전선을 연결해 전기를 보내는 사업을 했으며, 동시에 전기가 얼마나 흘러가는지 측정해 전기 요금을 징수하는 방법도 개발했다. 이런 기술에서 성공을 기둔 사업가들은 세상을 전기의 시대로 이끌었다. 그중에 큰 부자가 된 사람들이 쏟아지기도 했다.

그런 사람들 중에서도 특히 에디슨은 영화 기술 개발에 관심이 많았다. 그는 스스로 영화사를 설립해서 영화를 촬영하고 제작하기도 했다. 〈대열차 강도〉는 역사상 최초의 미국 액션 오락 영화라는 대접을 받는데, 이 영화가 다름 아닌 에디슨의 영화사에서 제작되었다. 에디슨의 회사는 초기 영화 촬영 기술의 발전에 도움이 된 여러 기기를 개발한 공적으로도 잘 알려져 있다. 특히 유성영화 기술은 주로 에디슨 회사의 기술이 원조로 인정받는다.

그렇다면 라마의 첫 번째 전성기는 전기 기술의 발전과 맞물린 성공이라고 볼 수도 있다.

요즘에는 SNS가 발달한 덕분에 K팝 아이돌이 전 세계에서 인기를 얻고 있다. 만약 스마트폰이나 인터넷 동영상 기술이 지금처럼 발전하지 않았다면 그런 식으로 성공하는 연예인들이 탄생하기란 어려웠을 것이다. 성공한 K팝 아이돌일수록 특히 스마트폰 기술과 인터넷 동영상 공유의 재미와 특징을 잘 활용해서 더 많은 인기를 얻는다. 그렇게 보면 라마와 같은 1930년대 초 젊은 영화배우들은 요즘의 K팝 아이돌에 해당하고, 그런 연예인들의 성장 배경으로 2020년대에는 첨단 IT 기술이, 1930년대에는 전기 기술이 있었다고 이야기할 수 있겠다.

1930년대 즈음이 되면 과학자들의 전기에 대한 이해는 더욱 활발해진다. 학자들은 전기와 자기의 관계도 깊이 알아낸 상태였다. 밝혀진 바에 따르면, 전기와 자기는 사실 하나의 힘이 보이는 두 가지 다른 현상일 뿐이다. 그래서 두 가지 현상을 일으키는 힘에 새롭게 붙인 이름이 전자기력이다. 그러니까 다른 전기를 띤 물체끼리 끌어당기는 힘이나, 자석의 N극과 S극이 서로 당기는 힘이나, 전기나 자기에 관한 힘은 결국 전자기력이라는 하나의 힘이 보여주는 여러 가지 현상일 뿐이라는 뜻이다.

전자기력에 대한 탐구는 현대 과학의 가장 중대한 전환점이라고 할 수 있는 양자론의 성숙에 결정적인 역할을 했다.

1920년대에서 1930년대에 학자들은 양자론을 연구하면서 전자기력이라는 힘을 주고받는 현상과 광자라고 하는 아주 작은 알갱이가 허공을 날아다니는 현상이 서로 관련되어 있다는 사실을 알아낸다. 광자는 눈에 보이며, 손으로 느낄 수 있고, 하나하나 헤아릴 수 있는 알갱이 형태의 물질이다. 입자의 형태를 하고 있다고 볼 수도 있다. 그런데 그런 입자가 날아다니는 현상이, 자석 2개가 서로 끌어당기거나 밀어내는 힘을 내뿜는 현상과 비슷하다는 것은 쉽게 이해하기 어렵다.

이런 이상한 생각을 정확하게 따지고 정밀하게 계산하려고 애쓰다 보니 양자론을 이용한 과학은 더욱 놀라운 속도로 발전했다.

세월이 흐른 뒤 전자기력이 물체를 밀거나 당기는 정도를 계산할 때는 광자라는 작은 알갱이들이 물체 사이를 날아다니는 과정으로 표현하면 훨씬 더 정확하게 계산할 수 있다는 생각이 자리 잡게 되었다. 그리고 이런 독특한 계산 방법이 양자론의 핵심이 되었다. 요즘은 이 생각이 아주 굳건해져서 아예 '광자가 전자기력을 매개하는 입자'라고 말하기도 한다. 다시 말해 1930년대 이후에도 전기, 자기, 전자기력에 대한 연구는 새로운 경지를 넘어 꾸준히 발전한 것이다.

경력 단절에서 전성기를 맞기까지

전기 기술과 다르게 라마의 배우 경력은 1933년에 단절을 맞는다. 라마가 한참 인기 배우로 활약하던 무렵 끈질기게 찾아오며 선물을 보내던 프리드리히 맨틀이라는 남자가 있었다. 처음에 라마는 그를 무시했다. 하지만 맨틀은 성격과 행동이 독특했다. 그러면서도 의지가 강하고 활동적이었던 것 같다. 굉장한 부자여서 온갖 화려한 일들을 벌이기도 했다.

라마는 점차 맨틀에게 이끌렸다. 맨틀에게는 이야깃거리가 많았다.

"저는 그 나라의 공주에게 세상에서 가장 강력한 무기를 보여주겠다고 말했습니다. 그 무기의 정체가 뭔지 알았을 때, 공주가 어떻게 했는지 아십니까? 공주의 진짜 성격을 아는 사람이라면 생각해볼 만하지요."

맨틀의 직업은 무기상으로 세계 여러 나라에 무기를 거래하는 일을 했다. 비밀스러운 직업이었고 한편으로는 세계 각지의 통치자, 장군, 사업가, 고위층과의 많은 친분이 필요한 일이기도 했다. 1930년대의 세상은 아직도 여러 나라에서 왕, 왕비, 왕자, 공주 같은 왕족이 활동하던 시절이었다. 맨틀은 라마에게 그런 사람들에 관한 비밀스러운 이야기와 무기 거래에 얽힌 놀라운 모험담을 들려주었을 것이다.

1933년 두 사람은 결혼했고 이후 라마는 배우 생활을 중단하면서 거대한 성과 같은 저택에서 부유한 생활을 이어나갔다. 그렇다고 동화 속 주인공처럼 오래오래 행복하게 산 것은 아니다. 결혼 후 맨틀은 라마가 다른 남자들에게도 인기 많은 동경의 대상이라는 사실을 싫어했던 것 같다. 반대로 라마는 결혼 생활이 답답했고, 성에 갇힌 죄수와 비슷했다고 회고했다.

"커다란 성에서 안주인으로 사니까 공주와 비슷하다고 보는 사람도 있었나 본데, 사실은 높은 탑에 갇혀 있는 라푼젤 비슷한 꼴이었지."

라마는 맨틀과 지내면서 무기를 거래하는 여러 나라의 높은 사람들과 만나는 자리에 함께할 기회가 많았다. 맨틀은 당시 전 세계를 휩쓸었던 파시즘 사상에 관심이 많았다. 대의를 위해 소수 의견을 묵살하는 독재는 피할 수 없으며, 소수의 사람들을 희생하거나 다른 나라를 정복하는 것도 어쩔 수 없다는 식의 사상이 당시의 파시즘이었다. 모르긴 해도 맨틀은 전쟁을 일으킬 궁리를 하는 장군이나 정치인 들을 자주 만났을 것이다. 떠도는 이야기에 따르면 맨틀이 히틀러를 만난 적도 있다고 한다.

세계 정복을 꿈꾸며 무기를 사 모으는 고객들이 맨틀의 집에 놀러 오면, 아마도 맨틀은 한때 영화배우로 유명했던 자신의 부인을 소개했을 것이다. 그러면 라마는 우아하게 걸어 나와 화려한 저녁 식사를 같이 하면서 거래에 도움이 될 만한 분위기를 이끌어내는 것으로 남편의 사업을 돕지 않았을까 싶다.

그런 저녁 식사 자리에는 온갖 무기를 만드는 기술에 대한 이야기들이 계속 흘러나왔을 텐데, 보는 사람에 따라서는 그런 일을 겪으면서 라마가 과학과 기술에 점점 더 관심을 갖게 되었을 거라고 이야기하기도 한다.

1930년대는 전투기와 탱크가 최신 무기로 등장하던 시기다. 보통의 저녁 식사라면 날씨나 요즘 유행하는 영화 이야기를 했을 것이다. 그러나 맨틀과 라마가 거래 상대와 함께하는 저녁 시간에는 비행기가 어떻게 하늘을 날 수 있는지, 철갑을 두른 탱크가 움직일 때 어떻게 서로 무선 통신을 할 수 있는지, 먼 곳에서 다가오는 적의 비행기를 미리 감지할 수 있는 기술은 없는지, 적이 우리 편 탱크에 몰래 가짜 통신을 보내서 속이려고 하면 어떻게 막을 수 있는지와 같은 이야기가 이어지지 않았을까.

"최신 전투기가 하늘 저편으로 멀리 날아가면, 전깃줄이 연결되어 있지도 않은데 어떻게 지상의 기지와 통신을 할 수 있나요? 날아가는 비행기에서 무선으로 통신을 할 수 있는 기계의 원리는 뭘까요?"

나중에 라마가 남긴 성과를 보면, 라마는 이런 분야의 지식에 대한 이해가 빨랐다고 볼 수 있다. 대화를 나누는 장군은 자신이 설명한 것을 왕년의 인기 배우 라마가 재미있어하고 잘 알아듣는 것을 보며 즐거워했을 것이다.

"부인, 전투기의 무선 장비 기술은 제가 좀 압니다. 제 말을 들어보시겠습니까?"

장군은 들떠서 더 많은 이야기를 풀어놓았을 테고 라마는 새로운 지식을 얻었을 것이다. 그러면 맨틀은 활발한 대화 덕분에 분위기가 좋아졌다고 기뻐하지 않았을까.

하지만 부자가 될수록 라마와 맨틀의 갈등은 더 깊어졌다.

"이런 식으로 갇혀 살면서 손님들 기분 좋게 말동무나 하는 삶을 살고 싶지 않아."

1937년 마침내 라마는 4년가량의 결혼 생활을 정리하고 맨틀과 헤어지기로 결심한다. 내밀한 가정사를 명확하게 확인할 자료는 없지만 이런저런 이야기는 있다.

가장 극적으로 표현한 글을 보면, 라마는 도망칠 결심을 하고 외출하는 것 같은 모습으로 성에서 빠져나왔다고 한다. 재산을 챙길 여유가 없었으므로 자신에게 어울리는 가장 훌륭한 옷과 많은 장신구로 몸을 꾸몄다고 한다. 옷과 장신구를 팔아 생활 밑천으로 삼겠다는 계획이었다. 왕년의 유명 배우인 라마의 화려한 옷차림을 의심하는 사람은 없었을 것이다. 마치 영화 속 한 장면 같았다.

라마는 오스트리아를 떠나 다른 나라에서 기회를 잡기로 했다. 운 좋게도 영국 런던에서 루이스 B. 메이어라는 사업가를 만날 수 있었다.

옛날 영화를 좋아하는 독자라면 영화의 시작 화면 가운데에서 사자가 으르렁거리는 영화사 표시를 본 기억이 있을 것이다. 바로 한 시대를 지배한 대형 할리우드 영화 제작사 MGM을 나타내는 장면이다. MGM이라는 영화사 이름은 메트로Metro, 골드윈Goldwyn, 메이어Mayer라는 세 영화사가 합작해서 만들었다는 뜻으로 앞 글자를 따서 붙인 이름인데, MGM의 마지막 글자 M이 바로 1937년 라마가 만난 사람, 메이어의 성에서 따온 것이다. 다시 말해 메이어는 할리우드에서 가장 큰 영화 제작사의 대표였다.

메이어는 런던에 머물면서 유럽의 재능 있는 배우들을 할리우드로 끌어들이기 위한 영입 작업을 하고 있었다. 비록 영화 작업을 하지 않은 지 몇 년의 세월이 지나기는 했지만, 라마는 여전히 20대 초반의 아름다운 배우였다. 메이어는 라마가 결혼 생활을 정리하고 다시 연기를 하고 싶어 한다면 MGM에서 일해볼 수 있겠다고 생각했다.

"할리우드에서 연기를 다시 시작해보고 싶어요."

메이어와 라마의 생각은 통했고, 둘 사이에 이야기가 오고 갔다.

그러나 처음에는 일이 잘 풀리지 않았다. 추측컨대 메이어는 라마를 인기 배우라기보다는 꽤 뛰어난 신인 정도로 대접하려고 했던 것 같다. 그도 그럴 것이 라마가 어느 정도 알려진 배우였다고는 하지만 미국인들에게 친숙한 배우는 아니었다. 라마가 출연했던 영화가 할리우드 대작 영화도 아니었다. 유럽 영화계에서 대단한 거물로 인정받을 정도로 많은 영화에 출연하며 인기를 다진 배우도 아니었다. 그러니 메이어는 라마에게 최대한 적은 돈을 주려고 했을 것이다. 그러나 라마 입장에서는 낯선 나라인 미국에서 영어로 연기하면서 다시 출발해야 하니 최대한 좋은 조건으로 첫 계약을 해야만 했다.

라마는 아마 다음과 같이 생각했을 것이다.

"최대한 큰돈을 준다는 계약을 맺고 MGM에 입사해야 제작비를 많이 들이는 중요한 영화에 출연시켜 줄 거야. 그래야 미국인들에게 알려져 이후에도 살아남을 수 있는 기회가 생길 거고."

그렇다 보니 메이어와의 계약은 성사되지 않았다.

시간이 지나자 메이어는 배를 타고 다시 미국으로 돌아가게 되었다. 라마는 할리우드로 건너갈 기회가 사라지고 있다고 느꼈을 것이다.

"이대로 메이어 사장을 놓치면 내 마지막 기회가 날아가는 거야."

라마는 이때 인생에서 단 한 번 내릴 수 있는 결단을 내린다. 메이어가 탄 배에 다짜고짜 올라탄 것이다.

라마는 배에서 메이어와 다시 만났다. 훌륭한 배우처럼 꾸민 라마를 보고 메이어가 감탄했기 때문일까? 그게 아니면 혹시 라마가 지난 몇 년간 전 남편의 어깨 너머로 아슬아슬한 협상의 기술을 익혔기 때문일까? 어쨌거나 이 마지막 기회에서 라마는 인기 배우에 좀더 가까운 조건으로 마침내 MGM을 소속사로 삼을 수 있게 되었다.

"여기서 이렇게 또 만나다니, 기왕 이렇게 된 거 우리 영화사와 계약을 합시다."

할리우드 생활을 시작하면서 MGM은 그때까지 본명으로 활동하고 있던 라마에게 헤디 라마라는 예명을 만들어주었다. 헤디는 원래 이름 헤트비히를 변형한 것이고, 라마는 비슷한 분위기라고 생각했던 유럽의 이국적인 유명 배우 이름에서 따온 것이라고 한다.

1938년부터 MGM은 헤디 라마를 홍보하기 시작했고, 이후 라마는 종종 "전 세계에서 가장 아름다운 여성"이라는 문구와 함께 소개되었다. 고작 몇 년 전까지만 해도 라마는 마음이 맞지 않는 남편과 잘못 결혼했다는 사실에 절망했고, 무기를 모으는 침략자들과 농담 따먹기나 하면서 평생을 보내야 할 거라고 생각했다. 그러나 이제 스스로 지루한 삶을 박차고 새로운 기회를 만들어 두 번째 전성기를 맞이하는 데 성공한 것이다.

경력 단절을 지나 다시 찾아온 전성기야말로 유명 할리우드 배우로 활약하며 걸작을 남긴 최고의 시절이었다. 또한 그 시기를 보내며 삶은 또 다른 방향으로 흘러 훗날 전자기력을 이용한 무선 통신 기술의 발전에도 공을 세우는 일에 닿기도 한다.

보석보다 실험기구

옛 노래 중에 흥겨우면서도 묘하게 쓸쓸한 느낌이 드는 <카스바의 여인>이라는 곡이 있다. 혹시 이 노래에서 카스바라는 말이 무슨 뜻인지 아는가? 나는 주변에서 카스바가 맥주 상표와 연관 있다고 생각하는 사람을 본 적이 있다. 그러니까 카스바가 어떤 맥주를 파는 바Bar라고 생각한 것이다. 그러나 카스바는 맥주와는 아무 상관이 없다.

카스바는 중동이나 이슬람권 일부 지역에 남아 있는 복잡한 옛 시가지 구역 한편을 일컫는 말이다. 대개 골목이 어지럽게 연결되어 있고, 구석에 사람 사는 집과 장사하는 곳이 엉켜 있어서 좁은 구역에 많은 사람이 모여 있을 때가 많다. 옛날 모험 소설을 보면 주인공이 적을 피해 도망치다가 카스바로 사라지는 장면이 종종 나온다. 그러면 주인공은 미로처럼 얽힌 거리, 집과 집 사이를 연결하는 지하 통로나 지붕 위를 뛰어다니며 적을 따돌리곤 한다. 영화로 꾸민 이야기에서는 이렇게 도망치는 장면에서 과일 가판대를 엎어버리는 바람에 거리에 온통 과일이 흩어지는 모습도 무척 자주 나온다.

카스바에 대한 이야기가 세계에서 유행하게 된 이유로 언급되는 영화가 라마의 첫 번째 할리우드 성공작인 〈알제리〉다. 1938년에 나온 이 영화는 헤디 라마라는 이름으로 출연한 첫 번째 영화다.

이 영화의 남자 주인공은 도둑이다. 도둑은 당시 알제리를 지배하던 프랑스 경찰을 피해 카스바로 숨어든다. 카스바의 복잡한 거리와 어지러운 상황 속에서 도둑은 안전하다. 말하자면 도둑은 스스로 카스바에 갇힌 셈이다. 점점 답답함을 느끼던 와중에 마침 여주인공을 만나게 된다. 이후 도둑은 자꾸만 카스바를 벗어나고 싶다는 충동을 느낀다.

여주인공은 돈 많은 부자와 별 애정 없이 약혼한 사이인데, 카스바에서 우연히 만난 재미있는 도둑과 가까워지는 역할이다. 영화는 성공을 거두었고 여주인공 라마는 많은 사람에게 좋은 인상을 남겼다.

나는 현실에서 그다지 행복하지 못한 결혼 생활을 한 라마의 경험이 영화 속 인물을 생동감 있게 연기하는 데에 어느 정도 영향을 미쳤을 거라고 생각한다. 물론 그게 아니라도 혼란스러운 카스바의 밤거리 한쪽에서 너무나 우아한 모습으로 등장하는 라마의 모습은 충분히 관객을 사로잡을 만했다. 이 정도면 성공적인 출발이었다.

영화 〈알제리〉 이후 카스바에 얽힌 이야기, 모험담, 기구한 사연 등이 점차 세계 곳곳에서 관심을 받았다. 영화에서 바로 이어진 것이라고 볼 수는 없겠지만, 그런 흐름을 타고 나중에 일본에서 <카스바의 여인>이라는 노래가 나왔고, 가수 패티 김을 통해 한국에도 소개되었다.

그러다가 다시 한국에서 새롭게 작사, 작곡되며 탄생한 곡이 요즘 우리에게 친숙한 윤희상의 <카스바의 여인>이다. 가사 속에서 묘사되는 내용과 영화 속 라마의 역할은 다른 점이 많다. 그렇지만 카스바라는 소재의 유행과 영화의 성공이 관계가 깊다는 점에 초점을 맞춘다면, <카스바의 여인>이 거슬러 올라가면 〈알제리〉의 여주인공 헤디 라마에서 나온 것이라는 생각도 해본다.

1940년대 초반 라마는 여러 편의 영화를 연달아 성공시키며 큰 인기를 모은다. 범죄물에 자주 등장하는 위험한 사연을 품은 역할도 멋지게 해냈고, 코미디 영화에서도 좋은 연기를 보여주었다. 그러면서 관객들은 "유럽에서 건너온 배우 중에 재미있는 영화에 자주 출연하는 엄청나게 아름다운 사람이 있다"는 식으로 라마를 기억하게 된다.

이 무렵 라마의 위치를 잘 보여주는 표본이 될 만한 것으로는 한국에서 〈미인극장Ziegfeld Girl〉이라는 이름으로 소개된 1941년 영화가 있다. 이 영화는 뉴욕 시내에서 평범하게 일하는 세 명의 젊은 여성이 오디션에 합격하고 연예인으로 성공하는 내용이다. 주인공을 맡은 세 배우는 〈오즈의 마법사〉 주인공 주디 갈랜드, 〈포스트맨은 벨을 두 번 울린다〉의 주인공 라나 터너 그리고 헤디 라마다.

영화 속에서 갈랜드는 뛰어난 재능으로 열심히 노력해서 고난 끝에 성공하는 인물을 연기했다. 터너는 갑자기 연예인으로 인기를 얻었지만 유혹과 방탕에 빠져 망하는 역할이다. 라마는 다들 쳐다보기만 하면 무조건 최고로 꼽는 아름다운 모습을 보여주는 연예인으로 처음부터 줄기차게 성공만 하는 역할로 나왔다. 이 무렵 라마는 어찌나 인기가 많았는지, 월트 디즈니에서 백설공주를 처음 그릴 때 라마의 얼굴을 참고했다는 소문이 있을 정도였다.

배우 생활이 자리를 잡자 라마의 주특기 배역이 점차 굳어지기도 했다. 라마가 가장 자주 맡았던 역할은 외국에서 온 이국적이면서도 아름다운 인물이지만 어쩐지 무서운 비밀을 품고 있는 인물이었다.

예를 들어 〈하얀 화물White Cargo〉에서 라마는 아프리카 오지 원주민 역할을 맡아 마을에 찾아온 유럽 사람들을 유혹한다. 〈하얀 화물〉은 요즘 좋은 평가를 받는 영화는 아니다. 하지만 당시에는 상당한 화제였다. 나중에 이 영화에서 라마의 모습을 성대모사하거나 패러디하는 코미디가 나올 정도였다.

그만큼 라마가 기억에 남을 만한 연기를 했기 때문이다. 따지고 보면 한국에서 가장 유명한 〈삼손과 데릴라〉의 데릴라 역할도 이국적이고 아름답지만 위험한 사람이었다.

몇몇 영화에서 보여준 모습은 더 높은 평가를 받았다. 1940년 코미디 영화 〈X 동무Comrade X〉에서 라마는 소련의 골수 공산주의자 역할을 맡았다. 라마가 연기한 여주인공은 클라크 게이블이 연기한 미국에서 온 특파원과 함께 소동을 겪는다. 이 영화의 뼈대는 공산주의 체제로 운영되는 소련을 풍자하는 내용이었지만, 라마는 훌륭한 코미디 연기를 하면서 동시에 사회를 개혁하고 새로운 시대를 이끌어갈 꿈에 차 있는 젊은이의 모습도 근사하게 보여주었다. 라마의 연기 가운데 최고였다고 생각한다. 쉽게 설명하기 어려운 교묘한 연기를 깔끔하게 해내면서 관객을 영화의 매혹적인 세상으로 빨아들이는 것은 위대한 배우만이 할 수 있는 일이다.

라마는 할리우드에서 최고 수준의 인기 배우로 정착했다. 그러나 동시에 점차 비슷한 역할을 비슷하게 연기하는 비슷한 삶에 지루함을 느끼고 있었다. 틀에 박힌 모습만을 기대하는 영화 제작자들에게 지쳐갔다고 말할 수도 있겠다. 라마는 다른 곳에서 돌파구를 찾기 시작했다. 바로 자신의 또 다른 관심사인 기술과 발명이었다.

요즘도 생계를 잇기 위해 하는 일 말고 다른 일을 통해 삶에 활력을 찾는 사람들이 많다. 어떤 사람은 휴일에 꼬박꼬박 낚시나 등산을 하러 도시를 떠나기도 하고, 어떤 사람은 테니

스나 골프에 빠지기도 한다. 그런데 1940년대 할리우드 최고의 인기 배우 라마는 스트레스 해소를 위해 전기 기계 장치 설명서나 전자 장비를 개조하는 방법을 궁리했다. 전설처럼 떠도는 이야기에 따르면, 하워드 휴스와의 친분이 라마가 발명에 빠지는 데 어느 정도 기여를 했다고 한다.

휴스는 거대한 기술 산업체를 운영하던 갑부로 비행기 조종사이면서 회사의 다양한 기술 개발에 참여하기 좋아하는 사람이었다. 휴스의 회사 중에서 비행기를 개발하던 휴스항공은 일본과의 전쟁에서 미국이 사용하는 무기를 만들어내기도 했다. 휴스 MD 500 헬리콥터는 지금까지도 한국군에서 널리 사용되는 친숙한 기종이다. 그 외에도 이래저래 한국과 인연이 있는 회사라서, 독립운동가 도산 안창호 선생의 차남 안필선 선생이 화학을 전공하고 휴스항공에 취직해 부사장까지 승진한 일도 있었다. 그러니까 아버지가 독립운동을 한다면, 아들은 미국의 무기 회사에서 일본과 싸울 무기를 만드는 일을 한 것이다.

휴스는 이상한 일을 잘 벌이는 괴짜로 유명했다. 영화에 관심이 많아 제작에 직접 참여하기도 했다. 전성기에는 여러 할리우드 배우들과 친분도 있었고 여배우들과 이런저런 스캔들도 있던 인물이다.

그렇다 보니 라마도 휴스와 가까워질 기회가 있었다. 무기를 만들기 위한 온갖 기술을 다루는 휴스의 본업에 라마는 흥미를 느낄 만했다. 어쩌면 라마는 휴스조차 모르는 무기 거래에 얽힌 은밀한 지식을 알고 있었을지도 모른다.

"무기 거래하는 일을 하신다고요? 그런 일이라면 저도 좀 알죠. 혹시 히틀러가 어떤 무기를 특히 좋아하는지 직접 들어 본 적 있으신가요?"

그렇다 보니 재벌 회장 휴스와 할리우드 배우 라마는 엉뚱하게도 무기 관련 기술에서 서로 잘 통하는 사이가 된 듯싶다. 떠도는 이야기 중에는 휴스가 라마의 환심을 사기 위해 온갖 장비를 갖춘 실험실을 선물처럼 빌려주었다는 말도 있다. 연예인의 사교를 둘러싼 소문치고는 독특한 이야기다. 아름다운 보석이나 별장처럼 흔한 선물이 아닌 기술 연구와 발명을 위한 실험기구였으니 말이다. 당시 연예계 기자들 사이에는 이런 소문이 돌지 않았을까?

"배우 누구는 밍크코트를 그렇게 좋아한다면서? 누구는 다이아몬드를 모으는 일이 취미라잖아. 그런데 라마는 멋진 실험기구를 선물로 받으면 그렇게 좋아한대."

이 시기 라마의 연구는 어디까지나 재미로 해본 일에 가깝다. 그러나 그런 와중에도 몇 가지는 꽤 진지하게 진행되었다. 예를 들어, 라마는 탄산음료 재료를 물에 쉽게 녹는 알약 형태로 뭉쳐놓고 탄산음료가 먹고 싶을 때 언제든 맹물에 알약만 넣으면 되는 제품을 꽤 열심히 연구했던 것 같다. 찬물을 콜라나 사이다로 바꾸는 알약을 만들려고 했다는 이야기다. 요즘 비슷한 제품이 몇 가지 있기도 하니 현실성 없는 연구는 아니었다.

라마의 인터뷰를 보면, 조금씩 다른 여러 물의 특성에 관계없이 비슷한 맛을 내는 제품을 만들기가 어려워 실용화에 실패했다고 한다. 이런 이야기는 라마가 기술 개발에 성공을 거둔 사례로 평가할 수는 없지만, 라마의 연구 수준이나 기술을 대하는 진지한 태도를 짐작해볼 만한 자료는 된다.

전쟁을 돕는 할리우드 배우

라마의 삶은 1940년대 초 미국이 제2차 세계대전에 참전해 일본, 독일과 본격적인 전쟁을 벌이면서 다시 한번 달라진다. 일본이 미국을 공격했을 뿐 아니라, 독일과 벌이는 전쟁도 한층 심각해지고 있었다. 라마가 출연한 영화 〈X 동무〉를 보면 영화가 나온 1940년을 기준으로 독일과 소련은 동맹 관계였다. 그런데 영화 속에서 독일이 소련을 배반했다고 말하자 소련 사람들이 깜짝 놀라는 장면이 나온다. 마침 묘한 우연으로 영화에서 농담처럼 했던 그 이야기가 현실이 되었다. 실제로 전쟁 초기에 서로 손잡고 폴란드를 침공했던 두 나라는 독일이 소련을 배반하면서 격렬히 싸우기 시작했다.

라마는 고향에 있는 가족과 친척 들을 피신시키기 위해 애썼다. 라마는 유대교를 믿지 않았고, 오히려 가톨릭 신자로 교육받으며 자랐다. 하지만 당시 독일에서는 윗대 혈통에 유대인이 있다면 그 사람을 유대인으로 분류했다. 독일이 유럽 각지를 점령하고 유대인에 대한 차별, 탄압, 학살의 수위를 높이자 라마의 가족과 친척 들도 안심할 수 없었다. 미국으로 건너와 성공한 라마는 어떻게든 그들을 돕고자 했다.

또한 라마는 더 적극적인 방법으로 독일과 일본을 물리치는 전쟁에 나서기도 했다. 이 시기 미국 사람들 사이에는 어떻게든 전쟁에 도움이 되기 위해 각자 제 몫을 해야 한다는 바람이 불고 있었다. 예를 들어, 도산 안창호 선생의 딸인 안수산 선생은 여성도 군대에 갈 수 있는 프로그램을 찾아 미군에 입대해 장교가 되었다. 그래서 병사들에게 뉴턴의 중력 이론에 따라 대포를 정확히 쏘는 방법을 교육하는 일을 맡았다. 안창호 선생 입장에서 보면, 아버지는 독립운동을 하다 세상을 떠났지만, 그 딸이 가르친 미국 병사들이 일본군에 대포알을 날린 셈이다.

할리우드 배우들 역시 전쟁에 도움이 되어야 한다는 유행에서 예외는 아니었다. 연예인들 사이에서는 전쟁을 위한 모금과 채권 판매 행사에 나가 홍보하는 일이 나라를 위해 특별한 공을 세우는 것으로 평가받고 있었다.

라마는 어느 배우 못지않게 전쟁 자금 모으기 행사에서 열성적으로 활동했다. 당시 기사에 소개된 라마의 행사 실적을 광복 직후 대한민국 전체 수출 실적과 비교해보면, 라마가 대한민국 수출 기업 전체보다도 훨씬 많은 돈을 끌어오고 있었다. 일본군, 독일군과 싸운 미국의 전투 가운데 중요한 몇 곳 정도는 라마가 모금한 돈으로 치렀다고 할 수 있을 정도의 막대한 액수였다. 미국 군대와 정부에서 라마는 대표적인 애국 연예인으로 평가받았다.

사실 오스트리아는 당시 독일과 한 나라였다. 오스트리아 출신인 라마는 오히려 미국과 싸우는 적의 나라에서 온 사람이었다. 그런데도 미국을 위해 열심히 활동했다. 유대인 조상이 있다는 이유로 터무니없이 자기 가족을 위협하는 나치 정부를 그만큼 증오했다고 볼 수도 있겠다. 한편으로는 라마가 어린 시절 활동했던 오스트리아, 독일 영화계의 자유분방한 분위기가 나치의 독재로 완전히 무너진 것에 환멸을 느꼈기 때문일지도 모른다.

눈에 보이지 않는 빛, 주파수

라마는 바로 이 시기에 다른 연예인들과는 다른 자신만의 방식으로 전쟁을 돕기 위해 또 다른 공적을 남겼다. 그것이 바로 지금까지 과학계에서 라마를 언급하는 이유다. 주파수 도약 기법이라는 통신 방법을 실용화하는 기술 개발에 참여한 것이다.

20세기에 접어들면서 전파를 이용한 무선 통신은 널리 실용화되어 세상 온갖 곳에 쓰이고 있었다. 전파는 눈에 보이지 않는 빛의 일종이다. 햇빛에는 눈에 보이지 않는 자외선이 섞여 있어서 그 빛을 받으면 피부가 그을린다. 물체가 잘 보이지 않는 밤에도 적외선 카메라로는 사람이나 동물 같은 물체를 찍을 수 있다. 적외선이나 자외선은 사람 눈에 보이지 않지만 빛의 일종이기 때문이다. 마찬가지로 전파도 눈에 보이지 않는 형태의 빛이다.

빛의 정체에 대해서는 19세기 말 좀더 명확한 연구가 이루어졌다. 전자기력이라는 힘이 나타나는 두 가지 다른 방식, 그러니까 전기와 자기의 성질과 빛의 정체는 연결되어 있다. 전기의 변화가 자기를 만들어낼 수 있고, 자기의 변화가 전기를 만들어낼 수 있다. 그래서 에디슨은 자석으로 전기를 만들어내는 발전기를 발명해 전기를 파는 사업을 할 수 있었고, 전기를 이용해 자력을 만들 수 있기 때문에 그 힘으로 전신기를 움직일 수 있었다.

그렇다면 자기가 전기를 만들자마자 그 전기가 다시 자기를 만들고, 그 자기로 다시 전기를 만드는 방식으로 서로가 서로를 만들어내며 계속 반복되어 엮이는 현상을 만들 수는 없을까? 어쩐지 괴상한 무한 반복 장치 같지만, 실제로 이런 현상을 만들어내는 것이 가능하다. 가능할 뿐만 아니라 대단히 흔하다. 그런 현상이 바로 빛이기 때문이다.

빛은 전기와 자기가 엮여 서로가 서로를 계속 만들어내며 움직이는 현상이다. 이런 현상 자체를 무한 동력 장치로 사용할 수는 없다. 하지만 빛은 이렇게 묘한 현상이라서 가로막는 것이 없는 한 우주에서 상상할 수 있는 가장 빠른 속력으로 영원히 멀리멀리 뻗어나갈 수 있다. 전기가 자기를, 자기가 전기를 만드는 현상이 순간적으로 무한 반복되며 머나먼 거리를 계속해서 뻗쳐나간다는 뜻이다.

보통 빛이라고 하면 눈에 보이는 눈부신 빛만을 일컫는 경우가 많다. 혼동을 피하기 위해 눈에 안 보이는 전파, 즉 자외선, 적외선 같은 모든 빛을 합해서 말할 때는 전기와 자기가 엮여서 물결 모양으로 세졌다 약해졌다 한다고 해서 '전자기파'라고 부른다. 전자기파의 종류를 구분할 때에는 1초 동안 전기와 자기가 세졌다 약해졌다 하는 현상이 얼마나 나타나느냐로 구분하는데, 이것을 주파수라고 한다. 예를 들어, 1메가헤르츠MHz의 주파수라고 하면, 1초에 100만 번 전기와 자기가 세졌다 약해졌다 하는 모양이 반복해서 나타나는 형태로 빛을 이루는 전기와 자기가 엮여 있다는 뜻이다.

전파는 먼 곳에 소리나 영상을 전하는 용도로 사용하고 있다. 아직까지도 주파수를 신비하게 여기는 사람이 많다. 그러나 주파수는 신비한 말도 아니고 딱히 어려운 말도 아니다. 주파수는 어떤 일이 1초에 몇 번 반복되느냐를 숫자로 헤아려 말하는 것뿐이다. "나는 3헤르츠Hz 주파수로 자전거 바퀴를 돌린다"라고 말하면, 1초에 자전거 바퀴를 세 번 돌리며 운동한다는 뜻일 뿐이다. 누가 "나는 밥을 평균 34.7마이크로헤르츠μHz 주파수로 먹는다"라고 하면, 신비한 마법 에너지를 사용해 밥을 먹는다는 것처럼 들릴 수도 있지만, 평균 1초에 0.0000347번 밥을 먹는다는 뜻이다. 계산해보면 그냥 하루에 세 번 밥을 먹는다는 말이다. 주파수라는 말은 무언가 신비롭고 이상한 성질과는 상관이 없다.

사람의 눈은 전자기파 중에서 일정한 주파수를 갖는 빛을 느낄 수 있게 되어 있다. 방송에서 흔히 사용하는 메가헤르츠 단위로 이야기하면, 사람의 눈은 대략 4억 메가헤르츠에서 8억 메가헤르츠 정도의 전자기파를 감지할 수 있다. 1초에 400조 번 전기와 자기의 세기가 변하는 현상이 발생하면 사람 눈에 느낌이 온다는 말이다.

반대로 말하면, 4억 메가헤르츠에서 8억 메가헤르츠 범위를 벗어나는 빛은 눈에 보이지 않는다. 4억 메가헤르츠보다 더 낮은 주파수라서 사람 눈에 안 보이는 전자기파로는 적외선과 전파가 있고, 8억 메가헤르츠보다 더 높은 주파수라서 사람 눈에 안 보이는 전자기파로는 자외선, X선, 감마선 등이 있다.

또한 눈에 보이는 전자기파의 경우, 사람의 눈은 그 주파수가 얼마냐에 따라 서로 다른 색깔로 감지하는 기능이 있다. 예를 들어, 4억 메가헤르츠의 전자기파가 눈에 닿으면 붉은색으로 보이고, 8억 메가헤르츠의 전자기파가 눈에 닿으면 보라색으로 보인다. 그 중간인 6억 메가헤르츠는 대략 초록색에서 파란색 사이의 빛으로 보인다. 전자기파가 사람 눈에 감지되었는데, 그 전자기파의 전기와 자기가 1초에 600조 번 커졌다 작아졌다 하는 형태면 푸르스름한 색으로 보인다는 뜻이다. 서로 다른 주파수를 이용해 여러 가지 방송을 한다는 것도, 주파수가 다른 전자기파는 색깔이 다른 빛이라고 생각하면 간단히 이해할 수 있다.

만약 조선 시대 남산 꼭대기에서 불빛을 밝혀 신호를 보내고 있다고 해보자. 불빛이 빠르게 깜빡이면 왕자님이 기분이 좋다는 뜻이고, 천천히 깜빡이면 왕자님이 슬퍼한다는 뜻이라고 미리 약속을 해둔다면, 온 한양 사람이 불빛을 보고 왕자님의 기분을 알 수 있다.

만약 공주님의 기분도 알려주고 싶다면 어떻게 해야 할까? 쉽게 생각하면 남산 꼭대기에 공주님 기분을 알려줄 수 있는 불빛을 하나 더 밝히면 된다. 그런데 한 가지 문제가 있다. 아주 멀리서 보면 그 불빛이 공주님 기분을 나타내는 불인지, 왕자님 기분을 나타내는 불인지 구분하기가 어렵다.

그래서 다른 방식을 쓰기로 한다. 왕자님 기분을 나타내는 불빛은 보라색으로 표현하고, 공주님 기분을 나타내는 불빛은 빨강색으로 표현하기로 한다. 그러면 멀리서 봐도 색이 다르니까 헷갈리지 않는다. 이게 바로 왕자님은 8억 메가헤르츠의 전자기파를 이용해서 신호를 보내고, 공주님은 4억 메가헤르츠의 전자기파를 이용해서 신호를 보낸다는 뜻이다.

전파를 이용한 통신도 같은 방식이다. 눈에 보이는 빛에 비해, 전파라는 주파수 숫자가 작은 빛은 전기 회로를 이용해서 쉽게 만들 수 있고, 기계로 정밀하게 조절하고 감지하기도 쉽다. 게다가 보통 빛에 비해 장애물을 건너 먼 거리까지 잘 퍼져나가는 장점도 있다. 그래서 무선 통신과 방송 용도로 사용하기에 아주 좋다.

어떤 방송국에서 107.7메가헤르츠로 라디오 방송을 하고 있다면, 그 방송국은 안테나를 이용해 눈에는 안 보이지만 잘 퍼져나가는 107.7메가헤르츠라는 색을 띤 빛을 세상에 내뿜고 있다는 뜻이다. 그리고 누가 라디오를 켜서 주파수를 그 방송에 맞추면, 라디오의 전기 회로가 다른 여러 가지 색깔의 빛은 다 무시하고 107.7메가헤르츠 색을 띤 빛만 받아들여서 그 빛의 깜빡임을 해독하고 그것을 소리로 바꿔 들려준다.

발명으로 이어진 아이디어

라마는 전파 통신의 기본 원리를 알고 있었다. 그리고 이런 통신을 방송이 아닌 무기에서 활용할 때 발생하기 마련인 한 가지 문제를 해결하고자 했다.

군사 무기를 사용하는 사람들이 통신을 하기 위해 전자기파를 이용한다고 해보자. 일단 통신마다 어떤 색깔의 빛, 그러니까 어떤 주파수의 전자기파를 이용해서 통신할 것인지를 정해야 한다. 예를 들어, 김 일병이 중대장과 통신할 때는 50메가헤르츠 전자기파를 이용하고, 박 상병이 대대장과 통신할 때는 80메가헤르츠 전자기파를 이용한다는 식으로 정해놓아야 한다.

그런데 만약 적군이 통신을 방해하기 위해 80메가헤르츠 전자기파를 아주 강하게 마구 발사한다면? 그러면 박 상병과 대대장의 통신은 묻혀버린다. 통신할 수가 없다. 반대로 박 상병과 대대장이 통신할 때 어느 주파수를 사용하는지 적이 알고 있으면, 그 주파수를 감지해 박 상병과 대대장의 통신을 엿들을 수도 있다. 이런 문제는 치명적이다. "밤 10시에 적의 북쪽 방향을 몰래 기습하라"는 명령을 전달했는데, 적이 그 것을 엿듣는다면 작전은 실패할 수밖에 없다.

더군다나 자동 장치에 사용하는 통신이 적에게 방해를 받으면 문제는 더욱 커진다. 예를 들어, 잠수함이 적의 군함을 공격하기 위해 어뢰를 발사했다고 해보자. 어뢰를 발사한 쪽에서는 어뢰를 무선 조종해서 정확하게 명중시키려고 한다. 그래서 75메가헤르츠 전자기파를 이용해서 전파로 어뢰에 왼쪽으로 이동하라, 오른쪽으로 이동하라는 신호를 보내고 있다.

그런데 적군이 우리가 75메가헤르츠 전자기파를 이용해 어뢰를 조종한다는 사실을 알고 있다면, 자기들이 75메가헤르츠 전자기파를 쏘아 어뢰를 조종할 수 있다. 그러면 어뢰가 빗나가도록 만들 것이다. 최악의 경우, 어뢰를 우리에게 되돌려 보내 피해를 입힐 수도 있다. 이런 문제는 무선 통신의 기본적인 고민거리이고 동시에 핵심이라고 할 만한 굵직한 문제다.

라마는 이 문제를 해결하기 위해 주파수를 하나만 사용하는 것이 아니라, 여러 개의 주파수를 일정한 규칙에 따라 바꿔가며 사용하는 방식을 제안했다.

"우리가 어떤 주파수로 통신하는지를 적이 알아낼까 봐 고민이라면, 절대 알 수 없게 주파수를 자동으로 계속 바꾸면서 통신하는 장치를 만들면 어떨까?"

이 방식을 주파수 여러 개를 건너뛰며 사용하는 방식이라고 해서, 주파수 도약이라고 부른다. 항상 똑같은 주파수로 통신하는 것이 아니라 70메가헤르츠, 63메가헤르츠, 82메가헤르츠, 91메가헤르츠 식으로 자주 사용하는 주파수를 자동으로 바꿔가며 통신하기로 서로 약속을 해놓자는 이야기다. 그러면 우리의 주파수를 적이 알아채기 어렵다. 게다가 적이 어떤 주파수 하나를 방해한다고 해도 모든 통신을 방해할 수는 없다. 우리 편에서 정확히 순서대로 들어오는 통신이 아니면 무시하기로 해놓으면, 적은 약간의 통신 방해는 할 수 있겠지만 우리가 직접 조종하는 것처럼 우리 어뢰를 대신 조종할 수는 없다. 완벽히 방해하려면 어떤 순서로 어떻게 주파수를 바꾸면서 통신하는지 미리 다 알고 있어야만 한다.

라마는 막연하게 아이디어를 떠올리는 것을 넘어서 구체적인 장치를 고안했다. 라마의 친구 중에 영화 음악을 만드는 조지 앤타일이라는 사람이 있었다. 앤타일은 각종 악기를 다루는 것에 능했고, 악기에 여러 가지 장치를 달아 자동으로 악기가 연주되도록 개조하는 일에도 관심이 있었다.

"피아노 무선 조종 장치를 개조해서, 자동으로 주파수를 바꾸면서 통신하는 기계를 만들 수 있을지 같이 생각해보자고."

라마는 앤타일과 함께 주파수 도약 기술을 발전시켜 나갔다. 음악이 연주될 때 악보에 적힌 서로 다른 높낮이의 음표를 차례로 따라가며 연주하듯이, 어떤 주파수로 바꿔가며 통신할지 악보에 미리 써놓고, 거기에 맞춰 통신을 보내는 쪽과 받는 쪽에서 동시에 주파수를 바꿔가며 통신하면 된다. 그러면 적에게 들키거나 조작당할 위험도 거의 없다. 하필이면 악보에 기록해둔 소리의 높낮이를 과학적으로 표현할 때에도 주파수라는 단위를 쓰는데, 그것도 이런 생각을 떠올리는 데 도움이 되었을 것이다.

라마는 이 발명을 꽤 자랑스럽게 생각했던 것으로 보인다. 정식으로 특허를 냈기 때문이다. 지금도 미국 특허 당국에서 조회할 수 있는 미국 특허 2,292,387호를 보면 주파수 도약 기술 특허에 "Markey"라는 이름이 가장 먼저 나와 있다. 바로 라마가 결혼하면서 사용한 남편의 성이다. 라마는 실제로 이 기술을 이용하면, 미군이 안전한 무기를 개발하고 더 확실한 작전을 펼칠 수 있을 거라고 보고 이 특허를 미군 당국에 전달하기도 했다.

"제 기술을 이용해 더 믿을 만한 무기를 만들어서 일본군, 독일군을 물리쳐주시면 정말 기쁠 겁니다."

미군 당국이 이 특허를 받아들인 것을 보면, 당시에도 어느 정도 가치 있는 기술로 인정받았던 것 같다. 그러나 단 하나의 특허만으로 갑자기 미군의 모든 무기가 바뀐다거나 세상의 통신 방법이 단번에 바뀌지는 않는다. 급박하게 진행되는 전쟁 중에 새로운 방식을 적용하기도 쉽지 않았을 것이다.

게다가 주파수 도약이라는 생각을 갖고 있던 기술자나 발명가 들은 라마 말고도 몇몇이 더 있었다. 라마와 완전히 똑같은 방식은 아니지만 라마보다 먼저 비슷한 생각을 해낸 사람도 있었다. 그 때문에 한동안 라마의 발명은 잊혀졌다.

주파수 도약 기법의 대중화

그러는 사이에 세월이 흘렀다. 라마는 1950년대가 되자 점차 활동이 뜸해졌다. 개인사도 결코 순탄하지만은 않았다. 그 시절 인기 많은 할리우드 연예인들이 흔히 그랬던 것처럼 여러 차례 결혼했고, 이혼했다. 첫 번째 남편인 맨들 외에도 다섯 번의 결혼과 이혼을 반복했고, 그 과정에서 자식 셋을 낳았다. 1960년대에서 1970년대로 시간이 흐르는 동안 모아놓은 재산도 조금씩 줄기 시작했다. 사업이 실패하기도 했다. 정서적으로 불안하고 괴로운 시기를 보낸 적도 있었다.

어떤 글에서는 라마가 영화계를 떠난 이후 몰락해 비참하게 세상을 떠났다는 식으로 아주 슬프게 묘사하기도 한다. 나는 그 정도까지는 아니라고 생각한다. 그러나 화려했던 젊은 시절에 비해 노년이 쓸쓸했던 것은 사실이다. 워낙 인기 배우로 지내며 모아놓은 재산이 많았기에 말년에도 가난하다고 할 정도까지는 아니었지만, 누구와도 교류하지 않고 홀로 지낸 시간이 길었던 것은 맞다. 아무도 만나지 않고 혼자 살면서, 가끔 전화를 걸어 멀리 떨어진 몇몇 사람과 긴 통화를 하는 것이 라마의 나날이었다.

동시에 무선 통신 기술은 전 세계에서 계속 발전했다. 그 과정에서 라마를 비롯한 여러 사람이 더 정확하고 안전하게 통신하는 방법으로 제안한 주파수 도약 기법도 차차 가치를 인정받으며 여러 곳에서 사용되었다.

라마든 누구든, 한 명의 학자가 천재처럼 혼자서 개발한 기술이 세계 과학자들을 놀라게 하며 곧바로 세상을 바꾸는 것은 아니다. 훌륭한 공헌을 한 인물들 여럿의 결과가 합쳐지고, 거기에 꾸준히 방법을 가다듬은 사람들의 노력이 연결되면서 기술은 발전한다. 이것이 바로 기술이 발전하는 일반적인 모습이다. 라마는 그 과정에서 제 몫을 했다. 전자기력을 이용하는 장치의 성능이 점점 좋아지는 데는 바로 라마의 발명 같은 작은 노력이 쌓이는 과정이 필요했다는 이야기다. 이런 일이 부드럽게 잘 이루어지도록 해야만 과학 기술은 더 잘 발전한다.

21세기에 접어든 요즘, 주파수 도약 기법은 온갖 곳에 널리 사용되고 있다. 특히 여러 사람이 통신할 때 혼선을 막는 기술로 활용된다. 라마는 우리 쪽 통신을 적이 방해하지 못하게 하기 위한 목적으로 주파수 도약 기법을 개발했지만, 이 기술은 우리 쪽 통신이 다른 사람의 통신 때문에 우연히 방해받는 일을 막는 용도로도 활용될 수 있었다. 군사용 무전기부터 블루투스를 이용하는 무선 이어폰이나 무선 마우스까지 다양한 곳에 주파수 도약 기법이 활용된다. 한때는 와이파이를 사용하는 기기에도 주파수 도약 기법에 대한 규격이 나왔던 적이 있는데, 그 때문에 "헤디 라마가 와이파이를 개발했다"는 말이 돌았던 것 같다.

무선 통신 엔지니어 겸 컨설턴트인 데이브 목Dave Mock은 자신의 저서에서 휴대전화에서 사용하던 통신 기술인 CDMA가 라마와 간접 관련이 있다고 언급하기도 했다. 미국의 통신 기술 회사 퀄컴은 초창기에 군사 보안 목적 통신 기술을 연구하면서 미국 군대가 보유한 다양한 기술 정보를 접했다. 그리고 그 과정에서 라마의 기술을 이해했을 것이다. 퀄컴은 그렇게 쌓은 기술을 이용해서 훌륭한 통신 기술 회사로 성장할 수 있었다. 비록 퀄컴에서 개발한 CDMA 통신 기술이 라마의 기술을 직접 이어간 것은 아니지만, 라마의 기술을 포함한 여러 기술을 응용하면서 퀄컴 CDMA 기술의 기초를 닦았다고는 말할 수 있을 것이다. 보기에 따라서는 아주 작은 인연이라고 할 수도 있다. 그러나 데이브 목은 그 연결 고리를 꽤 중요하게 설명했다.

한국은 1990년대 퀄컴에서 개발한 CDMA 기술을 실제 활용하는 데 최초로 성공하면서 많은 사람이 싸고 좋은 휴대전화를 사용할 수 있게 만든 나라다. 한국 정부는 지금까지도 이를 널리 자랑하고 있다. 그럴 만도 한 것이 그 덕에 한국에서 휴대전화와 디지털 무선 통신이 유독 빠르게 성장할 수

있었다. 이 정도면 헤디 라마는 한국을 IT 강국으로 만드는
데 도움이 되었다고 말할 수 있지 않을까.

X선으로
단백질 구조를 밝혔지

도러시 호지킨

물을 H$_2$O라고 한다는 것 정도는 다들 한 번쯤 들어봤을 것이다. 얼핏 보면 그럴 리 없어 보이지만 물을 크게 확대하면 물 분자라고 부르는 극히 작은 알갱이들이 아주 많이 모여 있다. 모래를 그릇에 담아놓으면 마치 물이나 기름을 담아놓은 것 같아 보이지만 사실은 아주 작은 모래 한 알 한 알이 모여 있는 것과 비슷하다.

물 알갱이 하나는 수소 원자라는 더욱 작은 알갱이 둘과 산소 원자라는 알갱이 하나가 연결되어 있는 형태다. 그래서 수소hydrogen를 표시하는 기호 H와 산소oxygen를 표시하는 기호 O를 사용해서 H$_2$O라고 쓴다. 물 알갱이 하나는 대략 500만 분의 1밀리미터 정도 되는 아주 작은 크기다.

화학자들은 그 500만 분의 1밀리미터밖에 되지 않는 물 알갱이가 정확히 어떤 모양으로 되어 있는지 알고 있다. 수소 원자 2개와 산소 원자 1개를 그냥 아무렇게나 붙인다고 해서 우리가 아는 물이 되는 것은 아니다. 항상 산소 원자가 가운데에 있고, 그 양옆에 수소 원자가 하나씩 붙는다. 두 원자가 붙어 있는 거리는 1,000억 분의 9,584밀리미터 정도다. 또한 산소 원자 하나와 수소 원자 둘이 붙어 있는 모양은 줄줄이 일직선 형태가 아니라 평균 104.45도 정도 살짝 굽어 있다. 현대 화학은 다른 물질에서도 비슷한 지식을 알아냈다. CO_2로 표기하는 이산화탄소의 경우에는 그 알갱이 하나가 3개의 원자로 이루어져 있다는 점이 H_2O와 같다. 하지만 원자가 붙어 있는 모양은 3개의 원자가 줄줄이 일직선으로 붙은 모습이다. H_2O처럼 굽어 있지 않다.

도대체 화학자들은 무슨 수로 이렇게 작은 알갱이 하나의 모양을 알아냈을까? 그리고 왜 이렇게 사소해 보이는 문제를 알아내려고 노력할까? 성격 특이한 임금님이 작은 물체 정확히 관찰하기 대회 같은 것을 개최해서 물 입자 하나가 일직선인지 살짝 굽은 모양인지 알아내면 잘했다고 상이라도 주기 때문일까? 아니면 나라끼리 자존심 대결을 하느라 우리나라가 더 작은 물체를 관찰할 수 있는 기술을 갖고 있다고 자랑하며 다투기 때문일까?

화학자들이 물체를 이루는 이 작디작은 구조를 알아내는 기술에 매달리는 까닭은 바로 그 구조의 작은 차이가 물질의 성질을 바꾸기 때문이다.

물을 예로 살펴보자. 물 알갱이는 살짝 굽어 있다. 그래서 튀어나오거나 들어간 부분이 생긴다. 그로 인해 물 알갱이는 특이한 성질을 갖게 된다. 여러 개의 물 알갱이들은 튀어나온 부분과 들어간 부분이 서로 잘 배치되면 아귀가 맞아 여러 알갱이가 잘 뭉칠 수 있기 때문이다. 특히 물 알갱이는 튀어 나온 부분이 약간 마이너스 전기를 띤다. 그러므로 알갱이들 이 뭉칠 때 플러스 전기를 띤 부분이 있다면 끌어당기는 힘 으로 서로 이끌리기 좋다. 그래서 물은 다른 물질에 비해 서 로 잘 뭉치는 성질이 강하고, 제멋대로 돌아다니기보다 한데 뭉쳐 물방울을 이루거나 액체 상태로 찰랑거린다. 물 알갱이 가 서로 떨어져 날아다니게 하려면 100도 이상으로 온도를 높여주어야 한다. 그래야 물은 기체로 변해 알갱이 하나하나 가 자유롭게 떨어져 움직이게 된다.

만약 물 알갱이 하나가 104.45도 굽은 모양이 아니라 일직 선으로 쭉 뻗어 있다면 지금처럼 뭉치는 성질이 나타나지는 않았을 것이다. 다른 성질을 보였을 가능성이 높다. 어쩌면 물은 훨씬 쉽게 끓어올라서 이리저리 날아다닐지도 모른다. 그렇다면 지구에는 바다도 없었을 것이고, 우리가 사는 풍경 도 달랐을 것이다. 아예 물이 없으면 살 수 없는 생명체도 태 어나지 못했을 것이고, 지구상에 사람도, 동물도, 식물도, 미 생물도 없었을지 모른다. 작디작은 알갱이 하나의 모양이 일 직선이냐 104.45도로 굽어 있느냐에 따라 이런 큰 차이가 생긴다.

화학자들은 물질 간의 성질 차이가 대체로 이렇게 그 물체를 확대했을 때, 물질을 이루는 알갱이들이 어떤 모양과 구조를 이루고 있는지에 따라 정해진다고 보고 있다. 이런 생각을 두고 SARstructure activity relationship, 즉 구조 활성 관계라는 그럴 듯한 용어도 만들었다.

책에 자주 나오는 예는 탄소 덩어리다. 탄소 원자가 그냥 뭉쳐 있으면 숯처럼 생긴 시커먼 덩어리일 뿐이다. 하지만 탄소 원자가 주위의 다른 탄소 원자 4개와 규칙적으로 붙어 있고, 그렇게 붙으면서 만드는 모양이 반복적으로 연결되어 있으면서 각도가 평균 109.5도를 이룬다면, 그 물체는 영롱한 빛을 반사하는 다이아몬드가 된다. 만약 탄소 원자가 주위의 다른 원자 3개와 규칙적으로 붙어 있고, 그렇게 붙어서 만든 모양의 각도가 평균 120도를 이루면 그 물체는 연필심으로 사용하는 흑연이 된다. 그러므로 숯과 같은 탄소 덩어리와 흑연, 다이아몬드는 모두 탄소 원자라는 재료로 만든 물질이다. 그저 탄소 원자의 각도와 모양에 차이가 있을 뿐이다.

현대 화학 기술에서 흑연이나 다이아몬드처럼 간단한 물질을 관찰하는 수준은 진작에 초월했다. H_2O나 CO_2처럼 2~3개의 원자가 붙어 있는 물질을 살펴보는 것도 간단한 일이다. 요즘 화학자들은 수백, 수천 개의 원자가 어지러울 정도로 복잡하게 붙어 있는 모양도 정확히 그 각도와 길이를 알아낸다. 10만 분의 1밀리미터, 100만 분의 1밀리미터밖에 안 되는 대단히 작은 물질 알갱이 하나를 그 정도로 정확히 관찰할 수 있다.

이런 기술은 단순히 크고 좋은 현미경이 있다고 해서 할 수 있는 일이 아니다. 렌즈를 사용하는 보통 현미경으로는 아무리 좋은 장비를 동원해도 결코 이 정도의 크기를 볼 수 없다. 물질을 이루는 입자 하나를 살펴보기 위해서는 전혀 다른 방식으로 물체를 살펴보아야 한다. 그 기술을 개발한 역사에서 결코 빼놓을 수 없는 위대한 과학자가 바로 도러시 호지킨Dorothy Hodgkin이다.

화학, 궁금하잖아

영국의 화학자로 알려진 도러시 호지킨은 1910년 이집트 카이로에서 태어났다. 당시 이집트는 영국의 지배를 받고 있었는데, 호지킨의 아버지는 영국의 공무원으로 이집트에 배치된 사람이었다.

호지킨은 나중에 노벨상을 받는데, 수상자의 출신을 따질 때 국적이 애매하거나 정치적 상황으로 국적이 바뀌는 경우가 있기 때문에 국적 대신 태어난 곳을 표기하는 일이 자주 있다. 그래서 호지킨은 이집트 출신의 노벨 화학상 수상자로 기록될 때도 있다. 비슷한 사례를 하나 더 꼽아보자면, 미국에서 활동한 화학자 찰스 피더슨은 1904년 한국 부산에서 태어났기에 한국에서 태어난 노벨 화학상 수상자로 기록될 때가 있다.

호지킨의 아버지는 교육 관련 부서의 공무원으로 일했다. 이집트에서 일하던 시절에는 고고학에도 관심이 많았다. 당시 이집트와 중동 지역을 점령하고 있던 영국인들은 유럽 문명의 뿌리와 연결된 이 지역의 고대 문명을 탐사하는 일에 공을 들였다. 요즘 영국 런던의 대영박물관에 가 보면 영국 유물보다 이집트, 중동 지역의 고대 유물이 더 인기 있다. 그중에는 20세기 초 고고학 열풍이 불었던 때 영국인들이 다른 나라의 땅에서 발굴해 영국으로 가져온 물건들이 많다.

호지킨도 역사와 고전에 친숙한 배경에서 자랐다. 위대한 화학자로 명망을 떨치는 호지킨이지만, 정작 그 부모는 과학보다는 고대 문명에 훨씬 관심이 많았기 때문이다. 어린 호지킨의 주변에는 첨단 과학 기술보다 이국적이고 예스러운 문화를 연구하는 사람들이 가득했을 것이다. 이런 것을 보면 과학자가 되는 데 부모의 유전자나 열성적인 조기교육이 필수는 아닌 듯하다.

오히려 호지킨은 남의 나라 유적, 유물에 탐닉하던 유럽인들의 열기에 대한 반작용으로 첨단 과학에 빠져들지 않았을까? 나는 그럴 가능성도 충분하다고 본다. 어린이들은 자기 주변에 별로 없는 것, 마음껏 누릴 수는 없지만 조금씩 접할 수 있는 것을 동경하고 귀하게 여길 때가 있다. 그러다 보면 그것을 멋지다고 생각하게 된다. 산골에 사는 어린이가 영화에 나오는 풍경을 보며 바다를 사랑하게 되는 일이나, 비행기를 탈 형편은 안 되지만 공항 옆에 살면서 비행기가 뜨고 내리는 모습을 자주 보는 어린이가 조종사를 꿈꾸는 것과 비슷하다.

호지킨의 가족은 이집트에서 살다가 날씨가 더워지는 여름에는 영국으로 건너가 머물렀다. 그러다 가을이 되면 다시 이집트로 돌아가곤 했다. 잠깐씩 영국 도시에 머물 때 접하는 최신 과학 기술의 놀라운 소식들이 어린 호지킨의 마음을 들뜨게 했을 거라는 상상을 해본다. 어린 시절 방학 때 놀러 간 외가의 산골 풍경이나 바닷가의 모습이 마음속에 오래 남듯이, 호지킨은 영국 번화가에 등장하기 시작한 자동차와 각종 전기 전자제품이 어린 시절의 강렬한 추억으로 남았을지 모른다.

당시 보통 사람들에게 특히 신기하게 와닿았던 분야는 화학이었다. 이상한 물질들을 이렇게 저렇게 반응시키고 끓이고 식히기를 반복하면 별별 기이한 작용을 하는 약품이 탄생한다는 것은 이 시기 첨단 과학에 대해 사람들이 가장 흔하게 떠올리는 장면이었다.

대표적으로 호지킨이 태어나기 10여 년 전쯤에 나온 H.G. 웰스의 소설 《투명인간》은 화학의 힘으로 신기한 약을 만들면 그 약을 먹은 사람이 투명해질 수도 있다는 생각을 반영한 SF였다. 요즘도 영화에서는 여러 가지 시험관, 플라스크와 비커 속에서 연기를 뿜는 무엇인가가 부글부글 끓고 있는 화학자의 실험실이 자주 등장한다. 그런 모습이 과학자의 실험실로 연출되기 시작한 것도 바로 1910년대에서 1920년대 무렵 호지킨의 어린 시절이었다. 소설이나 영화 장면뿐만 아니라 현실에서도 화학의 영향력이 컸던 시대였다. 화학자 프리츠 하버가 질소 정제 방법을 발견해 인공비료의 생산을 가능하게 함으로써 인류가 식량 부족이라는 절체절명의 위기를 넘어서는 역사적인 대사건이 일어난 것도 마침 그 무렵이었다.

호지킨이 화학에 좀더 깊이 관심을 갖게 된 것은 학교에 갈 정도의 나이가 되면서였던 것 같다. 그 무렵 어린 호지킨은 부모와 떨어져서 자매들과 함께 영국에 있는 친척집에서 지내고 있었다. 그러다가 여름이 되면 부모가 와서 함께 지내다 가는 식으로 생활했다. 어느 날 호지킨은 부모에게 어린이용 화학 실험 세트를 선물받았고 화학자 놀이에 제법 빠져들었다. 갖가지 어린이용 실험을 해보며 신기해했고, 가끔은 위험한 실험을 하다가 곤란을 겪기도 했다.

열두 살 무렵 지금의 중학교와 비슷한 영국의 학교에 입학했다. 영국과 이집트를 오가며 지냈기 때문인지 처음에는 공부에 어려움을 겪었던 것으로 보인다. 차근차근 학교를 다니며 배운 것이 부족하니, 과학을 좋아한 어린 시절을 보냈으면서도 수학이나 과학 성적은 다른 학생들보다 떨어질 때도 있었다고 한다. 오히려 문학이나 역사에는 실력을 갖추고 있었다. 추측해보자면 이집트를 오가며 고고학자들에게 둘러싸여 지냈던 때가 많았기 때문 아닌가 싶다.

그렇지만 호지킨은 과학에 대한 호기심을 포기하지 않았다. 당시 영국 학교에서는 과학, 특히 화학 실험 같은 것은 남자아이들이 좋아하는 일이라는 분위기가 있었다. 그렇다 보니 여학생이 화학을 배우는 사례는 많지 않았다. 화학 과목은 거의 남학생들만 선택했다는 이야기다. 하지만 호지킨은 그러거나 말거나 화학을 배우고자 했다.

"화학은 신기하잖아. 이상한 약품을 만들어서 사람이 먹으면 하늘로 붕 뜨게 되거나, 몸에 바르면 갑자기 엄청난 힘을 낼 수 있는 기술을 만들 수도 있을 것 같은데."

소문처럼 도는 이야기로, 학교에서 화학 수업을 듣는 여학생은 호지킨을 포함해 고작 두 명뿐이었다고 한다.

마침 호지킨이 화학에 더욱 깊이 빠질 만한 계기도 있었다. 먼 친척 중에 화학을 전공하는 찰스 해링턴Charles Harington이라는 사람이 있었는데, 우연히 호지킨이 화학을 좋아한다는 소식을 듣고 책을 한 권 주었다고 한다. 책 제목은 《생화학 원론Fundamentals of Biochemistry》이었다. 정확한 내용은 알 수 없지만 제목으로 봐서는 어린 학생들을 위한 쉬운 책 같지는 않다. 화학 중에서도 동물의 몸속에 들어간 물질이 어떻게 변화하는지 따지는 지식을 다룬 꽤나 딱딱한 교과서였지 싶다. 나는 호지킨이 이런 어려운 질문을 던지는 장면을 떠올려본다.

"설탕과 사람의 살은 전혀 다른 물질인데, 사람이 설탕을 많이 먹으면 설탕이 몸속에서 어떤 원리로 변해서 살이 찌게 되는 걸까요? 설탕을 가만히 둔다고 해도 지방이나 살로 바뀌지 않는데, 몸속에서는 왜 살로 바뀌는 걸까요?"

해링턴은 그런 질문을 듣고 "나는 잘 모르지만, 그런 문제를 다루는 분야가 생화학이니 이 책을 공부하면 답이 있을 거야"라면서 어려운 책이라도 한 권 던져준 것은 아닐까.

혹은 화학에 관심 있는 어린이가 좀더 깊은 화학 지식을 쌓을 만한 책이 워낙에 부족해서, 그나마 권해준 책이 《생화학 원론》이었을지도 모른다. 호지킨이 어린 시절을 보내던 100년 전에도 어린이를 위한 과학책이 있었겠지만 지금과 비교하면 그 숫자와 종류는 훨씬 더 적었을 것이다.

기초적인 내용은 이미 알고 있는 어린이나 청소년에게 권해줄 만한 화학책이 너무 없다 보니, 그나마 화학 중에서는 사람 몸에서 이루어지는 일을 설명한 책, 어떤 물질을 사람이 먹으면 어떤 원리로 독약이 되고, 다른 물질을 먹으면 어떤 원리로 아픈 사람을 치료하는 데 도움이 될 수 있는가 하는 이야기를 설명할 수 있는 생화학이 가장 호기심을 불러일으킬 수 있다고 보고 그 책을 권한 것일 수도 있다.

이유가 무엇이건 호지킨은 이 딱딱하고 재미없는 화학 약품에 대한 전문 지식이 담긴 책을 열심히 들여다보았던 것 같다. 호지킨의 삶을 설명한 글과 기록에는 이 책에 관한 이야기가 정확히 서술되어 있다. 그 말은 호지킨이 성공해서 자신의 삶을 전기로 서술할 때까지도 이 책을 또렷하게 기억했

거나, 책에 대한 자료가 남아 있었을 가능성이 높다는 이야기
다.

　나는 어린 호지킨이 《생화학 원론》을 받고 귀중한 책을 손
에 넣었다고 생각해, 어려운 내용을 어떻게든 이해하려고 끈
기 있게 파고드는 장면을 떠올려본다. 아마도 세상의 다양한
물질들이 서로 조합, 분해, 변화, 반응하는 가운데, 여러 가지
특이한 성질이 있는 물질, 사람에게 득이 되기도 하고 독이
되기도 하는 물질들을 탄생시킬 수 있는 그 신비한 비밀이
책 속에 숨어 있을 거라고 상상하지 않았을까.

　"무슨 말인지는 잘 모르겠어. 그렇지만 굉장히 신기해. 정
말 과학자가 된 것 같은 기분이야."

　당시 호지킨에게는 어려운 단어와 복잡한 기호로 가득한
화학 교과서가 어쩌면 사람을 투명인간으로 변신시키는 방
법을 개발할 수 있는 마법 책처럼 보였을 수도 있다.

독이 되거나 득이 되거나

그렇다면 1920년대 초, 호지킨이 《생화학 원론》을 받아들었
을 때, 그 책에 담긴 당시 사람들의 화학 수준은 어땠을까?

　당시는 세상의 모든 물질이 아주 작은 알갱이인 원자로 되
어 있다는 것이 많은 학자에게 인정받게 된 시기였다. 화학자
들은 원자가 어떻게 붙었다가, 어떻게 떨어지냐에 따라 화학

반응이 일어나고 물질의 성질이 달라진다는 것을 대부분 이해하고 있었다. 다시 말해, 화학자들은 원자라는 작은 알갱이가 붙고 떨어지고 다시 재조립되는 현상으로 물질의 성질을 따졌다.

흔히 가스레인지에서 사용하는 연료인 도시가스, 즉 LNGLiquefied Natural Gas, 액화천연가스에 불을 붙여 태우는 과정을 생각해보자. 가스레인지의 가스가 타는 것도 화학 반응이다. 가스레인지뿐만 아니라 가스를 태워서 가동하는 화력발전소나 LNG를 태워서 움직이는 천연가스 버스에서도 항상 도시가스를 불에 태우는 화학 반응이 일어난다.

무엇인가가 불에 탄다는 것은 그 물질에 공기 중의 산소 원자가 들러붙는다는 이야기다. 산소는 산소 원자가 둘씩 짝으로 붙어 있는데, 이 상태를 산소 분자라고 한다. 공기 중에는 이런 산소 분자가 눈에 보이지 않는 작은 크기로 수없이 많이 날아다니고 있다. 이런 물질이 도시가스를 이루고 있는 물질에 달라붙기 시작하면, 그 과정에서 강한 열과 빛을 일으킨다. 그게 우리 눈에 불로 보이는 것이다.

옛사람들은 불을 물과 반대되는 물질로 보았지만 사실 그렇지 않다. 물에 반대되는 어떤 물질이 따로 있는 것이 아니다. 어떤 물질이건 산소와 달라붙을 때 열과 빛을 잘 내는 상태가 되면 그것을 불이라고 부를 뿐이다.

그렇다면 LNG를 이루는 물질을 좀더 자세히 살펴보면 어떤 구조일까? 주성분은 메테인, 즉 메탄가스라고 부르는 성분이다. 물은 수소 원자 둘, 산소 원자 하나로 되어 있어서 H_2O라고 하고, 이산화탄소는 탄소 원자 하나, 산소 원자 둘로 되어 있어서 CO_2라고 하듯이, 메탄가스를 이루는 작디작은 알갱이 하나는 탄소 원자 하나에 수소 원자 넷이 붙어 있다. 그래서 메탄가스를 CH_4라고 한다. 총 원자 다섯이 붙은 덩어리다. 이런 메탄가스의 성질을 띤 입자 하나를 메탄가스 분자라고 한다.

그러므로 가스레인지의 밸브를 열면, 가스관을 따라 눈에 보이지 않는 메탄가스 분자, 즉 CH_4가 아주 많이 쏟아져 나온다.

메탄가스를 불타게 하면, 다시 말해 메탄가스가 불타는 상태가 되도록 온도를 높이는 등의 조치를 취하면 메탄가스 분자는 쪼개지고 다시 다른 물질과 붙으며 재조합된다. 일단 산소가 달라붙게 되므로 원자 5개의 덩어리 사이를 산소 원자들이 파고든다. 메탄가스를 이루는 탄소 원자 하나, 수소 원자 4개는 해체되면서 공기 중의 산소 원자들과 짝을 바꾸어 붙는다. 메탄가스 덩어리에서 쪼개져 나온 탄소 원자 하나는 산소 원자 둘과 들러붙는다. 그 때문에 탄소 원자 하나와 산소 원자 둘이 일직선을 이루며 붙은 덩어리인 이산화탄소가 나오는 것이다. 그래서 도시가스를 연료로 태우면 이산화탄소가 발생하고, 그 이산화탄소가 온실효과를 일으켜 기후변화의 원인이 된다.

한편, 메탄가스에서 쪼개져 나온 수소 원자들은 둘이 각각 산소 원자 하나와 들러붙는다. 그렇게 3개의 원자가 들러 붙되 109.5도의 각도를 이룬다. 그러면 그 물질은 물이 된다. 즉 도시가스를 태우면 수증기도 같이 피어오른다. CH_4 한 덩어리마다 O_2 두 덩어리씩이 달라붙어, CO_2 한 덩어리와 H_2O 두 덩어리가 생긴다고 할 수 있다.

이것이 대부분의 화학 반응이 일어나는 모습이다. 원자가 부서지거나 새로 생기는 일은 발생하지 않는다. 한 원자가 다른 원자로 바뀌지도 않는다. 대신 원래 덩어리져 있던 원자들이 떨어져 나와 다른 원자와 짝을 바꿔 붙을 뿐이다. 그 결과 성질이 완전히 다른 물질이 생겨난다. 불이 잘 붙는 연료인 메탄가스를 산소 기체와 섞어 화학 반응을 일으키면, 그 결과로 이산화탄소와 물이 생긴다. 이산화탄소는 메탄가스와 전혀 다르다. 불에 타지 않고 반대로 불을 끄는 소화기에 쓰이는 물질이다. 물도 메탄가스나 산소와는 전혀 다른 성질을 갖고 있다. 물은 사람이 마실 수 있다.

원자가 서로 떨어지거나 붙으면서 성질이 다른 물질로 변하는 과정을 우리에게 필요한 물질이 많이 생기도록 조절할 수 있다면, 굉장한 이익을 얻을 수도 있을 것이다. 만약 물이라는 물질, 즉 산소 원자 하나와 수소 원자 둘이 붙어 있는 덩어리를 분리해서 수소 원자 둘만 따로 떼는 기술이 있다고 생각해보자. 그렇게 수소 원자 둘이 붙어 있는 물질은 수소 기체가 된다.

이런 화학 반응을 마음껏 일으킬 수 있다면 세상을 구할 수 있다! 수소 기체는 아주 깨끗하고 유용한 연료다. 물에서 수소 기체가 마음껏 생기게 할 수 있다면 맹물에서 쓰기 좋은 연료를 무한정 뽑아낼 수 있다는 뜻이 된다. 실제로 수소 에너지를 연구하는 화학자들은 그 비슷한 기술의 효율을 높이기 위해 오늘도 노력 중이다. 결국 그런 식으로 원자와 원자 들이 서로 떨어졌다 붙게 하면서 필요한 물질을 만들어내는 방법을 찾는 것이 화학자의 일이다.

다른 예를 들어보자. 만약 이산화탄소라는 물질, 즉 탄소 원자와 산소 원자 둘이 붙어 있는 덩어리를 다시 분리해서 산소 원자 둘만 따로 떼어 합치는 기술이 있다면 어떨까? 그것은 별 쓸모없는 이산화탄소에서 사람이 숨 쉴 수 있는 산소를 만들어낼 수 있다는 뜻이다. 실제로 나무와 풀은 광합성 과정에서 햇빛의 힘을 이용해 이산화탄소를 산소 기체로 바꾸는 재주가 있다. 나무를 심으면 이산화탄소를 없애서 기후변화 대응에 도움이 된다는 것이 바로 그 때문이다.

단, 연금술은 화학으로 불가능하다. 중세 시대 연금술사들은 납을 금으로 바꾸기 위해 여러 가지 화학 실험을 했다. 그러나 금은 금 원자 덩어리로 된 물질이다. 납을 재료로 금을 만들어내려면, 납 원자를 금 원자로 바꿔야 하는데, 아무리 납 원자를 떼었다 붙였다 한들 납 원자일 뿐이지 금 원자로 바뀌는 것은 아니기 때문이다. 화학은 오직 이미 있는 원자들이 서로 붙어 있는 상태만을 이리저리 바꿀 뿐이다. 그렇기에 화학에서 중요한 것은 도대체 어떤 조건에서 원자들이 서로 잘 달라붙고, 잘 떨어지는지 알아내는 것이다. 조건을 맞춰서 원자들을 분리한 뒤에 우리가 원하는 물질이 되도록 붙이면, 온갖 귀중한 물질을 만들어낼 수 있을 것이다.

그렇다면 한 물질은 어떨 때 분해되고, 어떤 모양으로 다시 조합될 수 있을까?

근대 과학 이전 시대의 사람들은 물질에 어떤 주술적인 성질이 있다는 생각에 매달렸다. 《해객론》이라는 책을 보면 1,100년 전 발해의 상인이었던 이광현이 발해, 신라, 중국 당나라 등지를 오가며 온 세상의 비법들을 탐구하고 사람을 신선으로 변신시키는 약을 만들기 위해 애쓰는 장면이 기록되어 있다.

《해객론》의 마지막 대목을 보면 이광현은 마침내 사람을 신선으로 만드는 약의 제조법을 알아낸다. 수은, 납 등의 재료를 이용해서 갖가지 반응을 일으키는 방법이다. 책에는 물질이 지닌 기운의 특징을 말하는 내용이 나온다. 물질마다 강하거나 약한 기운, 치솟거나 휘감는 기운 등이 있고, 그것을 잘 활용하면 서로 좋은 영향을 미쳐서 약이 완성된다는 식으로 설명하고 있다.

그러나 이광현 이후로 1,000년 이상의 세월이 흐른 지금까지도 사람을 신선으로 만들어주는 약은 팔고 있지 않다. 이것을 보면 막연히 어떤 물질에 무슨 기운이 있다는 식의 이론이 갖고 있던 한계는 명확하다. 어떤 물질의 반응과 성질을 이상한 기운이나 신비한 성질로 표현하는 방법은 정확하지 않고, 별 소용도 없다.

먹고사는 것은 전자기력의 문제

호지킨이 어린 시절을 보내던 1920년대 무렵의 학자들은 새로운 방식으로 물질의 성질을 탐구하고 있었다. 의외로 아주 단순한 이론으로 수많은 물질의 화학 반응을 설명할 수 있다는 생각을 증명하기 위한 노력이었다. 그 이론은 엉뚱하게도 전자기력의 힘이었다.

나는 이 사실을 대학에서 처음 배웠을 때의 놀라움을 기억한다. 순위를 매기자면 대학 강의 때 새로 배운 지식 중에 가장 놀랍고 신기한 지식 3위 안에는 들 것이다. 주변에는 이미 고등학교 화학 시간에 배운 학생들도 있었던 것 같은데, 나는 아니었다. 그것은 "정말 그게 말이 돼?"라고 몇 번이나 의심할 정도의 충격이었다.

전기라고 하면, 전자제품이나 전파 통신, 전기 회로를 떠올리지 않는가? 그에 비해 화학이라고 하면 새로운 약품을 만들거나, 사람을 치료할 수 있는 약물을 개발하는 일 아닌가? 그런데 두 분야의 원리가 똑같이 전자기력과 관련이 있다니, 믿을 수가 없었다. 약을 관리하는 약사가 무전기 부품을 수리한다는 이야기와 비슷한 느낌이었다.

그러나 화학이 전자기력 문제라는 생각은 현대 화학의 핵심이다. 한 물질이 다른 물질로 변화하는 화학 반응이 전자기력과 연결될 수밖에 없는 이유는 역시 이번에도 원자가 떨어지고 붙는 것과 관련 있다. 원자는 플러스 전기와 마이너스 전기가 끌어당기는 전자기력의 힘으로 서로 달라붙는다. 반대로 마이너스 전기와 마이너스 전기 또는 플러스 전기와 플러스 전기를 띠는 원자가 있다면 이들은 서로 밀어내는 전자기력을 받아 떨어지려고 한다. 이 간단하고 별것 아닌 것 같은 전자기력 현상이 세상의 별별 희한한 물질과 온갖 약품을 만들어내는 모든 화학 반응의 기본 원리다.

단순한 예로 역시 물을 살펴보자. 물을 이루는 산소 원자는 마이너스 전기를 띠기 쉬운 성질이 있다. 한편 수소 원자는 플러스 전기를 띠기 쉬운 성질이 있다. 그렇기 때문에 둘은 서로 끌어당기는 힘, 곧 전자기력 때문에 철썩 달라붙기 좋다. 바로 그 이유로 산소 원자 하나는 수소 원자 둘과 붙어 물이 된다. 전자기력은 생각보다 상당히 강하다. 그러니까 물 원자에서 수소 원자 둘만 떼어내기는 매우 어렵고, 그만큼 수소 기체 연료를 만들어 세상을 구하기가 쉽지 않다.

이렇게 보면 우리가 세상에서 흔히 느끼는 수많은 일이 사실은 전자기력의 문제다. 전기를 이용하는 여러 제품은 말할 것도 없고, 빛의 정체는 전자기력으로 생기는 파동, 즉 전자기파이므로 빛에 관련된 물건들도 전자기력의 결과다. 화학과 물질의 성질도 전자기력의 문제라고 했으므로 무엇인가 불에 타거나 녹이 슬고, 어떤 물질이 변질되는 것 등도 모두 전자기력 문제다. 사람이 특정 물질을 먹으면 몸에서 이상한 반응이 생겨 병에 걸린다거나, 반대로 병에 걸렸을 때 어떤 약을 먹으면 몸에 생긴 나쁜 물질을 녹이기 때문에 병이 치료되는 것도 결국 거슬러 올라가면, 원자와 원자 사이를 끌어당기기도 하고 밀기도 하는 전자기력의 문제다.

음식을 먹으면 몸에서 음식이 분해되며 몸을 움직이는 화학 반응을 일으킨다. 머릿속으로 고민을 떠올리면 두뇌에서 화학 반응이 일어나 뇌세포들이 활동해 서로 신호를 주고받으며 생각을 한다. 그러므로 사람이 먹고사는 일도 결국은 화학 반응의 문제, 즉 전자기력이다. 나무가 더 단단하냐, 쇠가 더 단단하냐 같은 문제도 어느 쪽 재료를 이루고 있는 원자들이 더 강하게 끌어당기고 있어서 잘 분해되지 않느냐를 따지는 것과 같다. 그러니 건물을 튼튼하게 짓는 재료나 더 안전한 자동차를 만드는 등의 일도 모두 전자기력의 문제다.

만약 전자기력을 아주 정밀하게 자유자재로 조절할 수 있는 초능력자가 있다면, 단순히 손에서 번개를 발사하는 정도의 재주를 부리는 것보다 훨씬 더 엄청난 일을 할 수 있다. 사람의 정신을 조종할 수 있고, 결합된 원자를 떨어뜨려 마음대로 다른 물질로 바꿀 수 있을 것이다. 오렌지 주스를 이루고 있는 원자들을 재조립해서 술을 만들 수도 있고, 숨 쉴 산소가 부족한 위기 상황이 닥쳐도 사람이 내뿜은 이산화탄소를 분해해 다시 산소를 만들어낼 수도 있을 것이다.

조금 과장해서 우리가 일상에서 중력이 작용한다고 생각

하는 것들, 예를 들어 높은 곳에서 떨어지거나 몸무게처럼 무게에 관련된 일들을 제외하면 거의 대부분은 전자기력에 의한 일이다. 말을 만들어보자면, 인생살이 세상만사의 75퍼센트 정도는 전자기력이 하는 일이라고 할 만하다.

원자들이 가진 전자기력의 힘을 조금 더 정확히 살펴보려면, 원자라는 알갱이의 내부를 파악해야 한다. 원자는 중심에 자리 잡고 있는 핵과 그 주변을 돌아다니는 전자로 구성된다. 핵은 플러스 전기를 띠고, 주변을 돌아다니는 전자는 마이너스 전기를 띠고 있다. 그래서 원자 둘을 맞부딪히는 모양으로 놓으면 겉면에 자주 나타나는 마이너스 전자끼리 서로 밀어낸다.

반대로 원자 둘을 놓되, 한 원자의 전자가 다른 원자의 핵과 자주 가까워지는 모양으로 놓을 수 있다고 해보자. 그러면 주변 전자가 가진 마이너스 전기와 핵이 가진 플러스 전기가 서로 끌어당겨 달라붙게 할 수 있다. 그러므로 원자에 전자들이 어떤 모양으로 붙어 있고, 서로 다른 모양으로 붙어 있는 원자들을 어떤 위치에 놓을 수 있느냐에 따라 원자들은 서로 붙기도 하고 떨어지기도 한다. 이것만 잘 알고 조절할 수 있다면, 우리는 필요한 대로 원자를 분해하거나 조립할 수 있다.

물론 말처럼 쉽지는 않다. 일단, 원자 하나에 전자가 하나만 들어 있지 않다. 산소 원자만 해도 원자 하나마다 전자가 8개나 들어 있다. 8개의 전자가 어떤 모양으로 돌아다니고 있으며, 그래서 어떤 위치에 다른 원자를 들이댔을 때 서로 당기는 전자기력이 생길 것이냐, 밀어내는 전자기력이 생길 것이냐를 예상한다는 것은 아주 복잡한 문제다.

게다가 우리 생활에 유용한 많은 물질은 물, 이산화탄소, 메탄가스처럼 고작 원자 3~4개로 되어 있지 않다. 휴대용 연료로 많이 사용하는 부탄가스인 뷰테인만 하더라도 14개의 원자가 붙어서 이루어진 덩어리다. 14개의 원자로 이루어진 덩어리에서 원자 하나마다 어느 쪽에 전자가 몰려 마이너스 전기를 내뿜고, 어느 쪽에는 핵이 플러스 전기를 내뿜고 있을 것인가를 따지는 것은 매우 복잡한 일이다.

게다가 이보다 많은 원자가 붙어 있는 물질은 셀 수 없을 정도다. 커피의 주성분인 카페인은 24개의 원자가 붙어 있는 덩어리고, 설탕은 45개의 원자가 붙어 있는 덩어리다. 이 정도는 별것도 아니다. 사람의 몸을 이루고 있는 물질 중에는 수천, 수만 개의 원자로 이루어진 경우도 허다하다.

이런 어려움을 생각하면 전자기력을 이용해 원하는 대로 원자를 조립하면 유용한 물질을 만들 수 있다는 말도 그저 꿈같은 이야기처럼 들릴지 모르겠다. 그렇지만 이런 어려운 일에 도전하기 위해 한 발 한 발 다가서며 노력하는 사람이 바로 화학자다. 화학자들에게 가장 기초가 되는 지식은 모든 물질을 이루고 있는 원자들이 서로 어떤 각도, 어떤 모양으로 붙어 있는지 정확히 아는 것이다. 그렇기 때문에 수십만, 수백만 분의 1밀리미터밖에 되지 않는 원자들의 덩어리진 모습 하나하나를 관찰할 수 있는 방법을 개발하는 것은 중요하다.

도러시 호지킨은 열여섯 번째 생일에 어머니에게 책 한 권을 선물받았고 운명처럼 이 문제에 뛰어들게 된다.

아주 작은 세계를 들여다보는 법

호지킨은 어머니에게 X선 결정분광학에 관한 책을 받았다. X선 결정분광학은 수십만, 수백만 분의 1밀리미터밖에 되지 않는 원자 몇 개가 붙어 있는 아주 작은 알갱이의 모양을 알아내는 기술이었다. 책의 내용은 자세히 알려지지 않았지만 나는 이 책이 X선 결정분광학을 깊이 있게 설명한 전문 서적이라기보다, 수백만 분의 1밀리미터의 세계를 볼 수 있는 놀라운 기술이 있다는 점을 알려주는 소개 책자 정도가 아니었을까 추측해본다.

본래 X선은 사람의 뼈를 촬영하는 기술로 개발되었다. 그런데 1910년대 중반에 접어들면서 과학자들은 원자가 서로 붙어 있을 때 어느 정도로 가깝게 어떤 각도로 붙어 있는지, 그 모양을 알아내는 데 X선을 사용할 수 있다는 것을 밝혔다. 이것이 지금까지도 대단히 유용하게 사용되는 X선 결정분광학이라는 기술이다. 영국의 과학자 로런스 브래그와 그의 아버지 윌리엄 헨리 브래그가 현대 X선 결정분광학의 창

시자라고 할 만한 인물로 자주 언급된다.

호지킨이 10대 후반에 접어드는 1920년대 후반 무렵이면 영국이 개발한 놀라운 첨단 기술로 X선 결정분광학이 자랑스럽게 소개되던 시절이었다. 윌리엄 브래그와 로런스 브래그는 1915년 동시에 노벨상을 받았다. 아버지와 아들이 함께 노벨상을 받은 것은 처음이었다. 윌리엄 브래그는 1920년대 영국 여왕에게 기사 작위까지 받았다.

두 사람은 영국의 위대한 과학자로 여기저기서 화제가 되었다. 그럴 수밖에 없었다. 인류 문명이 시작된 이후 수천 년 동안 세상의 모든 물질은 왜 서로 성질이 다르냐 하는 원인에 대해 사람들은 "원래 그렇다"라거나 "서로 기운이 달라서 그렇다"는 애매한 말밖에 할 수 없었다. 하지만 X선 결정분광학이 개발된 이후로 "수백만 배 확대해보면 물질을 이루고 있는 원자들이 붙은 모양이 달라서 그렇다"는 명쾌하고 구체적인 답을 얻게 되었다.

피부에 물을 발랐을 때보다 소독용 알코올을 바르면 훨씬 더 빨리 마르면서 금방 시원해진다. 옛날에는 이런 문제에 대해 "알코올은 불의 기운을 품고 있기 때문이다"와 같은 막연한 말밖에 할 수 없었다. 이런 설명은 정확하지 않다.

그러나 현대 화학에서는 물을 이루고 있는 원자들을 확대해보면 원자들 사이에 전자기력이 걸릴 수 있는 부위가 더 많은 것이 이유라고 설명한다. 물은 서로 끌어당기며 단단히 붙어 있기 때문에 하나하나 떨어져 나와 날아가기 어렵다. 그래서 물이 소독용 알코올에 비해서 잘 마르지 않는다.

이런 기술이 가능한 세상에서는 화학 실험이 사실은 원자들이 이루는 모양의 각도, 크기를 따지는 도형, 기하학, 수학 문제로 바뀌는 셈이다. 나도 대학원 시절 화학 이론을 공부할 때 이렇게 원자들의 모양이 이루는 각도와 크기를 따지는 계산을 가장 열심히 공부했던 기억이 있다.

이렇게 생각하면 X선 결정분광학은 세상 모든 물질의 성질을 따지는 방법을 바꾼 기술이다. 상상해보자면, 딸이 화학에 관심을 보이자 어머니는 요즘 화학하는 사람들 사이에 가장 놀랍고 신기한 일로 언급되는 첨단 기술에 대한 책을 구해준 것 아닌가 싶다. 호지킨이 처음 이 책을 보고 크게 감명을 받았는지, 아니면 그냥 재미있게 읽은 정도였는지, 혹은 덤덤했는지 어떤지는 모르겠다. 그러나 확실한 것은 호지킨이 본격적으로 화학을 연구한 이후, X선 결정분광학 분야에서 긴 세월 놀라운 성과를 이루며 과학계를 이끌었다는 점이다.

X선 결정분광학 이론은 대단히 교묘하다. 나는 대학 시절 이 기술을 배웠을 때 정말 놀랐다. 과학자들은 별것 아닌 현상이라도 특이한 것이 있으면 어떻게든 이리저리 파헤쳐서 전혀 상상 못한 분야에 기가 막히게 활용하는 수법을 찾아내는구나 싶었다. 한국 속담 중에 굼벵이도 구르는 재주가 있다는 말이 있는데, 단순히 굼벵이를 발견했을 때 굼벵이도 구르는 재주가 있다는 정도를 알아내는 것이 아니라, 굼벵이의 구

르는 재주를 어떻게든 활용해서 필요하다면 자동차 바퀴를 굴러가게 할 방법도 개발하는 세상이구나 싶었다.

X선 결정분광학의 기본 원리는 규칙적으로 퍼져나가는 물결의 모양을 따지고 계산하는 방법을 활용하는 것이다. 아주 평화롭고 맑은 연못에 누군가 정확한 위치에서 정확한 크기와 무게의 돌을 던졌다고 상상해보자. 그러면 연못에는 파도가 치며 사방으로 둥글게 물결이 퍼져나갈 것이다. 그런데 만약에 연못의 물결이 퍼져나가는 중간에 누군가 말뚝을 하나 박아놓았다면 물결 모양이 바뀔 것이다. 말뚝이 2개 박혀 있다면 물결 모양은 또 달라질 것이다. 말뚝 2개가 서로 가까운 거리에 박혀 있느냐, 멀리 떨어져 박혀 있느냐에 따라서도 물결 모양은 달라진다.

이때 물결이 퍼지는 모양을 오래 연구해온 학자가 있다고 생각해보자. 이 학자는 연못 건너편 기슭에서 물결이 퍼지는 모양을 면밀히 관찰하면서, 그 모양만 보고 역으로 물결이 퍼지는 중간에 말뚝이 박혀 있는지 아닌지 알 수 있을 것이다.

물결이 퍼지는 정도를 세밀하게 계산하는 방법을 개발한 학자라면, 건너편 기슭으로 전달된 물결을 정확히 측정한 후, 역으로 계산해 말뚝이 몇 개나 박혀 있는지 추측할 수도 있을 것이다. 더욱 정확하게 측정하고 세밀하게 계산하는 기술을 개발한다면, 연못 곳곳에 박혀 있는 말뚝들이 서로 어떤 거리와 각도로 박혀 있는지 알 수 있을지도 모른다. "퐁당퐁당 돌을 던지자, 누나 몰래 돌을 던지자"라는 동요 가사가 있는데, 건너편에 앉아서 나물을 씻는 우리 누나가 만약 X선 결정분광학의 기술을 알고 있는 사람이라면 손등을 간질이는 물결이 평소와 어떻게 다른지를 정확하게 감지해, 지금 강물에 어떤 장애물이 어떤 위치에 놓여 있는지를 보지도 않고 알아낼 수 있을 거라는 이야기다.

X선 결정분광학에서는 파도치는 물결 대신 X선이라는 빛을 이용한다. 빛은 전기와 자기가 물결치며 나아가는 현상, 즉 전자기파이기 때문에 물결치듯이 변화하며 앞으로 뻗어 나간다. 그러므로 빛도 앞에 무언가 가로막고 있으면 방해를 받는다.

단, 물결치는 정도가 완만하고 서서히 변하는 빛은 방해물이 있어도 어떤 식으로 변화했는지 감지하기 어렵다. 주파수가 낮은 빛은 방해물에 크게 구애받지 않는다는 이야기다. 하지만 대략 X선 정도의 높은 주파수를 가진 전자기파를 이용하면, X선이 물질을 이루고 있는 원자와 원자 사이를 지나면서 그 때문에 물결치는 모양이 눈에 잘 띌 정도로 심하게 변한다. 따라서 원자 덩어리에 X선을 쬐고 X선이 원자와 원자 사이의 틈을 통과해 나온 모양을 보고 그것을 역으로 계산하면 원자들이 서로 가깝게 붙어 있는지, 멀리 떨어져 있는지, 어떤 각도를 이루고 놓여 있는지를 추측할 수 있다.

빛이 물체를 통과할 때, 전기와 자기가 물결치는 성질 때문에 모습이 특이하게 바뀔 수 있다는 사실은 예로부터 꽤 알려져 있었다.

아주 가느다란 틈이나 구멍으로 새어 나오는 빛이나 그 빛이 만들어내는 모양을 보면, 직선이나 점이 아닌, 살짝 이상한 무늬가 생기는 현상이 있을 때가 있다. 유심히 보지 않으면 일상생활에서는 잘 보이지 않고, 굳이 그 현상을 관찰했다고 해도 좁은 틈으로 새어들어온 빛이 만드는 별것 아닌 잔잔한 무늬 따위가 세상에 무슨 큰 도움이 되느냐고 물을 수도 있다.

그런데 바로 그 현상이 일어나는 정도를 정확히 계산하는 계산식을 개발하면, 회절 현상에 대한 이론을 만들 수 있다. 또한 이 이론을 활용해서 X선이 원자와 원자 사이의 1,000만 분의 1밀리미터짜리 틈을 통과하는 현상에서 어떻게 변화하며 무늬를 만드는지를 계산하면, 그전까지는 상상할 수 없던 작은 세상을 들여다보는 방법을 개발할 수 있다. 나는 별것 아닌 것처럼 보이는 현상들의 원리를 이렇게 여러 가지로 연결해서 놀라운 기술을 개발해낸다는 점을 알게 되었을 때, 놀라운 일을 해낸 사람들이 정말 존경스러웠다.

과학의 발전은 거기에서 끝나지 않는다. 더 길고 더 높게 이어진다. 과학자들은 빛의 회절 현상을 정확히 설명하는 이론을 개발하기 위해 양자론을 만들어 더 정교하게 발전시켰다. 현대의 과학자들은 빛을 이루는 광자가 작은 알갱이 형태의 물질이기는 하지만, 무게를 갖지 않은 독특한 성질이 있다고 본다.

다시 말해, 빛이란 광자가 수없이 날아와 쏟아지는 현상이다. 그것은 누가 자갈돌을 무수히 발사하거나 모래알갱이를 퍼붓는 것과는 다르게, 전기와 자기가 물결치는 모습으로 보일 수도 있다. 그래야 빛이 다양한 방식으로 좁은 틈을 통과할 때 일어나는 회절 현상을 모두 설명할 수 있기 때문이다. 그런 이상한 성질을 가진 물질이 보이는 현상을 설명하기 위해 양자론의 복잡하고 기묘한 계산 방법은 계속해서 발전했다.

수없이 계산을 반복하는 일

호지킨 같은 학자들은 원자 사이를 지나는 X선이 만드는 무늬를 보고 원자들이 어떻게 자리 잡고 있는지 역으로 계산하는 문제를 아주 많이 풀어냈다. 실제로 호지킨이 X선 결정분광학 실험을 위해 촬영한 사진을 보면, 그냥 봐서는 도대체 어떤 의미를 지닌 건지 전혀 알 수 없는 줄무늬가 이리저리 부채꼴 비슷한 모양으로 만들어져 있는 모습일 뿐이다. 그러나 호지킨은 그 무늬들의 간격과 모양을 정밀히 측정한 후에 그런 무늬를 만들어낼 수 있는 단 하나의 모양을 상상하는 일을 했다.

지금은 복잡하고 헷갈리는 계산의 대부분을 컴퓨터가 자동으로 처리한다. 하지만 호지킨이 처음 X선 결정분광학을 연구했을 때는 컴퓨터라는 기계가 세상에 나오지도 않았을 때였다. 컴퓨터는커녕 과연 이런 복잡한 방법으로 원자들이 이루고 있는 수백만 분의 1밀리미터의 세계를 정확히 관찰하는 일이 가능하리라는 확신을 가진 사람도 드물었다.

호지킨은 10대 시절 부모님을 따라 고대 유적을 발굴하는 곳에 갔다가 복잡한 장식 무늬의 일부를 보고 전체를 추적하는데 도전하거나, 무너지고 파괴되어 일그러진 모습을 보며 원래의 모양을 상상해본 적이 있었다. 호지킨은 그때를 회상하며, 고대 유물의 흔적을 보고 원래 모습을 추측하는 일이 X선 결정분광학 촬영 결과를 보고 원자들이 붙어 있는 모양을 추측하는 일과 비슷한 느낌이었다고 말했다.

"그때 그 아저씨들은 5,000년 전에 부서진 장식품의 무늬 하나를 보고 원래 모양을 추측하는 일을 해내더라고요. 저도 원자의 좁은 틈새를 지난 빛이 만들어낸 무늬를 보고 원자가 어떤 모습으로 자리 잡았는지 끈질기게 따져보면 까짓 거 알아낼 수 있을 것 같았습니다."

이 말은 원자의 진짜 모습을 보는 실험을 하기 위해 고고학 발굴을 경험해야 한다는 의미라기보다 호지킨이 그 정도로 자신의 모든 생각과 지식, 경험을 동원해서 X선 결정분광학이라는 힘겨운 도전에 뛰어들었다는 뜻이라고 생각한다.

호지킨은 옥스포드 대학에서 화학을 전공했다. 이후 케임브리지 대학의 대학원에 들어가 존 버널John Desmond Bernal을 지도 교수로 택해 X선 결정분광학을 본격적으로 연구했다.

버널은 X선 결정분광학의 힘이면 아주 작은 원자들의 세계를 볼 수 있을 거라 생각하고 누구보다 열심히 도전한 인물이었다. 그런 그가 마침 도러시 호지킨이라는 훌륭한 학생을 만난 것이다. 호지킨은 버널의 꿈을 현실로 만들어줄 수 있는 학생이었다. 그뿐만 아니라 버널의 꿈을 초월해서 새로운 미래를 만들 수 있을 만한 실력을 쌓아나갔다. 버널은 감탄하고 감동했을 것이다.

들리는 이야기로는 버널과 호지킨, 두 사람은 여러 모로 잘 통해서 보통의 지도 교수와 대학원생 이상으로 가까웠다고 한다. 둘의 연구 성과는 훌륭했고, 세상 사람들은 점차 X선 결정분광학이 대단히 쓸모있는 훌륭한 방식이라는 사실을 알게 되었다.

20대 후반의 나이로 박사 학위를 받을 때까지, 호지킨은 주로 사람의 몸속에서 이루어지는 화학 반응에 관여하는 물질들을 연구했다. 연구 방법은 X선 결정분광학을 이용해서 그 물질을 이루는 작디작은 원자들이 어떻게 붙어 있는지 보는 것이었다. 그 시절 호지킨이 연구했던 물질 가운데 대표적인 것이 스테롤 계통의 물질이다. 사람 몸에 너무 많으면 좋지 않다고 하는 콜레스테롤도 바로 이 스테롤 계통 물질에 속한다. 스테롤 물질은 가장 간단한 것도 40개가 넘는 원자가 이리저리 붙어 있는 모양으로 되어 있다.

"얼룩덜룩한 무늬만 보면서, 저런 무늬를 만들어내려면 원자 40개가 각각 어떻게 연결되어야 하는지 계산해야 한다고? 도대체 얼마나 말도 안 되게 복잡한 문제일까?"

계산하는 원리는 다른 X선 결정분광학 연구와 같다. 호지킨은 스테롤에 X선을 쬐고, X선이 스테롤을 이루고 있는 원자들의 틈 사이를 통과하면서 만들어내는 이상한 무늬를 본다. 그리고 그 무늬를 역으로 계산해서 40개의 원자가 각각 어느 위치에서 서로 어느 정도 떨어져 틈을 만들고 있어야만 그 무늬가 생기는지 수십 번, 수백 번 계산을 반복하며 하나하나 추적한다. 머리가 아파서 도중에 포기하고 싶을 때도 많았을 것이다. 하지만 호지킨은 하나둘 성과를 냈다.

박사 학위를 딴 호지킨은 이후 모교인 옥스포드 대학에서 연구원으로 일할 수 있는 자격을 얻었다. 그리고 40대가 될 때까지 한국식으로 말하자면 강사와 비슷한 신분으로 일하면서 연구를 계속했다. 놀라운 성과를 내는 훌륭한 학자치고는 월급이 많거나 높은 지위를 얻은 것은 아니다. 그러니 긴 세월 연구하는 동안 답답하고 괴로운 시기도 분명 있었을 것이다.

"어지간한 사람은 엄두도 못 내는 끝도 없이 배배 꼬인 퍼즐 같은 문제를 몇십 년이나 풀고 있는데, 이런 일을 하며 사는 것이 과연 행복한 삶일까?"

페니실린과 비타민 B₁₂의 구조를 풀다

이 무렵 호지킨은 결혼했고, 세 아이를 낳아 키웠다. 자식을 낳고 기르는 일은 삶을 더욱 바쁘게 했을 것이다. 어쩌면 그 때문에 과학자로서 연구하는 일이 더 힘들었을 수도 있다. 반대로 자신만의 연구를 해나가는 보람을 찾아 버틸 수 있었던 것인지도 모른다.

확실한 것은 세상을 바꾼 호지킨의 훌륭한 성과들이 바로 이 시기에 나왔다는 사실이다. 가장 먼저 손에 꼽을 만한 성과는 30대 중반에 동료들과 함께 페니실린을 이루고 있는 원자들의 모양을 알아낸 것이다. 사진 보듯이 눈으로 보면서 모양을 바로 알아내는 것이 아니라, X선이 만드는 무늬를 보고 계산해서 모양을 알아내는 방식이기에 X선 결정학에서는 흔히 "구조를 푼다"라고 표현한다. 그러니까 호지킨은 페니실린의 구조를 풀었다.

페니실린은 최초로 발견된 항생제다. 항생제는 사람이 먹으면 몸을 이루는 다른 세포들은 건드리지 않고 몸속에 들어온 세균들만 골라서 녹이는 약이다. 마치 아무렇게 총을 쏘았는데, 총알이 마법에 걸려 착한 사람들은 다 피해가고 오직 악당들만 명중시키는 것과 비슷한 현상을 몸속에서 일으킨다. 그래서 항생제를 마법의 탄환, 줄여서 마탄이라고 부르는 사람도 있다. 항생제가 개발되자 세균이 사람 몸속에서 일으키는 수많은 질병을 치료할 수 있는 길이 열렸다. 과거에는 불치병이자 무서운 전염병이었던 질환을 항생제 몇 알만 꼬박꼬박 먹으면 나을 수 있게 되었다.

그런데 도대체 이런 일이 어떻게 가능한 것일까? 페니실린이라는 약품 속에 눈이 달려서 세균만 알아보는 것은 아니지 않은가?

한 가지 생각해볼 수 있는 가능성은 페니실린을 이루고 있는 원자들의 절묘한 모양이 혹시 사람의 세포와는 다른 세균을 이루는 어느 부위에 꼭 들어맞을 수 있다는 것이다. 그래서 페니실린이 세균 옆에 가면 그 부위에 정확하게 걸리거나 끼어서 세균이 제대로 활동하지 못하게 하고, 그렇게 세균이 죽는 것 아닐까?

확인해보기 위해서는 페니실린을 이루는 알갱이 하나가 과연 어떤 모양인지 알아내야 했다. 호지킨의 연구팀은 X선 분광결정학으로 41개의 원자가 붙어 있는 페니실린 입자 하나가 어떤 모양으로 되어 있는지 알아내는 데 성공했다. 다르게 설명해보자면, 탄소·수소·질소·산소·황 원자를 구해서 호지킨이 알아낸 모양대로 정확히 붙이기만 하면, 그 당시 세상에서 가장 신비로운 약이었던 페니실린이 탄생한다는 뜻이다. 아무 탄소, 아무 수소를 원료로 사용해도 상관없다. 숯덩이에서 탄소를, 공기에서 질소와 산소를, 물에서 수소를 가져오고, 계란 같은 음식에도 조금씩 들어 있는 황을 가져와서, 호지킨이 밝힌 모양대로 조립하면 페니실린을 만들 수 있다. 이런 일이 가능하다는 것은 흙덩어리를 이용해서 살아 있는 생명체를 만들어내는 것과 같은 감동일 것이다.

실제로 현대의 과학자들은 페니실린이 어떤 모양으로 되어 있는 물질인지 알아냈기 때문에, 그 원리도 어느 정도 이해하고 있다. 세균은 사람의 몸과 달리 세포벽이라고 하는 특수한 부위를 갖고 있다. 페니실린은 세균의 세포벽을 만드는 물질에 들러붙어 활동을 방해한다. 페니실린을 이루는 원자들과 세균의 세포벽을 만드는 물질 사이에 모양과 각도가 잘 들어맞도록 플러스 전기와 마이너스 전기가 끌어당기는 전자기력이 생기기 때문이다. 그렇게 페니실린이 엉겨들면, 원래 세균의 세포벽을 만드는 물질은 제 역할을 못하게 되고, 세포벽이 없어진 세포는 결국 죽는다.

현대 화학자들은 이 방법을 더욱 발전시켜 원래 페니실린보다 성능이 좋은 페니실린을 개발했다. 이런 개조판 페니실린은 현재 실제로 병을 치료하는 데 자주 쓰이고 있다.

한술 더 떠서 호지킨은 30대 후반부터 비타민 B_{12}를 이루는 원자들이 어떤 모양으로 붙어 있는지 X선 결정분광학으로 알아내는 데 도전했다. 비타민 B_{12}는 180개가 넘는 원자들이 어지럽게 붙어 있다. 그 모양을 다 그려놓은 결과를 봐도 도대체 어떻게 생긴 모양인지 알아볼 수 없을 정도로 복잡하다.

그렇다고 해서 비타민 B_{12}가 무슨 기괴한 물질은 아니다. 비타민 B_{12}는 사람 몸에 꼭 필요한 물질이라서 반드시 먹어야 한다. 동시에 비타민 B_{12}는 귀중한 물질이다. 해조류에 많이 들어 있어서 김을 잘 먹는 한국인들에게는 그렇게까지 희귀한 물질은 아니지만, 김을 먹는 문화가 그다지 퍼져 있지 않은 영국을 비롯한 많은 나라에서는 고기에나 좀 들어 있을까, 그렇게 흔치 않았다. 그러니 비타민 B_{12}는 자주 볼 수 있지만 귀중하고, 그 모양은 도무지 알기 어려운 복잡한 물질이었다.

호지킨 연구팀은 X선 결정분광학을 통해서 180개가 넘는 원자가 이리저리 꼬여서 붙어 있는 복잡한 모양을 하나하나 계산하는 데 성공했다. 과연 사람이 이렇게까지 어려운 계산을 할 수 있을까 싶은 문제를 진득하게 붙잡고 앉아 차근차근 풀어나가는 방식으로 해결한 것이다.

X선 결정분광학을 조금 더 자세히 살펴보자면, X선이 만드는 무늬를 해독하는 것도 큰일이지만 일단 X선을 제대로 쏘는 것부터가 보통 일이 아니다. X선이 정확히 무늬를 만들어내는 모습을 보려면 단 한 덩어리의 원자, 그러니까 물질 알갱이 단 한 조각에 X선을 정확히 조준해야 한다. 그러나 수십만 분의 1밀리미터밖에 안 되는 원자 덩어리의 정중앙을 정확하게 맞춘다는 것은 사실 불가능하다. 어쩌다 우연히 그렇게 된다 한들, 딱 하나의 물질 알갱이가 눈에 잘 보일 만큼 빛의 무늬를 잘 만들기도 어려울 것이다.

그래서 실제로 X선 결정분광학 실험을 할 때는 우선 사전 작업을 한다. 물질을 이루는 원자 덩어리들이 방향을 맞춰 서로 반복되어 아래, 위, 앞, 뒤, 양옆으로 정확하게 줄줄이 붙어 있게 만드는 것이다.

다시 말해서 수천만 개, 수십억 개, 수백조 개의 물질들이 정확하게 나란히 줄지어 있도록 만든다. 그렇게 하면 그 많은 원자 덩어리들이 모여 있는 모양은 눈에 보일 만한 상당히 큰 크기가 된다. 거기에 X선을 쏘면 그중에 어디에 맞든지 간에 끝없이 반복되는 같은 원자 덩어리 중 한 군데를 지나쳐 갈 테니 결국 비슷한 결과가 나온다.

이렇게 X선을 쏘기 전에 물질을 이루는 원자 덩어리들이 방향을 맞춰 줄지어 들러붙게 하는 작업을 크리스털 만들기, 곧 '결정을 만드는 작업'이라고 부른다. 원래 원자들이 반복되는 모양을 이루며 아주 많이 붙어 있는 것을 '결정'이라고 한다. 이런 결정들은 대개 아름다운 보석 비슷한 모양을 띠는 경우가 많다.

아닌 게 아니라 다이아몬드만 해도 탄소 원자가 109.5도의 각도를 이루며 규칙적으로 반복해서 붙어 있는 모양이므로, 결정이라고 할 수 있다. 즉 다이아몬드는 탄소 원자로 이루어진 결정이다. 어떤 약품이나 사람 몸속을 돌아다니는 성분 혹은 사람 몸을 이루는 단백질을 X선 결정분광학으로 관찰하려면, 역시 X선을 쏘기 전에 그 물질을 결정 상태로 여러 알갱이가 규칙적으로 아주 많이 나란히 달라붙은 가지런한 덩어리로 만들어야 한다. 그래서 사람 몸을 이루는 단백질도 결정으로 만든다. 그 결정을 보면, 역시 크기가 아주 작지만 보석 비슷한 모양을 이룬다. 그래서 이 기술을 X선 결정분광학이라고 부르게 된 것이다.

말이 쉽지 물질을 이루고 있는 원자 덩어리들을 정확히 한 방향으로 줄지어 붙게 만든다는 건 어려운 일이다. 아주 불가능하지는 않다. 같은 물질을 이루는 원자 덩어리들은 성질과 모양이 같다. 그러니까 이리저리 섞이다 보면, 결국 서로 차곡차곡 쌓이는 모양으로 붙는 현상이 일어날 가능성은 있다.

가장 흔한 방법은 물질을 물에 섞어놓고 온도를 높이거나 낮추거나 물을 말리면서 물질이 서로 들러붙어 굳기를 기다리는 것이다. 예를 들어, 소금물이 말라붙으면 소금이 덩어리지면서 예쁜 네모 모양을 이루는 것이 보일 때가 있는데, 그것이 바로 소금물 속의 소금이 규칙적인 한 방향으로 수천억 개, 수천조 개 이상 줄지어 붙은 결과로 나타난 소금 결정이다.

그 소금 결정에 X선을 쏘면, 소금을 이루는 원자들이 서로 어떤 모양으로 어떤 위치에 붙어 있는지 알 수 있다. 실제로 실험을 해서 계산하면, 소금을 이루는 원자들은 일직선으로 붙어 있고, 대략 500만 분의 1밀리미터 정도 길이로 떨어진 채 붙어 있다.

그러나 모든 물질이 소금처럼 쉽게 결정으로 만들어지는 것은 아니다. 보통은 그보다 훨씬 어렵다. 그래서 학자들은 물질의 특성에 따라 조건을 달리하면서 결정을 만들어내고 실험하기 좋을 만큼 커지도록 키우기 위해 끝없이 노력한다. 180개 이상의 원자 덩어리인 비타민 B_{12} 같은 물질이 중간에 흐트러지거나 아무렇게나 뭉치지 않고 차곡차곡 모여서 규칙적으로 늘어서도록 하려면 대단히 섬세한 기술이 필요하고 운도 좋아야 한다. 똑같은 물질로 결정을 만드는 시험을 동시에 수십, 수백 개씩 반복하면서 그중에 단 하나라도 결정이 잘 자라기를 기대하는 경우도 있다. 지금까지도 X선 결정분광학으로 물질을 관찰할 때 가장 골치 아픈 일은 결정을 키우는 것이다.

30대 후반에서 40대 무렵에 이르던 시절, 호지킨은 이 모든 고비를 넘어 비타민 B_{12}를 이루는 180개 원자들이 어떤 각도와 모양을 이루며 붙어 있는지 알아냈다.

이 역시 탄소·수소·산소 같은 재료가 되는 원자들을 구해서 호지킨이 알아낸 위치와 각도대로 붙이면 비타민 B_{12}가 된다는 이야기다. 이것은 생물을 이루고 있는 온갖 물질을 X선 결정분광학으로 알아내는 것이 가능하다는 증명이라고 할 수 있다. 이후 여러 나라에서 온갖 분야를 연구하는 사람들이 자신이 궁금한 별별 복잡한 물질의 정체를 밝히기 위해 X선 결정분광학에 뛰어들었다. 결국 이런 길을 개척한 공적으로 호지킨은 50대가 되어 노벨상을 수상했다.

마거릿 대처의 화학 스승

호지킨은 이후에도 30년 이상의 노력 끝에 수많은 사람을 괴롭히는 당뇨병 약으로 중요한 물질인 인슐린의 구조를 푸는 데 성공했다. 인슐린은 무려 800개에 가까운 원자들이 달라붙어서 만들어지는 물질이다.

자유자재로 컴퓨터를 이용해 복잡한 계산을 해내는 요즘에는 수천, 수만 개의 원자들이 붙어서 만드는 복잡한 물질도 그 모양을 알아낼 수 있다. 인슐린과 같은 단백질 계통의 물질은 사람 몸을 이루면서도, 대단히 많은 숫자의 원자가 붙어 있는 물질이라서 그만큼 구조도 복잡하다. 그렇지만 과학자들의 노력과 집념은 그 이상이다. 요즘에는 누구나 RCSB PDB라는 웹사이트에서 X선 결정분광학으로 알아낸 여러 가지 단백질을 수천만 배 확대한 모습을 쉽게 찾아볼 수 있다. 회원가입이나 돈을 낼 필요도 없이, 누구든 학자들이 조사해 놓은 모습을 자유롭게 볼 수 있다.

한 가지 이상한 것은 한동안 화학, 생물학 또는 물리학 연구 분야에서도 X선 결정분광학은 여성들이 잘할 수 있는 일이라는 생각이 적잖이 퍼져 있었다는 사실이다. 아닌 게 아니라, 로절린드 프랭클린이나 도러시 호지킨처럼 위대한 여성 화학자 중에 X선 결정분광학을 연구한 사람들이 여럿 있다. 그래서인지 어째서인지 X선 결정분광학을 연구하려는 여성이 더 많아 보이던 시대도 있었다. 과거에는 복잡하게 나타나 있는 자료를 차근차근 분석해서 퍼즐 맞추듯이 원래의 모양을 하나하나 추측하는 일이나, 결정을 만들기 위해 정밀한 작업을 반복해서 끈기 있게 해내는 일 등은 꼼꼼하고 세심한 여성에게 적합하다고 주장하는 사람도 있었다.

그러나 나는 여성 학자들이 전부 그런 성격이라서 X선 결정분광학에 끌린 것은 아니라고 생각한다. 따져보면 초기에 X선 결정분광학을 개척했던 아버지 브래그와 아들 브래그, 호지킨에게 X선 결정분광학을 가르친 버널은 모두 남성 학자였다. X선 결정분광학에 여성 학자들이 많았던 것은 어쩌면 호지킨 같은 사람들 덕택인지도 모른다. 여성이 화학을 연구하는 것이 이상할 게 없고 좋은 성과를 얻어 멋진 학자가 되었다는 점을 세상에 널리 보여준 것이다. 그렇게 생각하면, 호지킨은 많은 여성이 첨단 화학 기술을 이용해서 가장 작은 세상을 들여다보는 과학에 도전할 수 있도록 길을 개척한 것이다.

호지킨은 노벨상 수상 후 30년이 지난 1994년에 84세의 나이로 세상을 떠났다.

나이가 들어가면서 호지킨은 다른 나라의 학자들과 교류하는 활동에도 자주 나섰다. 특히 냉전으로 자본주의 국가와 공산주의 국가 간에 사이가 좋지 않을 때, 호지킨은 중국이나 동유럽 공산주의 국가들의 과학 연구 성과를 자본주의 국가에 소개하고, 둘 사이의 교류가 이루어지도록 노력했다. 이렇게 어려운 교류 사업은 위대한 학자로 평가받는 인물이 앞장설 필요가 있다. 호지킨은 이런 일에서도 눈에 띄는 활동을 한 셈이다.

"정치적으로 거리가 먼 공산주의 국가라고 하더라도, 전 세계의 과학 발전을 위해서는 그 나라들의 과학 연구는 어떤지도 알아야지. 그리고 이렇게 과학 연구를 하면서 서로 만나고 친해지다 보면, 나라 사이의 관계도 좀더 평화로워질 수도 있을 것이고."

호지킨의 주변 사람들을 보면, 호지킨이 공산주의 국가를 특별히 꺼림칙하게 생각하지 않았을 거라고 쉽게 추정할 수 있다. 호지킨과 친밀한 관계였던 지도 교수 버널은 아예 공식적으로 공산주의자로 활동하는 사람이었다. 호지킨의 남편 토머스 호지킨 역시 역사에 관한 책을 여러 권 쓴 사람이었는데 공산주의와 사회주의에 아주 밝았다.

그렇다고 해서 호지킨이 특별히 공산주의 때문에 당시 영국 사회에서 유별나게 갈등을 일으킨 것 같지는 않다. 왜냐하면, 호지킨이 강사로 지내던 시절 가르쳤던 제자들 중에 가장 유명한 인물이 바로 영국 보수당의 전설적인 정치인이자 공산주의 반대편 인물이라고도 할 수 있는 마거릿 대처였기 때문이다.

그러니까 영국 역사상 최초의 여성 총리였던 보수당의 대처가 대학 시절 화학을 전공했고, 그때 대처를 가르친 사람이 바로 호지킨이라는 뜻이다. 인터넷에 떠도는 소문을 보면, 대처는 자신이 호지킨에게 화학을 배웠다는 사실을 대단히 자랑스러워했고, 총리가 되어 머무는 공간에도 호지킨의 사진을 붙여놓을 정도였다고 한다.

현대 과학의 결론에 따르면,

쿼크야말로 무게를 지닌 보통 물질을 이루는 가장 작은 단위다.

이때 쿼크들 간에 작용하는 특별한 힘을 바로 강력이라고 부르게 되었다.

그러니까 원자력, 핵폭탄의 힘과 연결되어 있는 힘이라던 핵력은

강력이 쿼크와 함께 만들어내는 간접적인 현상이었다.

핵폭탄의 위력을
알려줄게

리제 마이트너

혹시 아인슈타인이 핵폭탄을 만들었다는 이야기를 들어본 적 있는가? 그것은 아인슈타인이 위대한 과학자라는 이야기를 하다 보니 생긴 과장된 소문이다. 아인슈타인이 핵폭탄 개발 사업과 관련해서 세운 공이라면, 과학자들이 미국 대통령에게 편지를 써서 최대한 빨리 미국이 핵폭탄이라는 신무기를 개발하는 게 좋다고 권할 때 동참한 정도다. 아인슈타인은 핵폭탄의 재료가 되는 우라늄을 캐러 다닌 적이 없고, 내가 아는 한 직접 핵폭탄을 조립한 적도 없으며, 우라늄을 가공하는 방법이나 핵폭탄을 설계하는 방법에 구체적으로 개입한 적도 없다.

그렇다고 해서 아인슈타인이 핵폭탄을 개발하라고 편지를

썼다는 사실이 별것 아니라고 무시할 만한 일은 아니다. 세계 최초의 핵 실험이 성공하기 전에는 과연 핵무기같이 말도 안 되는 위력을 지닌 무기를 실제로 만들어낼 수 있을지 의심하는 사람들이 많았을 것이다. 그러니 그런 무기를 만들기 위해 큰돈을 쓰는 데 주저하는 사람들이 많았다. 그런 시기에 아인슈타인 같은 과학자가 핵무기를 꼭 만들어야 한다고 말했다는 것은 미국 정부가 결단을 내리는 데 어느 정도 힘을 실어주었을 거라고 생각한다.

그런 것 말고, 아인슈타인과 핵폭탄 사이에 과학 기술상의 관계를 찾는다면 많은 사람이 $E=mc^2$라는 유명한 계산식을 떠올리지 않을까 싶다. 과학에서 사용되는 계산식 가운데 가장 유명한 식이 아닐까 싶은데, 어찌나 유명한지 한국에서는 1990년대 학생들의 공부를 도와준다는 기계 장치의 상품명으로도 유행했을 정도였다.

이 식은 아인슈타인이 남긴 업적 중에 가장 유명한 특수상대성이론을 활용해 만든 것이고, 이것으로 핵폭탄의 위력을 설명하고 계산할 때가 많다. 그러므로 아인슈타인 이론과 핵폭탄 사이에 간접적인 연관 관계는 있다.

그렇다고 아인슈타인이 "제가 개발한 식으로 계산해보면 폭탄의 위력은 이 정도가 될 테니 정말 강력할 겁니다"라고 사람들에게 말하고 다닌 것은 아니다. 핵폭탄의 원리인 핵분열 반응의 위력을 계산하는 데, 특수상대성이론의 계산식을 도입해서 설명한 사람은 따로 있다. 바로 오스트리아 출신의 과학자 리제 마이트너Lise Meitner다.

마이트너는 원자력 발전소에서부터 핵폭탄까지 원자력이라는 어마어마한 힘을 사람이 사용할 수 있도록 하는 데 중요한 공헌을 했다. 특히 그 사실을 이론적으로 명확히 설명해 실제로 원자력 기술을 계속해서 개발해나갈 수 있다는 생각을 깊이 심어준 학자이기도 하다. 그 덕에 마이트너는 '원자폭탄의 어머니'라는 별명을 얻기도 했다. 그러나 자신이 전쟁과 정치의 피해자였던 까닭에 그 별명을 결코 좋아하지 않았다.

리제 마이트너는 1878년 오스트리아 빈에서 태어났다. 1914년 같은 도시에서 태어나는 헤디 라마의 어머니뻘 정도다. 이 무렵 오스트리아-헝가리 제국은 동유럽의 여러 나라에 영향력을 미치는 거대한 나라였다. 사람들은 오스트리아의 임금을 황제라고 불렀고, 오스트리아 황제의 집안인 합스부르크 왕가는 유럽에서 가장 고귀하고 세력이 강한 가문으로 선망받고 있었다. 지금도 19세기 유럽의 화려한 귀족 가문이라고 하면 합스부르크 왕가를 대표로 생각하며, 그런 까닭에 오스트리아의 중심지 빈은 여러 나라 사람들이 오가며 활동하는 국제도시로 번영하고 있었다.

오스트리아 귀족 문화의 대표라고 하면, 요한 슈트라우스 2세 같은 작곡가들이 만든 왈츠 음악일 텐데, 지금도 수많은 영화, 드라마, 광고의 배경 음악으로 자주 활용되는 <아름답고 푸른 도나우강>은 1860년대 말에 만들어진 곡이다. 그러므로 마이트너가 태어났던 시대라면 많은 시민이 이 음악을 어린 시절에 나온 명곡으로 기억하며 가깝게 여기던 무렵이었다.

마이트너의 집안도 국제도시의 번영에 어울리는 자유롭고 유행을 앞서 가는 가정이었다. 아버지는 변호사였고, 경제적으로도 꽤 안정적이었다. 대대로 내려오는 관습만 떠받드는 집안이라기보다는, 변화하는 세상을 빠르게 받아들이는 편이었다. 따지고 보면 마이트너의 아버지 역시 빠르게 발전하는 도시를 배경으로 자리 잡은 사람이라고 할 만했다. 마이트너는 7남매 가운데 셋째였는데, 집안에서는 남녀를 가리지 않고 공부하고 싶은 만큼 학교를 다니도록 했다.

사람들은 마이트너 집안을 유대인 집안이라고 불렀다. 그러나 7남매 가운데 여러 명이 자라면서 개신교를 믿었고, 마이트너도 마찬가지였다.

유대인들이 유럽 각지에 퍼져나간 계기라면, 로마 제국이 지금의 이스라엘 지역을 정복한 2,000년 전 무렵을 이야기한다. 이후 긴 세월이 흐르면서 문화와 민족이 섞일 수밖에 없었다. 더군다나 여러 나라 사람들, 온갖 민족이 섞여 사는 당시의 빈 같은 도시에서는 민족이나 인종을 넘어 함께 어울려 지내는 일이 많았다. 마이트너 역시 처음부터 자신이 유대인이라는 생각을 강하게 품고 있지 않았을 것이다. 나중에 유대교 대신 개신교 교회를 다니면서부터는 아예 자신을 평범한 오스트리아인이라고 생각했을 것이다. 그러나 그런 생각과 달리, 훗날 마이트너는 혈통을 따지는 괴상한 정치 때문에 고생하게 된다.

늦어도 정확한 길을 찾다

어린 시절 마이트너는 이런저런 문제를 탐구하고 따지는 일에 관심이 많았던 것 같다. 어릴 때부터 머리 맡에 공책 한 권을 두고 자신이 연구하는 문제에 대해 이것저것 쓰며 정리하기를 좋아했다는 말도 있다.

그럴 만한 것이 19세기 무렵 과학자는 재미있고 신기한 일을 하는 직업으로 많은 사람의 주목을 받기 시작했다. 《프랑켄슈타인》의 메리 셜리, 《80일간의 세계 일주》의 쥘 베른, 《투명인간》의 H.G. 웰스 같은 작가들이 본격적인 SF 장편소설을 써내면서 인기를 얻기도 했다. 신기한 이야깃거리, 재미난 모험담의 주인공으로 과학자들이 활약하는 내용이 신선하게 펼쳐지고 있었다. 어린이들이 소설에 빠져 과학에 호기심을 느끼며 여러 가지 신기한 문제와 새로운 탐험에 대해 생각하기 좋은 시절이었다.

어린 마이트너의 공책에는 이런 것이 쓰여 있었다고 한다.

"기름의 얇은 막은 어떻게 여러 색을 띨 수 있을까?"

재미있는 질문이다. 약 1,000년 전인 고려 시대 초기, 묘청이라는 인물은 임금님 행차가 지나가는 곳 근처 물속에 기름

떡을 몰래 넣어두고 거기서 기름이 흘러나와 무지갯빛을 띠면 "이곳에 용이 사는데, 용이 침을 흘려서 저런 신비로운 무지개 색이 보이는 것입니다"라고 말했다. 자신의 세력이 있는 그 지역이 영험한 곳임을 주장하려고 일을 꾸민 것이다.

어린 마이트너는 고려 시대 사람들이 '용의 침'이라고 믿었을 법한 일의 원리를 밝히려고 했던 셈이다. 용의 침처럼 보일 만한 화려한 무늬가 아니라도, 새어 나온 석유 같은 것이 물 위에 떠 있는 모습을 보면 묘한 무지갯빛 무늬가 보일 때가 있다. 그러니 유심히 관찰하기를 좋아하는 사람이 고민해볼 만한 문제다.

간단하게 설명할 수 있는 현상은 아니므로 아마 명쾌한 답을 찾지는 못했을 것이다. 그러나 나는 마이트너가 기름을 이리저리 떨어뜨리고, 햇빛, 촛불, 전등에 비춰가면서 언제 어떤 색이 보이는지 실험하며 꼼꼼히 공책에 써두기는 했을 거라고 상상해본다.

"내일은 기름에 다른 물질을 섞었을 때 색이 바뀌는지도 살펴보자. 그러면 어떤 성질이 색을 만들어내는지 단서를 얻을 수 있을지도 몰라."

그렇게 문제를 궁리하는 과정에서 빛이란 무엇이고 색깔이란 무엇인지, 색깔을 내는 여러 물질은 또 무엇이며 어떻게 되어 있는지, 어린 마음으로 여러 가지 생각을 했을 것이다.

안타깝게도 마이트너가 이런 문제에 대해 정식으로 배울 수 있는 기회가 바로 찾아오지는 않았다. 당시 오스트리아에는 여학생이 다닐 수 있는 상급 학교가 제대로 마련되어 있지 않았기 때문이다. 그래서 14~15세 무렵이 되어 그때까지 다니던 학교를 졸업하고 나니 마이트너가 더 이상 공부할 수 있는 학교가 없었다. 지금으로 따지면 여학생은 아무리 재능이 있고 관심이 많다고 해도 중학교 정도밖에 공부를 시키지 않았다는 이야기다.

청소년 시기의 마이트너는 어찌 되었든 자신은 지식을 배우고 그 지식을 남에게 나누어주는 일에 재능이 있다고 생각했던 것 같다. 당시 오스트리아에서 공부를 많이 한 여성은 학교 선생님이 되는 것이 보통이었다. 특히 프랑스어 교사가 되는 사람들이 많았다. 마이트너도 프랑스어 교사가 되어야겠다고 생각했던 듯하다.

"나는 새로운 지식을 배우기 좋아하고, 그것을 정리해서 남에게 알려주는 것도 잘하잖아. 프랑스어를 배우고, 정리해서 학생들에게 가르치는 것도 해볼 만한 일이지."

2020년대 초 대한민국에서 사용하는 전기의 30퍼센트 정도는 원자력 발전으로 충당하고 있다. 그런데 그 모든 원자력 발전의 기본 원리를 개발한 과학자, 리제 마이트너가 처음 전공으로 삼을까 생각했던 것이 프랑스어였다는 이야기다.

그러나 세상의 흐름이 바뀌고 있었다. 마이트너가 청소년 시절 더 이상 공부할 수 있는 학교가 없어 난감할 처지에, 폴란드의 위대한 과학자 마리아 스크워도프스카 퀴리는 한창 프랑스의 대학에서 과학에 몰두하고 있었다. 과학의 세계, 기술 발전의 시대로 나아갈수록 성별을 따지거나 출신을 가릴 필요가 없다는 생각이 점차 퍼져나가기 시작했다.

과거 시험을 쳐서 벼슬아치를 뽑는 것이 세상에서 가장 중요했던 조선 시대나, 기사와 귀족에게 다스릴 땅을 주는 것이 중요했던 유럽의 중세 시대에는 한정된 재화를 어떻게 나누느냐를 두고 끊임없이 다툼이 일어났다. 과거 시험에 합격해서 차지할 수 있는 벼슬자리가 50개 있다면, 그 자리를 누가 차지하느냐를 두고 싸운다는 뜻이다.

이런 세상에서는 같은 자리를 노리는 사람이 하나라도 없는 쪽이 좋다. 여성이나 신분이 낮은 사람, 특정 지역 출신은 시험을 칠 수 없다는 식으로 사람을 차별할수록 나머지 사람들이 자리를 차지하기에 유리하다. 다스릴 땅을 나누는 것도 마찬가지다. 어차피 땅의 넓이는 정해져 있으므로 어떤 민족 출신은 귀족이 될 수 없고, 어떤 종교를 믿는 사람은 기사가 될 수 없다는 식으로 차별할수록 나머지 사람이 차지할 수 있는 땅은 늘어난다.

그러나 새로운 지식을 만들어내는 과학 기술의 세계에서는 이따위 답답한 싸움을 할 필요가 없다. 만약 누군가 콜레라 예방법을 개발한다면, 그 사람이 여성이건, 남성이건, 가난하건, 부유하건, 다른 민족이건, 다른 종교를 믿는 사람이건, 결국 모두에게 이롭다. 실제로 해외에서 근대 의학을 배우고 귀국해 환자를 돌보던 한국인 의사 중 초창기에 활동한 인물로 손꼽히는 김점동 선생은 가난한 가정 출신의 여성이었다. 김점동 선생이 양반 남성이 아니라고 해서 환자를 살리는 일을 못하게 한다면 환자뿐만 아니라 국가적 손해다.

마찬가지로 누군가 정확하게 작동하는 기계 장치를 개발해서 더 쉽게 일하고 더 싼값에 물건을 만들 수 있다면, 그 장치를 개발한 사람의 신분이 높건, 낮건 결국 온 세상 사람이 풍요롭게 살 수 있다. 아닌 게 아니라, 조선 시대 과학기술인 중에 가장 널리 알려진 인물인 장영실은 노비 출신이었다. 과학 기술의 세계에서는 능력을 발휘할수록 더 많은 사람이 기회와 이익을 함께 누릴 수 있다. 사람을 차별하지 말아야 한다는 것은 민주주의 사회의 당연한 의무지만, 특히 과학 기술의 세상에서는 차별이 없을수록 모두에게 더 이익이다.

아직까지도 과거 시험을 치던 시대의 사고방식이 남아 있어서, 무심코 차별이 줄면 그만큼 자리다툼이 심해질 거라고 생각하는 사람들이 있기는 하다. 나는 그런 생각은 과거 시험이 폐지되던 갑오개혁과 함께 사라져야 했다고 본다. 현실의 어쩔 수 없는 문제 때문에 시험을 준비하는 개인이 경쟁률을 따지고 합격 점수를 따질 때는 그 비슷한 생각에 잠깐 빠질 수 있다. 하지만 사회 전체의 발전을 따질 때는 차별이 모두에게 손해라는 점을 기억해야 한다.

마이트너는 당시 사회 제도 때문에 2~3년 정도 마음을 정하지 못했던 것으로 보인다.

"도대체 나는 뭘 하면서 살아야 할까? 프랑스어를 열심히 공부해서 선생님이 되는 게 정말 내 재능에 맞는 일일까?"

가장 예민할 청소년 시절에 앞으로 어떻게 살아야 하는지, 무엇을 해야 하는지 고민하면서 마음고생을 많이 했을지도 모른다는 상상도 해본다. 성별 때문에 갈 수 있는 학교가 없어서 기회를 놓친다는 생각에 시달리다 보면, 힘이 빠져서 지칠 때도 있지 않았을까?

그러나 마이트너는 곧 최신 지식, 특히 과학을 깊이 연구해보는 것이 좋겠다는 쪽으로 마음을 굳히고 학교 바깥에서라도 공부를 열심히 하기 위해 노력한다. 그 배경에는 주위에 본받을 만한 좋은 선배들, 희망을 주는 몇 살 더 많은 사람들이 있었던 것도 중요했다고 본다. 마이트너 주변 여학생들 중에는 학교를 졸업한 후에도 따로 공부해서 대학 입학 자격을 얻는 사람들이 있었다. 의학 공부를 해서 의사가 되는 과정에 들어가거나 여성을 위한 교육 제도가 좀더 발전한 나라에 유학을 가려는 사람들이 있었던 것 같다. 그런 모습을 보면서 분명 새로운 길이 있고, 공부도 해볼 만한 일이며, 나도 도전해보면 어떨까, 하고 생각했을 것이다.

"저 언니는 여자도 공부할 수 있는 자격을 주는 특별한 시험에 합격해서 대학에 간다는데, 저런 것도 가능하구나. 나도 언니처럼 따로 공부를 해서라도 과학을 더 배워볼 기회를 찾으면 어떨까?"

마이트너의 청소년 시절을 보면 한 사람이 자기 인생의 가능성을 넓히기 위해서는 어릴 때부터 다양한 방법으로 도전하는 선배를 많이 만나는 것이 중요한 듯하다. 현대 사회의 교육 체계 속에서 이런 기회를 자주 마련하려는 노력도 필요하지 않을까?

마이트너는 따로 대학 입시를 준비하게 된다. 부모님도 딸의 도전을 응원했다. 비슷한 도전을 하는 여학생들 몇몇이 모여서 팀을 만들고 가정교사를 고용해 입시 과목을 배우는 식으로 공부했다. 결국 마이트너는 1901년 빈 대학에 입학한다. 또래 남학생들이 대학을 졸업할 때쯤 새내기가 되었다.

전자기력과 다른 거대한 힘

누가 뛰어난 재능을 가졌다는 사실을 강조하기 위해 아주 어린 나이에 무슨 학위를 땄다든가, 가장 짧은 기간에 어떤 자격을 얻었다고 말할 때가 있다. 그러나 나는 여러 과학자의 삶을 살펴볼수록 그런 생각은 무의미하다는 느낌을 받는다. 한 사람의 삶에서 젊은 시절 1~2년의 차이가 굉장히 크게 느껴질 수도 있겠지만 막상 두뇌 활동으로 성과를 낸다는 점에서는 인생 수십 년의 세월에서 몇 년이 큰 차이를 만드는 것 같지는 않다. 나는 마이트너의 삶도 그렇다고 생각한다.

마이트너는 대학에서 물리학을 전공했다. 당시 빈 대학에는 루트비히 볼츠만이 교수로 일하며 학생들을 가르치고 있었는데, 마이트너는 볼츠만에게 많은 영향을 받은 것으로 보인다. 실제로 마이트너가 박사 학위를 받았을 때, 논문을 심사한 사람들 중에 볼츠만이 포함되어 있기도 하다.

볼츠만은 과학자로서 명망이 높았을 뿐만 아니라, 전공 분야를 넘어 사상가로서도 인기 있는 학자였다. 세상은 원자로 이루어졌다는 학설을 가치 있고 믿음직한 생각으로 굳힌 장본인으로 평가받는다. 이런 생각은 당시로서는 대단히 신비롭고 전위적이었다.

요즘도 우주의 시초인 빅뱅이나 양자론을 연구하면서 다중우주 비결정론을 이야기하는 학자들이 TV에 나와 시청자들에게 신비감을 주며 감동과 들뜬 느낌을 줄 때가 있다. 19세기 말에는 볼츠만 같은 학자들이 그랬다.

오늘날 우리는 모든 물체가 원자라는 아주 작은 알갱이들이 수없이 모여 있는 것이라는 사실을 안다. 그러나 볼츠만이 한창 원자에 대해 연구하던 시대에는 그런 생각이 과연 사실인지, 아니면 그럴듯한 상상인지를 두고 많은 논쟁이 벌어지고 있었다. 원자의 크기는 1,000만 분의 1밀리미터 수준에 불과한지라 그것 하나하나를 가리고 따질 방법이 마땅치 않았다. 그러니 그런 것이 세상에 있다고 치는 것이 과연 정확함을 추구하는 과학자다운 태도냐고 의심할 만도 했던 것이다.

그 와중에 볼츠만은 세상의 물질이 원자라는 작은 알갱이로 되어 있다 치고 계산을 하면, 그동안 설명하기 어려웠던 여러 가지 문제를 부드럽게 설명할 수 있고 정확하게 따질 수 있다는 점을 밝혀냈다. 예를 들어, 볼츠만은 뜨거운 물체와 차가운 물체의 차이를 원자의 움직임으로 설명했다.

따끈하게 덥힌 돌멩이와 차가운 돌멩이가 있다고 해보자. 손으로 만져보면 어떤 것이 뜨겁고 차가운지 바로 알 수 있다. 그런데 도대체 무엇이 다르기에 어떤 돌멩이는 뜨겁고 어떤 돌멩이는 차가운 것일까? 둘 다 색깔도 무게도 같은 돌이고, 성분을 분석해봐도 차이가 없다. 그런데 왜 어떤 돌멩이는 뜨겁고, 어떤 돌멩이는 차가운가? 뜨거움과 차가움의 차이, 즉 온도의 차이는 도대체 무엇의 차이란 말인가?

볼츠만은 뜨거운 돌은 그 돌을 이루고 있는 원자들이 눈에 보이지 않을 정도로 미세하게 떨리고 있는데 그 속도가 평균적으로 빠르다고 보았다. 반대로 차가운 돌은 그 돌을 이루고 있는 원자들이 평균적으로 천천히 떨리고 있는 것이다. 그것이 온도의 정체다. 손으로 돌을 잡았을 때, 돌을 이루고 있는 원자들이 평균적으로 빠르게 떨릴수록 손은 뜨겁다는 느낌을 감지한다. 반대로 원자들이 천천히 떨리고 있다면 손은 차갑다고 느낀다. 볼츠만은 이런 발상으로 온도와 열의 관계를 원자의 움직임으로 계산하는 방식을 개발했고, 나아가 더욱 추상적이고 전위적인 생각인 엔트로피를 원자를 따지는 방법으로 활용해 계산하는 방법도 개발했다.

따라서 볼츠만은 원자, 열, 에너지처럼 눈에 보이지 않고 막연하지만 누구나 뭔가 중요한 것 같은 느낌을 받는 말들을 명확하게 파헤친 사람으로 인기 있었다. 그의 의견에 반대하거나 다투는 학자들도 있었지만, 마이트너를 비롯한 젊은이들 중에는 볼츠만을 존경하는 학생들이 많았다.

"보통 사람들은 상상도 못하는 놀라운 경지를 교수님은 어떻게 내다볼 수 있을까? 우주를 뒤집는 것 같은 생각을 어쩜 저렇게 간단한 계산으로 보여주는 걸까?"

마이트너 역시 열과 온도에 관한 문제를 이론적으로 연구해서 박사 학위를 받았다. 물체의 한쪽을 열로 달구면 나중에는 그 열이 퍼져나가 다른 쪽도 뜨거워지는데, 그 정도를 계산하는 방법을 세밀하게 따진 것이다. 이런 주제는 온도와 원자의 관계를 연구한 볼츠만의 영향이 상당히 서려 있는 느낌이다.

마이트너는 그 연구 과정에서 당시 원자에 관심 있던 학자들에게 가장 인기 있는 주제였던 방사능 실험에 대해서도 알게 된다.

마리 퀴리가 방사능에 대해서 체계적으로 밝힌 이후, 20세기 초 학자들에게 방사능은 가장 큰 관심을 끄는 영역이었다. 방사능이라는 말을 처음으로 사용해서 퍼뜨린 장본인이 다름 아닌 퀴리였다.

퀴리는 대다수의 방사능 물질이 그것을 어떤 물질과 어떤 온도로 섞는가와 상관없이 방사능의 정도가 항상 일정하게 나타난다는 사실을 밝혔다. 방사능이 아닌 다른 물질은 대체로 온도가 높을수록, 반응을 잘 일으키는 물질과 섞일수록 크게 변한다. 예를 들어, 소금은 찬물보다 뜨거운 물에서 더 잘 녹는다. 기름은 물 위에 둥둥 뜨지만 비눗물을 섞으면 물에 녹기 시작한다. 물질과 물질 사이의 반응이라고 생각하는 대부분의 현상은 그렇다. 그런데 퀴리의 연구에 따르면 방사능은 그렇지 않다는 이야기다.

이에 더해 20세기 초, 방사능 물질은 원자가 다른 원자로 변신하는 매우 괴이한 현상이라는 사실이 알려졌다. 보통의 화학 반응은 아주 큰 변화가 일어나는 현상으로 보이지만, 그렇다고 해서 원자가 바뀌지는 않는다.

탄소 원자로 이루어진 숯덩이를 불에 태우는 장면을 상상해보자. 숯덩이는 곧 연기로 바뀌어 날아간다. 엄청난 변화라고 할 수 있다. 그렇지만 숯덩이를 이루고 있는 탄소 원자는 공기 속의 산소 원자와 달라붙어, 탄소 원자 1개와 산소 원자 2개가 붙은 이산화탄소CO_2로 재조립될 뿐이다. 이산화탄소는 숯덩이와는 전혀 다른 기체다. 그렇지만 숯덩이를 이루고 있던 탄소 원자가 어디로 사라지지는 않았다. 탄소 원자는 그대로다. 다만 자기들끼리 덩어리져서 붙어 있다가 산소 원자와 달라붙는 것으로, 붙는 대상과 형태가 바꼈을 뿐이다.

원자끼리 붙는 전자기력의 힘이 절묘하게 작용해서 어느 원자가 붙느냐가 달라질 뿐이지, 온갖 화학 반응을 일으킨다 하더라도 없던 원자가 생기거나 한 원자가 다른 원자로 바뀌지는 않는다.

그런데 방사능 물질만은 예외다. 방사능 물질은 열이나 빛을 내뿜고, 그 과정에서 조금씩 원자 자체가 다른 원자로 바뀐다. 이 과정에서 원자 하나하나가 내뿜는 방사선의 위력은 무척 강하다.

특이하게도 보통 탄소 중에는 아주 약간 방사능을 띤 탄소보다 조금 더 무거운 탄소가 있다. 이런 탄소는 가만히 놓아도 천천히 방사선을 내뿜으면서 질소로 변한다. 굉장히 희귀하기 때문에 그 비율은 1조 분의 1밖에 되지 않는다. 예를 들어 몸무게가 60킬로그램인 사람이 있다고 해보자. 몸에는 대략 10킬로그램이 조금 넘는 탄소가 있는데, 그런 사람의 몸에는 10억 분의 1그램 정도의 방사능을 띤 탄소가 있다. 반대로 말하면 전 세계 80억 인구의 몸속에는 총합 8그램 정도의 방사능을 띤 탄소가 있다는 뜻이다. 과학자들은 정밀한 측정을 통해 그 변화 속도를 알아냈다. 대략 5,730년 정도를 기다리면, 방사능을 띤 탄소 원자 2개 중 하나는 질소 원자로 변한다.

도대체 이런 지식이 무슨 쓸모가 있을까 싶지만 현대의 학자들은 1억 분의 1그램, 1조 분의 1그램을 정밀하게 확인해 탄소 물질이 만들어진 지 몇 년이나 지났는지 연대를 측정하기도 한다. 이것을 '탄소 동위 원소 연대 측정'이라고 한다. 어떤 유물이 발견되었을 때 그 유물이 오래된 진품인지 아니면 최근에 만든 모조품인지 분석하기 위해, 방사능을 띤 탄소가 얼마나 질소로 변했는지 그 정도를 확인하는 기술이다. 방사능 탄소가 질소로 변한 정도가 유독 많다는 것이 확인되면 땅에 묻혀 주변과 차단된 채로 오랜 시간이 지난 유물일 가능성이 높다. 그러면 진품이라는 뜻이다. 반대로 만약 방사능 탄소가 질소로 변한 정도가 주변의 다른 물질과 비슷하다면 최근에 주변의 재료를 이용해서 만든 제품이라는 뜻일 테니 모조품이다.

마이트너가 한참 연구하던 시기는 탄소 동위 원소 연대 측정 기술이 개발되기까지 수십 년을 더 기다려야 했다. 그렇지만 방사능이라는 현상은 원자와 원자가 서로 붙었다 떨어졌다를 따지는 것이 아니라 원자 자체가 변한다는 사실은 확실해지던 시기였다.

"화학 반응은 원자가 전기의 힘으로 밀고 당기는 현상 때문에 이리 붙었다, 저리 붙었다 하면서 일어나잖아. 전자기력 때문에 일어나는 현상이라고. 그런데 방사능 물질은 원자자체가 바뀐다니, 뭔가 전혀 다른 힘과 관련 있는 것은 아닐까?"

마이트너는 자기도 모르는 사이에 바로 그 힘에 관한 연구로 조금씩 빠져들고 있었다.

과학계 정상에 오른 연구 콤비

오스트리아에서는 독일어를 사용하기 때문에 지금까지도 독일과 오스트리아는 같은 게르만 민족이라고 생각하는 오스트리아 사람들이 많다. 박사 학위를 따고 서른 살에 가까워지던 무렵, 마이트너는 독일어를 사용하는 지역 중에서 가장 과학이 발달한 연구소에서 새 기회를 찾고자 노력한다. 지금의 독일 수도 베를린에 위치한 프리드리히 빌헬름 대학이 그곳이었다.

프리드리히 빌헬름은 옛날 독일을 다스리던 황제에서 따온 이름이다. 그러므로 프리드리히 빌헬름 대학은 황제의 대학교라고 할 수 있는 곳이다. 황제 없는 나라가 된 현재의 독일에서는 독일 출신의 학자 알렉산더 폰 훔볼트의 이름을 따서 이곳을 훔볼트 베를린 대학 또는 그냥 베를린 대학으로 부르기도 한다. 당시 베를린 대학에는 독일 최고의 학자들이 대거 모여 있었고, 양자이론의 창시자인 막스 플랑크를 비롯한 많은 학자가 활발히 연구를 진행하고 있었다. 아인슈타인 역시 바로 이 대학에서 머물며 활동했고, 세계적인 학자로 명성을 얻었다.

"독일어를 쓰면서 살 수 있는 곳 중에서 최고의 과학 연구를 할 수 있는 곳에 내가 오게 되다니."

그렇다고 해서 마이트너가 화려한 모습으로 베를린 대학에 도착한 것은 아니었다. 연구할 수 있는 기회와 자리는 얻었지만, 번듯한 직함이나 월급을 받는 직급은 없었다. 그저 학교를 오가면서 열심히 연구하고 성과를 쌓다 보면, 언젠가는 돈을 벌 수 있는 자리를 얻을 수도 있겠지, 하는 생각으로 버텨야 하는 일터일 뿐이었다.

냉정하게 말하자면 공부하고 연구할 수 있는 자리라는 것조차도 제대로 된 것이 아니었다. 당시 성차별 문화 때문에 마이트너는 정식 사무실이나 실험실을 얻을 수 없었기 때문이다. 이 무렵까지만 하더라도 베를린 대학은 여성이 공부하거나 일하는 것을 거의 허용하지 않았다. 그래서 여성의 출입 자체를 금지하는 곳이 많았다.

마이트너는 학교 안에서 마음대로 돌아다닐 수조차 없었다. 한 실험실 지하에 목공 작업실이 있었는데, 거기까지가 마이트너가 자유롭게 출입하도록 허락된 곳이었다. 들리는 이야기로는 그 지하 작업장 위층 사무실로 가는 것조차도 자유롭지 않았다고 한다. 화장실을 가려면 건물 바깥으로 나가 인근 식당 화장실을 이용해야 했다는 말이 있을 정도다.

"이게 무슨 대접이지? 꼭 창고 청소하는 일을 하라고 고용된 사람 같잖아. 그 사람은 월급이라도 받지. 나는 월급도 없는데."

기껏 박사 학위까지 받고 세계 유수의 대학에서 연구한다고 왔는데, 돈 한 푼 벌지 못하면서 정작 할 수 있는 일은 목공 작업실 출입 정도라니, 모르긴 해도 마이트너는 마음고생이 심했을 것이다.

그런 형편이었으니 마이트너가 자주 교류하던 학자들도 중심에 서 있는 사람들이라기보다는, 약간은 변두리에서 특이한 연구를 하는 사람들이 더 많지 않았을까 추측해본다.

그러나 바로 그 시기를 잘 헤쳐나간 덕분에 다른 학자들이 쉽게 도전하지 못했던 새로운 분야를 개척할 수 있었다. 지금까지 과학자들이 발견한 세상의 모든 힘 중 가장 강력하고 무시무시한 힘인 강력을 활용할 수 있는 방법을 찾는 그 놀라운 일에 도전한 것이다.

마이트너 이야기를 하면서 오토 한이라는 학자를 뺄 수 없다. 마이트너는 서른 살 무렵 베를린 대학에서 고생스러운 몇 년을 보냈다. 하지만 바로 그 시절에 평생의 동료인 오토 한을 만났다. 화학자였던 한은 마이트너의 단짝 친구가 되었고, 힘을 모은 연구로 두 사람은 과학계 정상에 오를 수 있었다.

한은 캐나다 등지를 돌며 방사능 물질에 관한 실험으로 경력을 쌓았다. 퀴리에 필적할 만한 최고 수준의 방사능 전문가로 손꼽히는 뉴질랜드 출신의 학자, 어니스트 러더퍼드의 연구팀에서도 일했다. 한은 방사능 물질을 다루는 여러 화학 실험 분야에서는 가장 훌륭한 경력을 쌓아온 학자로 볼 수 있었다.

그러나 한이 연구하던 주제가 화학의 주류는 아니었다. 예나 지금이나 화학이라고 하면 석유에서 나오는 각종 기름 성분을 다루는 연구를 하거나, 생물의 몸속에서 소화되거나 활용되는 여러 화학 물질을 살피는 연구가 인기다. 방사능을 띤 물질이 어떻게 바뀌고, 그것을 어떻게 분리하거나 측정하는지 살펴보는 한의 실험은 당시로서는 아주 새로운 영역이었다. 그렇다 보니 화학 분야에서 뿌리를 내리고 있던 다른 학자들 사이에서 쉽게 인정받고 성공하기 어려웠다.

마이트너와 마찬가지로 한 역시 월급을 받지 못하며 연구하던 젊은 학자였다. 한과 마이트너는 직장에서의 처지가 비슷했다. 마침 두 사람은 나이도 같았다.

그러나 두 사람의 성격은 조금 달랐다. 일단 처음 관심을 두고 공부하기 시작한 전공부터가 마이트너는 물리학, 한은 화학이었다. 마이트너가 이론과 계산, 분석과 수학에 강했다면, 한은 직접 실험기구를 들고 물질을 섞고, 끓이고, 녹이고, 골라내는 일에 강했다. 마이트너는 날카로운 감각과 참신한 생각으로 문제를 파헤치면서 한편으로 치밀하게 매사를 관리하는 성격이었다면, 한은 여유롭고 너그러우며 농담도 잘하면서 일을 꾸준하고 열심히 해나가는 성격이었던 것으로 보인다.

두 사람은 다른 점이 있었지만 그러면서도 잘 어울리게 되었다. 오히려 그 덕에 서로의 부족한 부분을 보완하면서 함께 성공할 수 있지 않았겠는가 추측해본다.

마이트너는 빈에서 태어나 빈에서 공부하며 자랐고, 박사학위를 딸 때까지도 빈에서만 살았다. 그런 사람이 처음으로 생소한 도시인 베를린에서 혼자 살게 되었을 때, 연구나 과학은 둘째치고 당장 적응하는 것부터가 힘들고 피곤한 문제였을 것이다.

그런 상황에서 누구와도 쉽게 가까워지는 마음씨 좋은 한이 친구가 되기에 좋은 사람이지 않았을까 상상해본다. 마침 한은 캐나다에서 생활하면서 타지 생활의 외로움을 톡톡히 경험했으니 마이트너의 처지를 이해하고 따뜻하게 대해주려고 노력하지 않았을까? 마이트너는 여러 가지 이유로 한을 좋은 동료로 느꼈을 것이다.

"오토와는 친하게 지낼 수 있을 것 같아. 나와는 달라서 말하다 보면 재미있기도 하고."

그렇게 해서 두 사람은 서로를 이해하며 각자의 장점을 합쳐 일했다. 별로 잃을 것도, 크게 두려울 것도 없는 젊은 학자답게 온갖 신기한 연구 분야에 도전했다. 베를린 대학의 어두컴컴한 지하 목공실을 개조한 방이 세계 방사능 연구의 가장 치열한 성과를 이루는 현장으로 변해간 것이다.

실제로 방사능 연구를 어떤 식으로 해야 할지 한번 생각해 보자. 방사능 물질 같아 보이는 물질을 구해서 분석한다고 치자. 물질 속의 원자들은 방사선을 내뿜으며 다른 원자로 변할 것이다. 시간이 흐르면서 아주 조금씩 다른 물질로 바뀐다는 말이다. 예를 들어, 방사능을 띤 탄소 원자 덩어리를 모아놓으면 처음에는 숯처럼 보일 것이다. 그런데 탄소 원자가 하나둘 질소 원자로 변하면 나중에는 대부분의 탄소가 모두 질소로 바뀌면서 질소 원자는 둘씩 서로 짝지어 달라붙어 질소 기체의 형태를 띠기 쉽다.

이런 일이 실제로 벌어진다면 숯덩이처럼 생긴 물질이 조금씩 없어지고 대신에 눈에 보이지 않는 기체가 피어오를 것이다. 화학 실험에 밝은 사람은 탄소 덩어리가 얼마나 없어졌는지를 정밀하게 측정할 줄 알아야 하며 또한 눈에 보이지 않는 알 수 없는 기체가 피어올랐을 때, 그것이 과연 무엇인지, 질소 기체가 맞는지 아닌지 확인할 수 있는 실험 방법을 알고 있어야 한다. 그래야 방사능 물질이 어떤 특징을 갖고 있는지 정확히 알 수 있다.

지금은 방사능을 띤 탄소는 질소로 변한다는 사실이 밝혀졌지만 마이트너와 한의 시대에는 적지 않은 방사능 물질이 정확히 무엇으로 변하는지 아무도 몰랐다. 그러니 그것부터 직접 알아내야 했다. 무엇인지 알 수 없는 물질이 조금씩 생겨나는데, 한은 그게 어떤 물질인지 여러 가지 화학 실험을 해보고 그 결과를 통해 추측해야 했다. 만약 새로 생겨난 물질을 따로 분리한 뒤에 천천히 열을 가했더니 마침 100도에서 끓는 모습이 발견되었다면, 그 물질의 정체는 물일 가능성이 높다는 식으로 추측해야 한다는 뜻이다.

게다가 방사능 물질 중에는 단순히 한 번 변하고 마는 물질만 있는 것이 아니다. 변한 뒤에도 여전히 방사능을 띠어서 다시 방사선을 내뿜으며 또 다른 물질로 한 번 더 변하는 경우도 있다. 그 과정은 5단계, 6단계, 10단계를 거치기도 한다.

방사능 물질 하면 가장 쉽게 떠올릴 수 있는 우라늄만 해도 방사선을 뿜으면서 변화하는 방식은 대단히 복잡하다. 우라늄이 방사선을 내뿜고 나면 토륨으로 변하고, 토륨은 다시 납으로 변하고, 그 납이 우라늄으로 변했다가 다시 토륨으로 변하고, 다시 라듐으로 변했다가 라듐이 라돈으로 변하고, 라돈은 폴로늄으로 변하는 식이다. 이것도 끝이 아니라서 폴로

늄은 악티늄, 납, 두 가지로 바뀔 수 있고, 그 둘은 비스무트라는 물질로 변할 수 있고, 비스무트는 탈륨으로 변하는 등 대단히 다양한 물질로 여러 단계에 걸쳐 바뀐다. 이런 식으로 방사능 물질들의 변화와 성질을 밝히는 실험과 분석은 상상 이상으로 복잡하다.

마이트너는 이렇게 복잡하게 엉켜 있는 실험 결과를 이론으로 정리하는 데 뛰어났다. 전통적으로 방사선이나 방사선을 측정하는 전기 장비는 물리학 분야에서 개발되고 개선되어 왔으므로, 마이트너는 그에 대해서도 상당한 지식이 있었을 것이다. 마이트너는 한과 함께 연구를 해나가면서 방사능 물질의 성질을 통해 원자의 정체를 밝히기 위한 단서들을 하나하나 잡아나갔다. 날이 갈수록 두 사람의 호흡은 잘 맞았고, 둘을 중심으로 다른 젊은 학자들이 팀에 합류하면서 연구는 더욱 발전했다.

다양한 방사능 물질의 성질과 정체를 밝히는 훌륭한 연구 성과들이 그야말로 쏟아졌다. 나중에 마이트너가 명성을 얻자 아인슈타인이 마이트너를 "독일의 퀴리"라고 칭송했다는 사실은 널리 알려져 있다.

원자핵을 결합하는 힘, 핵력

한참 연구가 잘 진행되던 중에도 시련은 있었다. 두 사람의 연구가 널리 인정받기 시작한 무렵인 1910년대 초 발발한 제1차 세계대전은 마이트너의 삶에 큰 영향을 미쳤다.

"전쟁이 터졌으니 나도 나라를 위해 무슨 일이든 해야 해."

마이트너는 애국심이 많은 사람이었던 것 같다. 전쟁이 일어나자 오스트리아군이 전투하는 곳으로 달려가 간호사 일을 하며 지냈다. 마이트너는 방사능 물질이 뿜어내는 방사선 연구에 밝은 사람이었으므로, 방사선의 일종으로 취급되는 X선 장비를 다루는 일을 하면서 부상당한 병사들을 살리기 위해 애썼다는 이야기도 있다. 전쟁에 반대하는 입장을 취하며 어느 나라도 지지하지 않았던 아인슈타인 같은 학자의 태도와는 대조적이다. 마이트너는 수없이 많은 사람이 너무나 허무하게 죽어가던 전쟁의 모습을 지켜보면서 상당한 정신적인 충격을 받은 것으로 알려져 있다.

1918년 제1차 세계대전이 끝나고 1920년대가 되자 과학계에 새로운 바람이 불었다. 어니스트 러더퍼드, 어니스트 마르스덴, 제임스 채드윅, 헨리 모즐리, 닐스 보어 같은 학자들의 활약으로 원자의 모습은 더 세밀하게 밝혀졌다. 이 무렵이면 마이트너와 한의 연구팀도 최고의 학자들과 교류하면서 원자의 정체를 밝히는 연구에 기여하던 시기였다.

학자들은 원자 하나의 크기가 1,000만 분의 1밀리미터 수준밖에 안 되지만, 사실 원자 무게의 대부분은 작은 원자 중에서도 중심의 더욱더 작은 아주 좁은 지역에 집중되어 있다는 점을 알아냈다.

원자 하나가 이미 아주 작은 알갱이인데 그 원자가 차지하는 부피의 1만 분의 100만 분의 1보다도 훨씬 작은 아주 좁디좁은 중심 부위를 핵이라고 부른다. 핵을 제외한 나머지 공간에는 아주 가벼운 알갱이인 전자가 이리저리 날아다닌다. 전자기력 때문에 원자들이 붙거나 떨어진다고 했는데, 조금 더 정확히 말하면 원자 속에 있는 전자가 어떻게 날아다니고 있는가에 따라 그 원자가 옆에 있는 다른 원자와 붙는지 떨어지는지 정해진다.

보통의 원자에서 핵은 플러스 전기를 띠고, 전자는 마이너스 전기를 띠고 있으므로, 둘은 전자기력의 힘으로 서로 끌어당기고 있다. 그 때문에 보통의 전자는 제멋대로 떨어져 나와 아무렇게나 날아다니지는 못한다. 다른 힘을 주거나 바깥에서 다른 물질이 건드리지 않으면 전자는 핵의 플러스 전기에 끌리는 힘을 벗어나지 못하고 핵 주위에서만 이리저리 돌아다닌다.

연구가 더 진행되자 학자들은 그 작은 핵조차도 사실은 더욱 작은 알갱이인 양성자와 중성자가 모여서 이루어진 것이라는 사실을 알아냈다. 이 중에서 양성자가 바로 플러스 전기를 띠는 물질이다. 그러니까 핵 속에 들어 있는 양성자 때문에 핵은 플러스 전기를 띤다. 원자 속의 전자가 핵 주위만 돌아다니도록 양성자가 잡아준다고 말할 수도 있다. 그러므로 핵이 양성자 몇 개가 뭉쳐서 이루어진 것이냐에 따라 전자의 움직임이 달라진다. 그 말은 원자가 다른 원자와 붙고 떨어지는 성질이 달라진다는 뜻이다. 결국 원자의 성질은 중심의 핵에 양성자가 몇 개 있느냐에 따라 달라진다.

단순하게 말하자면 성질이 다른 원자는 그 원자의 핵 속에 들어 있는 양성자의 개수가 다를 뿐이다. 예를 들어, 수소 원자는 핵 속에 양성자가 하나 들어 있다. 그래서 전자도 1개만 그 주위를 돌아다니게 되는 것이 보통이다.

헬륨 원자는 핵 속에 양성자 2개가 들어 있다. 그래서 핵이 두 배의 플러스 전기를 띠고 거기에 이끌린 전자 둘이 핵 주위를 돌아다니게 된다. 리튬 원자는 핵 속에 양성자 3개가 들어 있다. 그만큼의 플러스 전기를 띠고, 전자 셋이 핵 주위를 돌아다니게 된다. 다들 이런 식이다. 서로 다른 종류로 분류되는 원자는 양성자 개수만 다를 뿐이다. 수소 원자 속에는 특별히 다른 성분이 들어 있다거나, 헬륨 원자는 새로운 힘을 품고 있다거나 그런 대단한 차이는 없다.

그런데도 양성자 개수의 차이만으로 원자의 성질은 크게 달라진다. 핵에 양성자가 하나 들어 있는 수소는 불이 잘 붙는 기체가 되기 쉽지만, 양성자가 둘 들어 있는 헬륨은 절대 불이 붙지 않는 기체다. 양성자가 셋 들어 있는 리튬은 기체가 아니라 금속 덩어리라서 배터리를 만들기에 요긴한 재료다. 만약 수소 원자 속의 핵 2개를 어떻게든 찌그러뜨리고 뭉쳐서 서로 합칠 수 있다면, 양성자 2개짜리 핵이 될 것이다. 그것이 바로 헬륨이다. 실제로 이것과 똑같지는 않지만 비슷한 일이 일어나기도 한다. 만약 비슷한 방식으로 이런저런 물질 속의 원자핵 속에 있는 양성자들을 어떻게든 끌어모아 붙여서 79개의 양성자가 붙어 있는 덩어리를 만들어낼 수 있다면, 그 물질은 황금이 된다.

이런 일은 쉽게 일어나지 않는다. 양성자 2개를 붙일 수 있는 힘이 마땅치 않기 때문이다. 양성자는 플러스 전기를 띠고 있다. 그렇기 때문에 두 양성자를 서로 가까이 붙이려고 하면, 전자기력으로 서로 강하게 밀면서 떨어져 나오려고 한다.

전자기력은 거리가 가까울수록 더 강해지기 때문에 양성자를 가까이 붙일수록 더욱 거세게 밀어낼 것이다. 원자에 들어 있는 핵은 아주 작은 원자 속에서도 극히 좁은 영역이므로, 그 정도로 좁은 공간에 양성자들이 모여 있도록 밀어붙이면 서로 간의 거리도 너무나 가까워진다. 그런 만큼 핵 속에 들어 있는 양성자들은 대단히 막강한 힘으로 서로를 죽자고 밀쳐낸다. 그래서 사람이 일부러 양성자 둘을 붙이기는 아주 어렵다.

그러나 플러스 전기로 서로를 그렇게나 밀쳐대는 양성자가 찰싹찰싹 달라붙어 있는 현상은 자연에서 굉장히 흔하다. 어떻게 해서 그렇게 되었는지는 알아내기 어려운 문제였지만 수소가 아닌 다른 모든 원자들의 핵은 그렇게 여러 개의 양성자가 붙어 있는 상태다.

양성자 2개가 서로 붙어 있는 헬륨 같은 물질은 별것도 아니다. 사람 몸속에도 흔하고 물에도 들어 있는 산소 원자의 핵은 그렇게나 서로를 강하게 밀어내는 양성자가 8개나 서로 들러붙어 있다. 질소의 핵은 양성자 7개, 탄소의 핵은 양성자 6개가 붙어 있는 형태다. 철의 핵은 양성자 26개가 덕지덕지 들러붙어 있는 모양이고, 납은 무려 82개의 양성자가 붙어 있다. 둘만 가까이 붙이려 해도 전자기력 때문에 그렇게 서로를 밀쳐내며 떨어지려는 양성자가 도대체 어떻게 82개나 붙어 있을까?

학자들은 전자기력보다 더 센 힘으로 양성자와 양성자를 끌어당기는 새로운 힘이 있을 거라고 생각했다. 바로 핵력이다. 실제 핵 속에는 양성자뿐만 아니라 전기를 띠지는 않지만 양성자와 크기가 비슷한 중성자라는 물질도 있는데, 이것이 굉장히 중요하다. 과학자들은 중성자 역시 핵력을 줄 수 있다고 보았는데, 중성자는 전기를 띠지 않으므로 전자기력으로 밀어내는 힘은 더하지 않고, 핵력으로 양성자와 중성자가 서로 뭉쳐 있게 하는 데만 도움을 준다. 중성자가 양성자 사이에 끼어 서로 덩어리지는 데 큰 도움을 준다.

철 덩어리를 예로 들어보자. 철을 이루고 있는 원자 속의 중심부에는 양성자 26개가 뭉친 형태의 핵이 있다. 그 핵마다 26개의 전자를 끌어당기는 전자기력이 있어서 26개의 전자들이 우리가 아는 철의 성질을 나타낸다. 철은 튼튼하고 전기가 잘 통하는데 26개의 전자들이 이리저리 돌아다니며 전자기력을 나타내면서 움직이므로 이런 성질이 나타난다.

철의 핵 속에 같은 플러스 전기를 띠고 있는 26개의 양성자들이 서로 밀치고 있는데도 흩어지지 않고 뭉쳐 있는 까닭은 전자기력의 밀치는 힘을 넘어설 정도로 강력한 핵력이 서로를 당기기 때문이다. 게다가 철의 핵에는 양성자뿐만 아니라 30개의 중성자도 붙어 있다. 이 중성자들은 전자기력으로 밀어내는 힘 없이 핵력으로 서로 끌어당기는 힘만 더해준다. 그 덕에 26개나 되는 양성자들은 30개의 중성자와 함께 다 같이 한 덩어리로 붙어 있다. 철의 성질을 나타내는 것이 전자인데 중성자에는 전기가 없으니 전자를 끌어당기고 움직이는 일과는 별 상관이 없다. 그러므로 중성자는 철의 성질에는 직접적인 역할을 하지 않는다. 하지만 따지고 보면 중성자가 있기 때문에 중요한 역할을 하는 양성자들이 흩어지지 않는다.

이 정도로 이론을 정리하고 나니 학자들은 핵력이 미치는 범위가 특별해야 한다는 사실도 추측할 수 있었다. 핵력은 전자기력보다 더 강력한 힘이어야 했지만, 그렇다고 무턱대고 강하기만 하면 안 된다. 핵력이 너무 강하면, 여러 개의 원자핵이 서로를 끌어당기게 되어 제멋대로 엉겨붙을 것이다.

만약 그 정도로 핵력이 강하다면 수소 원자, 탄소 원자, 산소 원자 같은 서로 다른 원자들이 각각 돌아다니는 것이 아니라 모두 하나의 핵으로 달라붙어서 아주 무겁고 거대한 핵으로 된 원자밖에 없는 세상이 될 것이다.

그러므로 핵력은 상당히 특이한 성질을 가져야 한다. 현대 과학에서는 핵이 서로 주고받는 힘 중에서 바로 이런 힘을 더 정확히 가리켜 '강한 핵력'이라고 구분해 부르기도 한다. 핵력은 가까운 거리에서는 전자기력보다 강한 힘으로 서로를 당기게 하지만, 거리가 조금만 멀어지면 거의 힘을 쓰지 못하는 힘이어야만 한다. 실제로 핵력이 그런 성질을 갖고 있다는 사실은 차차 증명되었다. 마이트너가 활발히 활동하던 시대보다는 한참 후의 일이기는 하지만, 이렇게 특이한 힘을 정확하게 설명하기 위해서 과학자들은 핵력이라는 힘이 사실은 강력이라는 훨씬 더 복잡한 성질을 가진 힘이 보여줄 수 있는 한 가지 현상일 뿐이라는 이론도 개발하게 된다.

마이트너의 전성기에는 핵력의 진짜 정체인 강력에 대해서는 알 수 없었다. 그렇지만 핵력을 이용해서 방사능 물질의 특성을 상당히 정확하게 설명하는 데는 성공했다.

만약 핵 속의 양성자나 중성자를 서로 붙게 하는 핵력과 양성자가 서로 밀치면서 튀어나오려고 하는 전자기력의 강도가 어중간하게 비슷하다면 어떻게 될까? 그럭저럭 핵이 붙어 있는 것처럼 보이다가도 가끔 한 번씩 전자기력을 견디지 못하고 양성자들이 툭툭 떨어져 튀어나오는 일이 벌어지지 않을까?

방사능 물질 중의 상당수는 바로 이런 현상 때문에 한 원자가 다른 원자로 변한다. 방사능 물질이 알파선이라는 방사선을 내뿜는 현상이 대표적인 예다. 이런 현상은 원자 속의 핵에서 양성자 2개짜리 덩어리가 전자기력의 밀치는 힘을 견디다 못해 튀어나오는 것이다. 이때 중성자 2개도 함께 떨어져 나온다.

양성자 2개를 날려 보내는 것이 알파선을 뿜는 현상이니, 알파선이 나올 때 원자는 양성자 2개를 잃게 된다. 그렇다면 원자 하나가 양성자 개수가 2개 적은 다른 원자로 변하는 것으로 보일 수밖에 없다. 만약 산소가 알파선을 내뿜으며 변화한다면, 그보다 양성자가 2개 적은 물질인 탄소로 변한다. 산소 기체가 점차 탄소 숯가루로 변하는 일이 벌어질 수 있다는 뜻이다.

이것이 방사능을 설명할 수 있는 가장 간단한 원리다. 실제로 우라늄 덩어리가 알파선을 내뿜으면서 우라늄보다 양성자가 2개 적은 물질인 토륨으로 변한다.

망명자 신세가 되다

1930년대가 되면 이런 다양한 방사능 현상을 밝히는 데 노력한 많은 학자 중에 한 사람으로 마이트너와 한은 충분히 인정받는다. 월급도 받지 못하고 지하 빈방에서 일하던 시절은 지나고 긴 세월의 노력 끝에 두 사람 모두 교수가 되어 여러 사람의 존경을 받았다. 특히 마이트너는 독일 최초의 여성 물리학 교수 칭호를 얻게 되어, 국제적으로도 명망을 누렸다.

이 무렵 몇몇 학자들은 사람이 방사능 물질의 힘을 필요한 대로 조절하는 법에 관심을 기울였다. 만약 방사능 물질이 뿜어내는 방사선 같은 것을 빠른 시간에 대량으로 필요한 만큼 뽑아낸다면 막강한 열을 얻을 수 있을 거라는 발상이었다.

물질이 불에 타거나 폭약이 폭발하는 현상도 큰 힘을 갖고 있지만 결국 이런 힘은 전자기력이 원자와 원자를 붙였다 뗐다 하는 현상에서 생기는 결과일 뿐이다. 전자기력보다 센 강력으로 생기는 핵력을 빠르게 휘몰아치게 할 수 있다면, 비할 바 없이 강한 위력을 낼 수 있을 것이다. 어떤 학자들은 그 힘으로 도시를 단숨에 파괴하는 폭탄을 만들 수 있을 거라 상상했고, 어떤 학자들은 앞으로 누구든 얼마든지 마음껏 전기와 열을 사용하는 풍요의 세상을 만들 수 있을 거라고 상상했다.

마이트너와 한의 연구팀은 처음부터 방사능을 자유롭게 조절하는 기술을 개발하기 위해 우라늄 연구를 한 것은 아니었다. 두 사람의 연구 초점은 우라늄에 중성자를 쏘면, 우라늄의 핵에 중성자가 달라붙고 핵이 변화하면서 새롭고 신기한 물질이 탄생할지도 모른다는 것 정도였다.

"퀴리 박사님도 라듐, 폴로늄 같은 물질을 발견하셨잖아. 우리도 열심히만 하면, 지금까지 아무도 찾지 못한 새로운 방사능 물질을 찾아낼 수 있지 않겠어?"

그런데 결국 이 연구의 결과가 흘러 흘러 당시 사람들이 개발하던 그 어떤 무기보다 강한 위력을 가진 핵폭탄 개발로 이어진다.

연구가 완성되는 과정은 더욱 기구하다. 공교롭게도 본격적인 연구에 착수하기 전에 마이트너는 연구에서 손을 뗄 수밖에 없었기 때문이다.

1930년대가 되자 나치가 독일을 지배하면서 유대인에 대한 인종차별 정책이 진행되었다. 유대인들은 다양한 방법으로 탄압받았고, 공직을 비롯한 직장에서 일제히 해고되었다. 이러한 차별 조치는 점차 유대인을 강제 수용소에 가두고 죽이는 악랄한 정책으로 이어진다.

마이트너 역시 혈통상 유대인으로 분류되었다. 그나마 마이트너는 독일인이 아니라 오스트리아에서 온 외국인 취급을 받았기 때문에 한동안 차별 대우를 피할 수 있었지만 점점 흉흉해지는 상황에 위협받을 수밖에 없었다. 온 나라 사람이 유대인을 욕하는 분위기로 흘러가고 있었다.

"나라가 이 따위인 것은 유대인이 자기들 잇속만 차리기 위해 다른 독일인을 수탈하고 착취하기 때문이다. 그러므로 유대인을 싹 없애야 독일을 바로 세울 수 있다!"

수많은 사람이 그렇게 외치는 상황에서 편안하게 연구에 몰두하기는 어려웠을 것이다.

그 와중에 1938년, 흔히 안슐루스Anschluss라고 하는 독일과 오스트리아의 합병이 일어났다. 이제 마이트너도 나치의 직접 지배를 받는 독일인이 될 수밖에 없었다. 자칫 큰 위험에 빠질 수 있다고 판단한 마이트너는 독일을 탈출하기로 결심한다.

"평생을 독일에서 연구했고, 전쟁 중에는 나라를 위해 전쟁터에서 목숨 걸고 일했는데. 이제 그 나라에서 나를 쫓아내려고 하다니. 기가 막힐 노릇이네.”

어느덧 마이트너는 환갑 무렵의 학자였다. 그런데도 일생을 바쳐 연구한 모든 것을 버리고 맨몸으로 도망칠 수밖에 없는 처지였다. 제1차 세계대전 때는 나라를 위해 전쟁터에 나가기도 했는데 이제는 국가의 배신자 취급을 받고 있으니 그 허망감은 이루 말할 수 없었을 것이다.

박민아 교수의 글에 따르면, 마이트너는 다른 나라의 동료 과학자들이 일자리를 마련해줄 수 있는 스웨덴으로 야반도주를 계획했다고 한다. 그런데 마이트너의 이웃이 낌새가 이상하다고 독일 당국에 신고하는 바람에 도주 직전에 체포될 위험에 놓였다. 당국에서는 다른 과학자에게 마이트너의 동태를 물었고, 그는 아마도 다음과 비슷하게 대답했던 듯하다.

“마이트너 교수는 오늘도 학생의 논문을 꼼꼼히 봐줬습니다. 뭘 굉장히 길게 따지시던데요. 몇 날 며칠을 같이 붙들고 고민할 것 같아 보였습니다. 오늘 밤 갑자기 야반도주할 거라면 그렇게 논문에 공을 들였겠습니까? 대충 정리하라고 했겠죠.”

그 말 덕분에 당국은 의심을 거두었고 마이트너는 계획대로 스웨덴 망명에 성공할 수 있었다. 그 과학자는 마이트너의 제자였다고 하는데, 가끔 스승과 제자 사이에 오히려 사이가 안 좋아지는 일도 비일비재한 것을 보면, 마이트너는 후배와 제자들에게 진심으로 존경받는 스승이었다는 생각도 해볼 수 있겠다.

살림살이나 재산을 많이 챙겨갈 형편은 아니었다. 그때 절친한 동료 한은 혹시나 돈이 필요하거나 뇌물을 줄 일이 생기면 사용하라고 물려받은 다이아몬드 반지를 마이트너에게 주었다고 한다.

"혹시라도 독일의 배신자로 몰려 감옥에 가는 것은 아닐까? 그러면 나라 팔아먹으려 한 사람으로 몰려서 큰 처벌을 받을지도 모르는데. 이 나이에 갑자기 감옥에 가면 어떻게 버틸 수 있을까?"

마이트너는 그날 기차를 타고 네덜란드를 통해 스웨덴까지 가는 동안 혹시 있을지 모를 검문검색에 걸리지 않을까 대단히 걱정했다고 하는데, 출발 후에는 다행히 큰 어려움 없이 목적지에 도착했다.

그러나 망명에 성공했다고 해도 도착한 곳에 무슨 대단한 실험실이 갖춰진 것도 아니고, 평생 같이 일한 동료들이 곁에 있는 것도 아니었다. 스웨덴의 어느 학교에 앉아서 글을 쓰거나 책을 읽을 수 있는 자리 하나가 덩그러니 있는 정도가 노령에 접어든 마이트너에게 주어진 전부였던 듯싶다.

노벨상을 받지 못한 이유

그런데 바로 그런 최악의 상황에서 마이트너는 그의 이름을 역사에 남긴 일생 최고의 성과를 이루어낸다. 발단은 역시 평생 동료인 오토 한이었다.

한은 실험을 진행하던 중에 대단히 이상한 결과를 얻었다면서 그 결과가 무엇인지 분석해달라고 마이트너에게 편지를 보낸다. 우라늄에 중성자를 넣으면 우라늄보다 조금 무거운 물질이 생기거나, 아니면 어떤 충격으로 우라늄에서 일부 양성자가 떨어져 나와 우라늄보다 조금 가벼운 물질이 생길 줄 알았는데, 엉뚱하게도 그와는 상관없는 전혀 다른 물질들이 보이는 것 같다는 이야기였다.

보통 사람이라면 실험을 잘못했겠거니 생각하겠지만 평생 호흡을 맞춰온 마이트너와 한은 보통 사람들이 아니었다. 마이트너는 한이 의문을 가졌다면 분명 주목할 만한 현상이라는 사실을 알고 있었다.

마이트너는 고민 끝에 이 현상은 우라늄 핵이 크게 두세 조각 정도로 쪼개졌기 때문에 일어났다는 결론을 내렸다. 당시 상황을 극적으로 묘사하는 글을 보면, 마이트너는 눈 덮힌 스웨덴 숲속을 걸으며 이런저런 생각에 빠졌다가 그런 결론을 내렸다고 쓰여 있다. 중간에 잠깐 어딘가에 앉아서 계산식을 써보며 무언가를 따져보기도 했다는데, 그렇다면 혹시 눈밭에 나뭇가지로 새긴 글자들 중에 그 유명한 $E=mc^2$가 있었을지도 모른다.

마이트너는 우라늄 핵에 중성자를 넣으면, 그 중성자가 핵에 달라붙고 핵의 크기가 전체적으로 커질 거라고 생각했다. 흔히 물방울 모형이라고 해서 닐스 보어 등의 학자들이 떠올렸던 발상이다. 원자의 중심에 있는 핵이 대체로 물방울과 비슷한 모양이라고 추측하며 계산했다고 해서 붙은 이름이다.

마이트너는 그렇게 중성자 때문에 핵이 너무 커지면 핵의 양쪽 끝 부분은 서로 잡아당기는 핵력이 약해질 수 있다고 보았다. 왜냐하면 핵력은 아주 가까운 거리에서만 강하게 당기는 힘이기 때문이다.

그렇다면 핵력이 부족한 부분이 생기기 때문에 양성자들의 플러스 전기가 밀치는 힘을 이겨내지를 못하고 핵 전체가 깨질 거라고 생각했다. 새로 들어온 중성자 때문에 핵 전체의 크기가 커진 것을 견디지 못하고 깨진다는 뜻이다. 이렇게 핵이 깨져 튕겨나가는 충격은 결국 강한 빛과 열로 나타난다. 다른 관점에서 보면 이런 일이 벌어질 때, 쪼개진 조각의 무게를 다 합쳐보면 원래 핵보다는 조금 가볍다. 바로 그 무게의 차이가 아인슈타인의 특수상대성이론에서 말하는 에너지, 곧 빛과 열이 나오는 정도다.

마이트너가 설명한 이 현상을 원자 속의 핵이 쪼개지는 현상이라고 해서 '핵분열'이라고 부른다. 마이트너는 이것을 마침 과학자로 일하고 있던 자신의 조카, 오토 프리슈와 함께 논문으로 발표했다. 이 이야기는 얼마 지나지 않아 전 세계로 퍼졌다.

우라늄 핵분열은 그 과정에서 중성자 몇 개가 떨어져 나온다는 절묘한 특징이 있다. 애초에 중성자를 맞았기 때문에 핵분열이 일어났는데, 핵분열의 결과로 중성자가 다시 생긴다는 뜻이다. 원인이 결과를 만들고 결과가 다시 원인이 되는 셈이다. 그러므로 한 번 중성자로 핵분열이 일어나면 계속 중성자가 생기고 그 중성자들이 옆에서도 계속 핵분열이 일어나게 만들고 그 결과로 더 많은 중성자가 생기면서 계속해서 핵분열이 이어지는 것이 가능하다. 이런 현상을 체인 리액션 chain reaction, 연쇄 반응이라고 한다.

따라서 우라늄의 연쇄 반응을 이용해서 꾸준히 핵분열을 일으키면 계속 뜨거운 열을 내뿜을 수 있고, 그 열기를 유용한 곳에 쓸 수 있다. 만약 점점 더 많은 핵분열을 이끌어내 어마어마하게 많은 핵분열이 최대한 빠르게 여러 번 일어나도록 한다면 그 결과는 핵폭탄이다. 사람들이 꿈꾸던 강력이 만들어내는 핵력이자 방사능의 힘을 조절해서 활용하는 길이 있었고, 그 방법은 바로 우라늄과 중성자를 이용하는 방법이었다. 심지어 우라늄은 비교적 흔하게 구할 수 있는 물질이기도 하다. 천연 자원이 부족한 한반도에서도 우라늄은 캘 수 있다. 북한의 평산 광산은 우라늄 채굴이 활발한 곳이고, 남한에서도 2010년대 충청남도의 한 지역에서 우라늄 광산을 개발할 수 있다는 소식이 널리 보도되었을 정도다.

마이트너의 논문이 발표된 후 채 10년이 지나지 않아, 우라늄을 이용해 열을 내뿜는 원자로 건설이 이루어졌다. 얼마 후에는 최초의 핵폭탄까지 개발되고 사용되면서 그 모든 꿈과 걱정은 현실로 이루어졌다. 1959년 서울에도 인공적으로 핵분열을 조절해서 열을 발생시키는 연구용 원자로인 트리가 마크 IITRIGA Mark II를 건설하기 시작했으니, 마이트너가 논문을 발표한 지 불과 20년이 채 안 되는 짧은 세월에 원자력은 세계 각지로 퍼져나갔다고 할 수 있다.

한 가지 이상한 점은 제2차 세계대전이 끝나고 노벨상을 수상할 때, 핵분열 발견으로 노벨 화학상을 받은 사람은 오직 오토 한뿐이었다는 것이다.

여기에 대해서도 긴 세월 논쟁이 벌어졌고, 여러 이야기가 무성하다. 한이 실험으로 처음 핵분열을 발견한 사람이 맞다는 이야기도 있고, 마이트너가 여성이라서 무시당한 것이 아니냐는 이야기도 있고, 그보다 더욱 복잡한 과학자들과 정치, 외교의 관계에 대해 설명하는 이야기도 있다.

확실한 것은 설령 마이트너가 노벨상을 받지 못했다고 해도, 여전히 명망 높은 과학자로 존중받았다는 사실이다. 마이트너는 한에게 배신당해 아무런 공적을 인정받지 못한 채 쓸쓸히 사라진 인물이 아니다. 마이트너는 핵분열 이론을 개발하기 전부터 이미 세계 각지에서 존경받는 학자였고, 노벨상을 수상하지 못했을 뿐이지 다양한 상을 받으며 능력을 인정받았다. 핵폭탄에 대한 온갖 이야기들이 사람들 사이에 인기 있었던 1950~1960년대 미국에서는 마이트너가 "원자폭탄의 어머니"라는 별명을 얻게 되는 바람에 오히려 마이트너 스스로 꺼림칙하게 생각할 정도였다.

제2차 세계대전 이후, 유대인이라는 이유로 도망쳐야 했던 마이트너와 독일에 남아 있던 한의 사이가 그전보다 서먹해진 것은 사실이다. 하지만 그렇다고 해서 마이트너가 한에게 배신감을 느낀 것은 아니다. 마이트너가 과학계를 비판했던 것은 자신에게 노벨상을 주지 않았기 때문이 아니다. 나치 정부가 힘과 권위를 내세워 행패를 부리고 수많은 무고한 사람이 고초를 겪을 때 배울 만큼 배운 과학자들이 정부의 악행을 제대로 비판하지 않았다는 점을 지적했다.

"좋은 시절에 나라에서 월급받으면서 학자로 존경받고 국민들에게 많은 것을 아는 똑똑한 사람 행세를 한 학자라면, 온 나라 사람이 잘못된 생각으로 서로 괴롭히는 바람을 탔을 때 '냉정히 생각해보니 이건 좀 아닌 것 같습니다'라고 나서서 말려야 하는 것 아닌가? 그럴 때는 무서워서 아무 말도 못하면서, 평소에 똑똑한 척만 한다면 그게 과연 존경받을 만한 학자인가?"

그런 중에도 마이트너가 한을 지목해서 비난한 직은 거의 없었던 것 같다. 나는 이것이 삶의 전성기를 함께 보내며 멋진 연구를 해낸 동료를 존중한 마이트너의 의리였다고 생각한다. 동시에 자신의 청춘을 좋은 기억으로 남기기 위한 일종의 명예라는 생각도 해본다.

마이트너는 1968년 90세가 거의 다 되어가던 무렵, 잠을 자던 중에 세상을 떠났다.

그는 세상에서 가장 작은 물질을 연구하면서 가장 강력한 힘을 찾아낸 학자였고, 일생의 대부분을 한 지역에서 활동했으면서도 정작 나이가 들어서는 나치의 눈을 피해 국경을 넘나드는 위기를 겪어야 했던 사람이다. 알 수 없는 격렬함으로 가득한 삶이었지만, 그 마지막은 또한 그렇게 조용했다.

끝으로 덧붙이자면, 묘하게도 오토 한 역시 마이트너가 죽기 몇 달 앞서 세상을 떠났다고 한다.

외계인 신호인 줄 알았는데 중성자별이었네

조슬린 벨 버넬

BOOM

초신성에 대해 들어본 적 있는가? 초신성은 별이 엄청난 폭발을 일으키면서 무시무시할 정도로 굉장한 빛을 내뿜는 놀랍고, 이상하고, 거대한 현상이다. 그래서 SF물에는 근처에서 초신성이 폭발하는 바람에 갑자기 많은 행성이 멸망하거나 초신성 폭발 위기를 앞두고 탈출과 구출을 위해 모험을 벌이는 이야기가 꽤 많다. 잘 알려진 단편 소설로는 아서 클라크의 〈별〉이 있고, TV 시리즈 〈스타트렉: 넥스트 제너레이션〉 에피소드 중에도 이런 상황을 소재로 한 이야기가 인기를 끌었다.

그런데 초신성이 평화를 가져온 일이 있었다면 어떻게 들리는가? 나는 서기 85년 백제에서 일어난 사건이 그 사례가 될 수 있을지 한번 살펴보고 싶다.

《삼국사기》에 따르면 지금으로부터 약 2,000년 전 백제는 신라를 공격했다. 워낙 오래된 기록이라 사실을 얼마나 정확하게 설명하고 있는지는 학자들 사이에서도 의견이 엇갈린다. 그렇지만 기록이 사실이라고 한다면, 이 무렵 백제는 종종 신라와 전투를 벌였다. 마침 바로 앞선 해인 서기 84년에 신라에는 큰 풍년이 들었다고 한다. 그렇다면 백제는 신라의 세력을 억누르고 물자와 보물을 빼앗기 위해 공격을 감행한 것일 수도 있다는 상상을 해본다.

이런 전투는 상당히 괴로운 일이었다. 비슷한 무렵 《삼국사기》의 신라 쪽 기록을 보면, 신라의 임금이었던 파사 이사금이 "현재 신라는 백제와 가락국, 양쪽에 시달리는 처지다"라며 한탄하는 내용이 실려 있다. 백제의 임금은 고구려에서 건너온 사람들이고, 그게 아니라도 백제는 한강과 서해를 이용해서 고구려나 중국의 한나라 등 여러 나라와 교류하기 편리한 상황이었다.

그러니 신라 사람들에게는 더 발달한 무기와 전투 기술을 이용해 자꾸만 국경을 위협하는 백제군이 상당한 골칫거리였을 것이다. 반대로 백제 입장에서도 한반도 남동부의 요새 같은 지역에서 세력을 키워가는 신라가 두려웠을 거라는 생각도 해볼 수 있다.

그런데 전투가 끝난 서기 85년, 백제에서는 객성이 나타났다고 씌어 있다. 객성은 나그네 같은 별이라는 뜻이다. 즉, 원래 보일 리가 없는 별인데 갑자기 나타난 것을 말한다. 본래 별은 계절과 날짜에 따라 항상 같은 자리에 나타난다. 1년 동안 언제나 그 날짜에 나타나는 별들이 규칙적으로 조금씩 바뀔 뿐이다. 그래서 여름철에는 여름철 별자리가 잘 보이고, 겨울철에는 겨울철 별자리가 잘 보인다.

수성·금성·화성·목성·토성 같은 행성들은 좀 특이하게 왔다 갔다 하면서 움직이기는 한다. 그렇지만 이런 행성들의 움직임에도 정해진 규칙이 있다. 하늘을 관찰하던 고대의 천문학자와 점성술사 들도 그 정도 규칙은 대충은 알고 있었다.

그러나 밤하늘에 등장하는 물체 중에는 이런 규칙에서 벗어나 갑자기 나타나는 것들이 있었다. 대표적인 것이 긴 꼬리를 만들며 나타나는 혜성이다. 근대의 과학자들은 혜성조차도 규칙적으로 움직인다는 사실을 알았다. 예를 들어, 유명한 핼리 혜성은 대략 80년에 한 번 꼴로 지구 근처에 나가와 밤하늘에 모습을 드러낸다.

샤틀레 후작부인이 살던 시대만 하더라도 뉴턴의 중력이론을 이용해서 언제 혜성이 나타나는지 대략 계산할 수 있었다. 그렇지만 85년이면 샤틀레 후작부인보다도 1,500년 이상 앞선 시대다. 옛사람들은 그렇게까지 긴 세월에 걸쳐 규칙적으로 밤하늘에 보이는 물체가 움직일 수 있다고는 생각하지 못했다. 그래서 혜성 역시 규칙을 깨고 갑자기 하늘에 등장하는 이상한 별이라고 여겼다.

현대 과학의 기준으로 봐도 규칙성을 찾아내기 힘든 물체들도 있다. 우주를 돌아다니던 먼지나 돌조각이 지구에 떨어지면서 불이 붙어 타다가 터지면 빛을 내는데 이런 것을 유성이라고 부른다. 만약 유성이 상당히 크게 폭발하면, 별보다 밝고 뚜렷하게 보이는 경우도 있다.

그게 아니라면, 우주 저편의 별이 갑자기 빛을 거세게 내는 신성 현상이나, 신성보다 더 거센 빛을 내는 초신성 현상이 발생할 수도 있다. 이런 현상은 거리가 잘 맞으면 갑자기 없던 별이 나타나는 것처럼 보인다. 별이 워낙 지구에서 멀리 떨어져 있기에 원래는 너무 희미해서 눈에 보이지 않았는데 갑자기 초신성 폭발을 일으켜 엄청난 빛을 내뿜으면 지구에서는 아무것도 없던 자리에 밝은 별빛이 보인다.

옛사람들은 이런 갑작스러운 별들을 뭉뚱그려 객성이라고 불렀다. 당시는 별을 하늘의 신령이나 신비한 징조를 드러내는 마법스러운 것이라고 생각했다. 그렇기 때문에 안 보이던 별이 갑자기 나타나면 그것은 모습을 보이지 않던 신령이 등장한 것이라거나, 이상한 기운이 내보이는 놀라운 징조라고 보았다.

요즘에는 객성이 나타난다 하더라도 넓디넓은 우주의 하고많은 별들 중에 어느 하나가 좀 세게 빛을 내뿜는구나, 하고 넘어갈 뿐이다. 하지만 2,000년 전의 백제와 신라 사람들은 하늘에 갑자기 천사나 악마가 출현해서 지상 세계에 무엇인가 일을 저지르려는 모습처럼 보였을 것이다.

재미있는 것은 85년의 객성 출현 기록이 《삼국사기》의 백제 기록에 등장하고, 같은 시기 신라 기록에도 등장한다는 점이다. 가장 쉬운 설명은 후대에 누구인가 옛 기록을 정리하다가, 같은 기록을 양쪽에 똑같이 베껴 써두었다는 것이다. 기왕 이런저런 이야기를 상상하는 김에, 그때 객성의 출현이 백제와 신라 두 나라에 같은 영향을 끼쳤기 때문에 양쪽에 기록했다고 생각해보면 어떨까?

실제로 백제는 85년 객성 등장 이후 신라에 대한 공격을 멈추었고, 세월이 얼마간 흘러서는 신라에 사신을 보내 평화 교섭을 하기도 한다. 125년에는 신라가 다른 민족의 공격을 받았을 때 백제가 동맹군이 되어 파병을 할 정도로 관계가 돈독해졌다. 백제와 신라 사이에 약 50년간의 평화 시대가 이어진 셈이다.

백제의 초기 중심지는 지금의 서울 송파구 지역이라고 한다. 나는 백제의 관리와 임금이 지금의 올림픽공원 언덕 어딘가에서 밤하늘에 갑자기 나타난 이상한 별을 근심스러운 얼굴로 올려다보는 광경을 상상해본다.

"전쟁은 잔인하다. 아무리 나라를 위해서라지만 다른 나라를 창칼로 공격하는 일은 하지 않는 것이 좋다. 그런 사실을 깨달으라고 하늘이 새로운 별을 보내서 우리에게 알려주고 있는 것 아닐까? 그래서 우리 군사들이 돌아오는 길에 지금껏 없었던 저런 이상한 별빛이 나타나 경고하는 것인지도 모른다."

백제는 그런 생각에서 마침내 전투를 멈추는 쪽으로 결정한 것이라는 이야기다.

나는 85년의 객성이 초신성일 가능성도 있다고 생각한다. 혜성은 모습이 독특해서 어지간해서는 착각하지 않으므로 공식 기록에 혜성이라고 따로 표시했을 것이다. 빛이 강한 유성을 객성이라고 기록했을 가능성은 그보다 높긴 하다. 그러나 백제와 신라, 두 나라의 같은 위치에서 선명하게 관찰되었다는 기록이 정확하다고 본다면, 지구의 하늘 안에 들어와서 빛을 내는 유성이 거리상 꽤 떨어진 백제와 신라에서 똑같은 모습으로 관찰되기는 쉽지 않았을 거라고 본다.

진지한 과학이라기보다는 재미있는 이야기를 떠올려보기 위한 이야기일 뿐이지만, 이 사건이 지구 먼 곳에서 빛을 내뿜는 신성, 초신성 현상일 가능성을 상상해본다면 그중에서도 특히 밝은 빛을 내며 눈에 잘 띄는 현상은 역시 초신성이다.

밤하늘의 별이 재밌어서

초신성은 정확히 보통의 물질 덩어리로 되어 있는 별이 중성자별이나 블랙홀 같은 아주 특이한 형태로 변화할 때 발생한다. 별이 생명을 다하고 죽으면서 마지막으로 폭발해 한꺼번에 빛을 내뿜는 현상이 초신성이라고 말할 수도 있겠다. 블랙홀은 시간과 공간을 다루는 평범한 계산을 다 꼬이게 만들어버리는 현상이니 그야말로 너무나 이상한 물체이고, 중성자별만 하더라도 상상 속에서나 있을 법한 매우 이상한 물질 덩어리다.

중성자별을 이루고 있는 물질은 굉장히 무거워서 티스푼으로 한 숟갈만 퍼내도 그 무게는 지구의 거대한 산 몇 개에 해당한다. 만약 중성자별을 이루고 있는 물질을 뭉쳐서 망치만 한 크기로 만든다면 그 무게는 약 1조 톤에 달할 것이다. 이 정도 무게면 지구에 충돌해 공룡을 멸망시켰던 소행성보다도 훨씬 무겁다. 중성자별로 만든 망치로 지구를 한 번 두들기면 그때마다 공룡 멸망쯤은 가뿐히 일어난다고 볼 수 있다.

중성자별에는 핵력으로 서로를 끌어당기는 현상이 굉장히 크게 일어나고 있으므로, 핵력을 만들어내는 힘인 강력 때문에 벌어지는 기이한 현상도 많이 나타나고 있을 것으로 보인다.

이런 이상한 물질 덩어리가 정말로 세상에 있다는 것을 확신하기란 쉽지 않다. 그래서 중성자별이라는 말이 생기고 나서도 몇십 년간 학자들은 그 실체를 의심했다. 그것이 하늘에 갑자기 나타나는 밝은 별빛으로 긴 역사에 걸쳐 수많은 사람을 놀라게 한 초신성의 원인이 맞는지 논쟁한 것이다.

이 문제를 푼 사람은 북아일랜드 출신의 과학자 조슬린 벨 버넬Jocelyn Bell Burnell이다. 버넬은 초신성의 잔해이자 죽은 별이 변한 모습인 중성자별이 우주 저편에 실제로 있다는 사실을 처음으로 밝혔다.

버넬은 1943년 북아일랜드 러건Lurgan이라는 곳에서 태어났다. 현재 아일랜드는 영국에서 독립해서 아예 다른 나라가 되었지만, 섬의 북쪽 일부는 종교적 전통 등을 이유로 아직도 영국에서 다스리는 지역으로 남아 있다. 그래서 이곳을 북아일랜드라고 구분해 부르며, 20세기 후반까지도 종종 북아일랜드 독립운동과 관련된 사건, 사고 들이 큰 뉴스가 되어 오르내렸다.

아일랜드는 유럽 연합의 적극적인 회원국으로 유럽 공통 표준을 받아들여 일상생활의 모든 단위에서 미터법을 활용하고 있는데 비해, 북아일랜드에서는 아직도 영국인들이 자주 사용하는 파운드, 피트, 야드 같은 비표준 단위들이 자주 눈에 띈다고 한다.

버넬의 집안은 건축 일을 했다. 떠도는 이야기로는 버넬의 아버지가 천체 투영관을 짓는 일에 참여한 적이 있다고 한다. 천체 투영관은 밤하늘 풍경을 영상으로 만들어 관람객에게 보여주는 장비를 말한다. 어린 버넬도 아버지를 따라 그에 관한 일을 접할 기회가 있었던 것 같다. 아마 그때부터 버넬은 하늘의 별과 우주에 조금씩 관심을 가졌지 싶다.

그 외에도 버넬의 아버지는 건설업을 하면서 여러 기술이나 발전하는 과학에 관심이 꽤 있었던 것으로 보인다. 어린 버넬은 뜻도 잘 모르면서 가끔 아버지가 구해오는 이런저런 책들을 넘겨 보며 과학 지식에 호기심을 느끼곤 했을 것이다. 천체 투영관 건설에 참여하면서 아버지는 우주와 별에 관한 책도 보기 시작했을 테고, 버넬은 그런 책을 통해 우주의 풍경과 먼 외계 행성의 모습을 상상했을 것 같다.

"아버지가 보는 책에 나오는 저런 별에 내가 직접 우주선을 타고 가서 보면 어떤 풍경이 펼쳐질까?"

마침 그 무렵, 1950년대는 재미 삼아 즐길 만한 다양한 SF물이 폭발하듯 마구 쏟아지던 SF의 황금기였다. 그러니 어린이들은 무한한 우주를 꿈꿨을 것이다.

버넬이 어려서부터 천재로 평가받았던 것 같지는 않다. 나는 버넬이 진학 시험에 떨어졌다든가, 기대했던 것만큼 성적이 나오지 않아 고민했다는 등의 이야기를 들어본 적이 있다.

그러나 과학에 관심이 많았고, 꼭 과학이 아니더라도 더 많은 지식을 깊이 배워보고 싶다는 생각이 강한 어린이였던 것 같다. 1940~1950년대 영국 일대의 학교에서는 남학생에게 과학, 기술, 수학을 가르치고 여학생에게는 가사, 수놓는 법, 뜨개질을 가르치는 것이 보통이었다고 한다.

"나는 밤하늘의 별이나 이런저런 물질로 하는 신기한 실험을 배울 수는 없나요? 그게 더 재미있어 보이는데요."

부모들은 학교에 이런 제한을 두는 것이 좋지 않다고 이야기했고, 그 후 버넬은 과학을 배울 수 있었다고 한다. 딸이 과학을 좋아하는데 차별 문화 때문에 배우지 못하고 남학생들을 부러워하는 모습을 보며 부모가 마음 아파하는 장면을 떠올려본다.

다른 이야기로는 학창 시절 선생님에게 영향을 받아 물리학에 관심을 갖게 되었다고도 한다. 특히 물리학 교사가 과학에서는 지식을 무작정 외울 필요 없이, 핵심 원리를 이해하고 그것을 이리저리 응용하는 방법을 알면 수없이 많은 문제를 해결한다는 것을 보여주었다고 한다.

아닌 게 아니라, 중고등학교에서 배우는 간단한 전자기력의 원리와 뉴턴의 중력이론을 계산하는 방법은 이런 식으로 활용하기에 좋은 지식이다. 중력이론과 미적분학을 이용하면 돌이 떨어지는 속도를 계산하는 사소한 일에서부터 지구가 태양을 도는 모습까지 계산할 수 있고, 전자기력 이론을 이용하면 정전기 때문에 머리카락이 뻗치는 일부터 수소는 불에 잘 타지만 헬륨은 불에 타지 않는 이유까지 계산할 수 있다.

버넬은 대학 시절 전공도 물리학을 택했다. 글래스고 대학에 진학했는데, 글래스고 대학은 영국에 있기는 하지만 스코틀랜드 지역에 위치하고 있다. 고향인 북아일랜드와는 무척 달랐지만, 스코틀랜드 역시 영국 중심지와는 조금 다른 곳이다. 가끔 주민들 사이에 스코틀랜드 독립 투표 같은 것이 이루어지기도 한다. 나는 그렇게 고향과 다르기도 하고 닮기도 한 도시에서 대학 생활을 한 것이 버넬에게 좋은 추억이 되었을 거라고 생각한다.

대학을 졸업한 버넬은 박사 학위를 따기 위해 대학원에 가기로 한다. 목표로 삼은 곳은 뉴턴의 모교인 케임브리지 대학이었다. 케임브리지는 북아일랜드, 스코틀랜드와는 달리 확실히 영국의 중심이라고 할 수 있는 지역이다. 학문에 관해서는 영국의 중심 중에서도 중심이라고 할 만한 곳이 케임브리지였다. 버넬은 그곳에서 어린 시절 꿈꾸었던, 우주 저편의 세계를 탐구하는 연구를 전공으로 삼기로 한다.

"세상에서 가장 훌륭한 학자들이 모인 곳이라는 자부심이 있는 학교잖아. 내가 이곳에 오다니. 잘할 수 있을까?"

버넬은 앤터니 휴이시를 지도 교수로 삼고 별을 관찰하는 일에 발을 들였다. 그렇다고 해서 망원경 렌즈로 밤새 하늘을 올려다보는 일은 아니었다. 주로 전자 장비를 끊임없이 조작하고, 설치하고, 고치는 일이었고, 그 장비로 측정한 결과를 인쇄한 종이를 보는 일이었다. 반짝이는 별을 보는 것이 아니라 종이에 찍힌 위아래로 물결치는 긴 선을 한없이 바라보며 그 의미를 계산하는 일로 밤을 지샜다.

안드로메다보다 먼 곳에서 오는 이상한 전파

당시 우주 연구에서는 눈에 보이지 않는 별빛을 관찰하는 일이 유행이었다. 특히 1940년대 제2차 세계대전 시기를 지나면서 전파를 측정하고 분석하는 기술이 대단히 빠르게 발전한 상태였다. 헤디 라마가 연구했던 것처럼 제2차 세계대전 시기에는 전파가 무선 통신에 유용하게 사용되고 있었다. 먼 곳에서 적군이 서로 통신하는 내용을 몰래 엿듣기 위해서는 대단히 예민하게 전파를 감지하는 기술이 필요했고, 또 그렇게 감지한 전파가 무슨 내용을 담고 있는지 해독하는 기술도 필요했다. 제2차 세계대전 가운데 미드웨이 해전은 일본이 패배하는 쪽으로 기울어진 전환점으로 평가받는데, 많은 사람이 미드웨이 해전에서 일본이 진 원인을 분석할 때 미군이 일본의 무선 통신을 미리 해독한 일을 꼽는다. 미드웨이 해전을 다룬 다큐멘터리나 영화에서도 자주 나오는 이야기다.

게다가 전쟁 시기에는 통신 외의 분야에서도 전파 기술이 발전할 만한 이유가 있었다. 바로 레이더 기술에 전파를 이용했기 때문이다.

레이더는 내가 있는 위치에서 발사한 전파가 앞으로 날아가다가 금속 물체에 부딪히면 반사되어 돌아오는 현상을 이용한다. 그렇게 반사된 전파를 정밀하게 감지하면 어느 위치에 어떤 금속 물체가 있는지 꽤나 정확하게 알아낼 수 있다. 이 방법을 이용해서 적의 군함이나 전투기가 어디쯤 있는지 아주 멀리서도 알 수 있다. 영국은 레이더 기술에서 상당히 앞서 있었고, 그 덕에 독일 공군의 공격을 방어할 수 있었다고 평가받곤 한다. 그러므로 전쟁 중에는 세계의 선진국들이 전파 기술에 그야말로 목숨을 걸고 돈을 쏟아부었다.

전쟁이 끝난 후에는 이렇게 발전한 전파 기술로 다른 곳에 적용해도 신기한 결과가 많이 나오겠다는 생각이 돌기 시작했다. 영국에는 독일에서 뜯어온 커다란 레이더 접시 안테나 같은 것도 몇 개쯤 들어와 있었다고 한다. 하다못해 미국의 무기 개발 회사 레이시온에서 일하던 퍼시 스펜서라는 인물은 레이더 기술을 잘 이용하면 팝콘을 튀길 수도 있겠다는 생각을 했다. 그래서 그 기술을 개량해 전자레인지를 만들게 되었다.

과학자들은 레이더를 적군이 아닌 우주 저편으로 돌려놓는 방식으로 별이 뿜어내는 빛을 분석한다는 발상을 실행에 옮기고 있었다.

눈에 보이는 빛은 4억 메가헤르츠에서 8억 메가헤르츠 주파수를 갖는 것뿐이다. 우주 저편의 별들이 굳이 사람 눈에 잘 보이는 색깔의 빛만 골라서 뿜어낼 이유는 없다. 그러니 눈에 보이지 않는 빛을 기계 장비로 관찰해서 조사하면 눈으로 볼 때는 알 수 없었던 많은 지식을 알게 될지도 모를 일이었다.

예를 들어, 2022년에 발사한 한국의 달 탐사선 다누리호에는 KGRS라는 장비가 달려 있는데, 이것은 달이 뿜어내는 아주 높은 주파수의 빛을 정밀하게 감지한다. 감마선이라고 하는 이 빛은 눈에 보이지 않는 빛이지만 측정 결과를 분석하면 달의 표면에 어떤 성분의 물질이 묻혀 있는지 알아내는 데 큰 도움이 될 거라고 한다.

전파는 사람 눈이 감지하는 빛보다 훨씬 더 주파수가 낮은 색깔의 빛이다. 그렇다면 눈에 보이지 않지만 활발히 활동하는 정체불명의 물체가 있을 경우, 그 물체가 내뿜는 전파를 감지해서 어디에, 어떤 성질의 물체가 있는지 알아낼 수 있지 않을까? 상상력을 마음껏 발휘한다면, 우주 저편에 외계인이 만들어놓은 방송국에서 새어 나오는 전파가 우연히 지구를 지나칠 때 그것을 전파 관찰 장치로 알아낼 수 있다는 뜻인지도 모른다. 이렇게 우주 먼 곳에서 오는 전파를 관찰하는 목적으로 만든 장치를 전파망원경이라고 한다.

버넬이 연구에 착수한 1960년대에는 이미 전파망원경을 활용한 신기한 연구 결과들이 속속 보고되고 있었다. 그중에서도 특히 인기 있는 주제가 퀘이사quasar라고 하는 이상한 현상이었다. 이것은 별빛을 내뿜듯이 전파를 내뿜는 현상이다. 퀘이사에서 나오는 전파는 보통 별이 내뿜는 여러 빛과 비슷하게 잘 관찰되었다. 그런데 퀘이사에는 한 가지 아주 이상한 특징이 있었다. 그 물체가 대단히 멀리 있는 것처럼 보인다는 점이다.

흔히 농담 삼아, 멀리 가버렸다는 뜻으로 "안드로메다로 갔다"라는 말을 한다. 안드로메다 은하는 10조 킬로미터의 200만 배, 그러니까 2,000경 킬로미터보다 멀리 있으므로 그 거리는 쉽게 헤아리기 어렵다. 그런데 퀘이사라는 물체 중에는 안드로메다 은하보다 훨씬 멀리 있는 것들이 많았다.

그렇게까지 멀리 있다면 빛이 세게 보일 리 없는 것이 정상이다. 안드로메다 은하는 수천억 개쯤은 가뿐히 넘는 수없이 많은 별이 모인 덩어리다. 너무 멀리 떨어져 있기 때문에 캄캄한 산골 마을 하늘에서나 보일 정도다. 그런데 퀘이사는 안드로메다보다 훨씬 더 멀리 떨어져 있으면서 어떻게 장비에 감지될 만한 전파를 뿜어낼 수 있는가?

쉬운 대답은 어마어마하게 막강한 전파를 뿜어내는 굉장한 물체라는 것이다. 마음대로 상상해보자면 시간과 공간을 초월할 수 있는 이상한 현상이 우주에서 벌어진다는 생각도 해볼 수 있다. 어쩌면 외계인이 발달된 기술로 만든 엄청나게 강력한 우주 방송국을 운영하고 있어서, 거기에서 다른 은하까지 퍼져나갈 정도의 세기로 뭔가를 하고 있다는 상상도 해볼 만했다.

현재 퀘이사는 활발하게 활동하는 블랙홀이 만들어내는 특수한 현상이라는 사실이 널리 알려졌다. 그렇지만 버넬이 대학원을 다니던 시대에는 블랙홀이 말이 되는 현상인지 실제로 가능한지에 대해서도 의심하던 사람들이 많았다. 아직까지는 더 많은 퀘이사를 관찰하며 자료를 모으고 여러 가지 가능성을 알아봐야 했던 때였다. 그러니 차근차근 밤하늘 곳곳을 조사해서 혹시나 어디에 퀘이사가 있을지 전파가 쏟아지는 지점을 찾아내는 것은 그 무렵 대학원생이 도전해볼 만한 주제였다.

"나한테 세상에서 가장 이상한 별을 찾으라고 시킨다면, 도대체 어디서부터 손을 대야 하지?"

어느 학교의 무슨 과정이든 박사 학위를 따는 일은 그렇게 만만하지 않다. 버넬이 퀘이사를 찾아내기 위해서는 일단 퀘이사의 전파를 감지할 수 있는 전파망원경을 만드는 일부터 해야 했다.

전파망원경을 어떤 형태로 만들면 쉽게 퀘이사를 찾아낼

수 있을지는 지도 교수인 휴이시가 생각해둔 바가 있었다. 휴이시의 연구팀은 학교 근처 들판에 전파 감지용 안테나를 설치하고 그것을 이리저리 연결한 형태로 장치를 만들기로 했다.

수천 개의 안테나를 심는 일

요즘 전파망원경이라고 하면 커다란 접시 안테나가 달린 거대한 장비를 떠올린다. 예를 들어, 21세기 초 한국에서 요긴하게 사용하고 있는 전파망원경으로는 연세 대학교, 울산 대학교, 제주 대학교에 각각 한 대씩, 총 세 대가 한 팀으로 연결되어 있는 KVN이라는 장비가 있다. 이 전파망원경의 접시 안테나 지름은 21미터 정도다. 바깥에서 보면 전파망원경 하나가 거대한 건물만 한 크기다.

그러나 버넬의 연구팀이 만들어 쓰던 전파망원경은 구조가 달랐다. 성능은 떨어졌지만 하늘 전체에서 퀘이사가 만들어내는 현상만을 잡아내는 것이 목적이었으므로 다른 방식으로 측정하더라도 어느 정도 결과를 얻을 수 있었다. 휴이시는 막대기처럼 생긴 작은 안테나를 여러 개 설치하고 그것을 연결해서 사용하는 방식을 제안했다.

버넬은 수백, 수천 개의 안테나를 바닥에 심는 작업을 했다. 그러니까 버넬이 본격적으로 별을 연구하기 위해 했던 일은 눈으로 밤하늘을 올려다보는 낭만적인 것이 아니라, 망치와 삽 같은 연장을 들고 끝없는 들판에 안테나 꽂으며 뛰어다니는 것이었다.

"오늘도 들판에서 전선 달린 막대기를 수리하면서 하루를 보내야 하네."

특히 안테나를 땅 위에서 좀 떨어진 높은 곳에 설치해야 했는데, 바닥에 자라는 잡초는 이슬에 젖으면 전기가 잘 통해 측정 결과를 망칠 때가 있기 때문이었다. 그 많은 안테나들 사이의 전선 연결을 점검하고, 우주에서 오는 전파가 제대로 감지되는지 검토하고 살피는 일도 버넬의 몫이었다.

아무것도 없이 잡초만 가득한 들판 한쪽에 천막을 치고 들어앉아 바람을 맞으며, 잘될지 안 될지도 모르는 전선 뭉치들을 보면서 잘못된 건 없나 고민하는 것이 20대 버넬의 삶이었다.

나중에 노령에 접어든 버넬이 페리미터 인스티튜트 Perimeter Institute에서 진행했던 강연에 따르면, 대학원에 처음 들어갔을 무렵, 자신감이 부족해서 상당히 고생했다고 한다.

영국에서도 똑똑한 학생들만 모인 학교가 케임브리지 대학이다. 교수들 중에는 노벨상을 탄 사람도 많았다. 그런 곳에서 지내다 보면 '여기는 내가 있을 곳이 아니구나' 하는 생각이 든다는 이야기였다. 자기가 천재라고 생각하는 학생들 틈에 있으면, 나 말고 다른 학생들은 다들 그렇게 똑똑하고 뛰어나 보일 수가 없다. 심지어 이런 학교를 다니는 학생들 중에는 자신의 뛰어난 재능을 굳이 뽐내고 싶어 하는 사람도 많다.

나는 학교에서 배우는 가장 기초적인 지식도 이해하기 버거워 고민하는데, 이미 교수의 연구 과제를 같은 수준에서 연구하는 학생들이 주변에 널린 것만 같다. 이래서야 내가 뭘 할 수나 있을지, 이 사람들을 따라갈 수 있을지 걱정스러워진다.

과거에는 주로 가정 형편이 넉넉하고 지위가 높은 집안의 학생만이 마음 놓고 공부에 몰두할 수 있었다. 그러므로 이런 학교의 학생들은 대체로 부유했고 남부러울 것 없이 사는 문화에 젖어 있는 경우가 많았다. 사실 이런 분위기는 지금도 완전히 사라졌다고 볼 수는 없을 것이다. 그런 사고방식으로 성장한 학생들 사이에 끼어 있으면 공부를 떠나서 마음 편하게 지내는 것부터가 어려울지도 모른다.

그때도 그런 분위기를 두려워하며 좌절하는 사람들이 있었다고 한다. 버넬도 그중 한 사람이었다. 버넬은 '학교에서 뭔가 착각해서 실수로 나를 뽑았구나'라는 생각까지 했다고 한다. 학교에서 바라는 수준에 도달하지 못해 조롱거리가 되어 곧 쫓겨날 것 같았고, 실제로 주위에 그만두는 사람도 있었다고 한다. 자신감을 잃고 학교 분위기에 질린 몇몇 학생이 동시에 그만두기도 했다.

그러나 버넬은 학교에서 쫓겨날지는 몰라도, 쫓아내기 전까지는 어떻게든 아득바득 버티겠다고 결심했다.

"내 발로 나가지는 않겠어. 어떻게 들어온 학교인데 겁에 질려서 나갈 수는 없지. 최대한 버텨보고, 학교에서 나가라고 하면 그때 나가자."

버넬은 하루에도 몇 번씩 용기를 내고 마음을 가라앉히려고 애썼는지도 모르겠다.

4분마다 지구로 오는 전파

그렇게 버틴 결과, 버넬은 우주에서 가장 센 힘인 강력이 지금까지 알려진 가장 기이한 현상들을 만들어내는 이상한 물체를 역사상 최초로 찾아내게 된다.

버넬은 자신의 졸업 논문 주제였던 퀘이사를 찾아내기 위해 긴 시간 들판에서 전선 뭉치를 들고 일했다. 그렇게 해서 만들어낸 전파감지기는 잘 작동되어 별이 뿜는 전파를 측정하는 전파망원경으로 사용할 수 있었다. 실제로 버넬은 대학원을 다니면서 그 장치로 수십 개의 새로운 퀘이사를 찾아냈다. 이것만으로도 꽤 멋진 성과를 냈다고 할 수 있다.

말이 쉽지 실제로 기계가 보여주는 것은 두루마리 종이에 끝없는 전파 신호를 측정한 결과를 그림으로 그린 것뿐이었다. 그 모습은 병원에서 심장 박동을 표시하는 전기 신호가 아래위로 움직이는 모양과 비슷한 간단한 그림이다. 보통 사람이 봐서는 이리저리 물결치는 선만 보일 뿐이다. 그게 무슨

의미가 있는지, 뭘 어떻게 봐야 하는지 알 수 없다.

그런 종이들이 몇십, 몇백 장이고 계속 이어진다. 하늘의 모든 방향에서 오는 전파를 감지한 종이를 모으면 높게 쌓일 정도가 된다. 선을 다 연결하면 몇 킬로미터쯤은 되었을 것이다. 버넬은 번호 붙인 신발 상자에 그 종이를 넣어 쌓아놓았다고 한다. 그리고 나중에 대학원 시절을 돌아보면서, 졸업 논문을 쓰기 위해 연구하는 동안 그 모든 종이 위의 선을 한 부분도 놓치지 않고 모조리 살펴보았다고 자랑스럽게 말했다.

요즘 같으면 자료를 모두 컴퓨터에 넣고 필요한 결과만 찾아볼 수 있도록 검색하는 형태로 작업했을 것이다. 버넬의 시대에는 컴퓨터가 너무 귀하고 드물어서 평범한 학생이 함부로 사용하기 어려웠다. 그러니 모든 것을 눈으로 하나하나 살피고, 계산할 것이 있으면 그때그때 손으로 계산하면서 따져 볼 수밖에 없었다. 그만큼 힘들고 지루한 일이었다.

그러나 이것이 의외로 전혀 예상하지 못했던 발견의 기회가 되었다. 의미가 있든 없든 모든 자료를 일일이 살피다 보니, 그 긴 선 중에 생각하지 못한 이상한 모양이 눈에 띄었다. 그런 모양의 전파 신호가 감지되었을 거라고는 생각도 못했기에 신기해 보였다.

처음에는 그저 조금 이상하다는 느낌 정도만 받고 지나쳤던 것 같다. 그런데 두 번째 같은 모양을 발견했을 때, 그 비슷한 모양을 과거에도 본 것 같다는 생각을 하게 되었다.

버넬은 신발 상자를 열고 그 안에 있는 종이들을 꺼내 방 바닥에 한가득 펼쳐놓았다. 그리고 기어다니면서 자신이 본 이상한 모양이 과연 매일 발견되는 현상인지 다시 확인했다.

나는 이런 것을 찾는 힘을 '대학원생의 눈'이라고 부른다. 연구에 간절하게 매달리고 있는 젊은 대학원생이 끊임없이 같은 일을 반복하다 보면, 다른 사람이 보기에는 별것 아닌 현상이나 아무 감흥이 없을 일인데도 이상하게 눈에 밟힐 때가 있다. 대학원생의 눈은 가끔 위험한 문제점을 미리 발견하기도 하고, 다른 사람은 생각하기 어려운 신선한 발상으로 이어지기도 한다.

대학원생 버넬의 눈은 우주 저편에서 일정한 간격으로 전파 신호를 보내고 있는 물체를 보았다. 종이에 찍힌 수많은 물결 모양의 선과 얼핏 보면 같아 보이지만 선의 찌그러진 정도, 펼쳐진 정도가 조금 다른 그 모양이 버넬에게는 1초가 조금 넘는 간격으로 일정하게 전파 신호를 보내는 물체 때문에 표시된 결과처럼 보였다. 가만 따져보니, 전파가 날아오는 간격은 마치 시계로 잰 것 것처럼 정확했다.

버넬은 그 사실을 지도 교수 휴이시에게 알렸다. 그러자 휴이시는 대략 다음과 같이 답했다.

"그것은 아마 사람이 만든 기계에서 나오는 신호일 것으로 보이네. 하지만 이상하긴 하니까 다시 한번 잘 살펴보게."

민감한 전파감지기에는 온갖 전파가 잡힌다. 사람들이 사용하는 전자제품에서 나오는 전파가 잡히기도 하고, 단순히 배선이 낡은 전기 회로나 전봇대의 망가진 부분에 전기가 통했다가 말다가 하는 현상 때문에 전파가 발생해서 잡히기도 한다. 사람들이 통신이나 방송에 사용하는 전파가 들어오는 것은 물론이다.

농담 같은 이야기지만, 세계 각지의 전파망원경에서 밤마다 잡히는 이상한 전파 신호가 있어서 수수께끼로 생각했는데, 알고 보니 연구원들이 야식을 먹기 위해 전자레인지를 돌리는 신호였다는 말도 있다. 휴이시의 추측은 일리 있는 말이었다.

그러나 버넬은 사람이 지상에서 만든 장치에서 나온 전파는 아닐 것 같다는 예감이 들었다. 가만 살펴보니, 그 전파가 잡히는 시간이 매일 4분씩 차이 나고 있었다. 공교로운 이유로 매일 4분씩 시간을 달리해 퇴근하는 사람이 밤마다 집에 와서 전자레인지를 돌리는 것일까? 누가, 왜 그런 짓을 하겠는가? 그럴 가능성은 낮아 보였다.

"왜 같은 전파가 매일 4분씩 다른 시간에 잡히는 걸까? 그렇게 변하는 이유로 뭘 생각해볼 수 있을까?"

4분이라는 차이는 다른 원인과 상관있을 가능성이 훨씬 높았다. 바로 하늘의 별이 뜨고 지는 시간이 매일 약 4분씩 변하기 때문이다. 그 4분의 차이 때문에 오늘 보이는 별과 내일 보이는 별이 조금씩 달라진다. 어제는 전혀 보이지 않던 별이 오늘은 4분만큼 보일 수 있다는 뜻이다.

여름에 보이는 별자리와 가을에 보이는 별자리가 다른 것은 매일 그 4분이 쌓여서, 여름에서 가을이 되는 동안 별자리가 달라지는 것이다. 달리 말해서, 별이 뜨고 지는 시간이 달라지는 4분의 시간 차이는 지구가 태양 주위를 돌면서 우주를 보는 방향이 매일 그만큼씩 바뀌기 때문에 생긴다. 그러니까 어떤 전파가 매일 보이는 시각이 4분씩 달라진다는 이야기는 그 전파를 내뿜는 것이 별과 함께 뜨고 진다는 뜻일지 모른다. 지구가 바라보는 우주의 저편에 그 전파의 원인이 있다는 뜻이다.

이와 같은 가능성을 발견한 휴이시는 동료 학자에게 부탁해 주위에 있는 다른 전파망원경 장치로 버넬이 발견한 바로 그 물체를 다시 관찰하기로 했다. 혹시 버넬이 관리하고 있는 전파감지기에 어떤 오류나 문제가 있을지도 모른다고 의심했기 때문이다.

"처음 만들어서 사용하는 전파망원경 아닌가? 미처 생각하지 못한 고장이나 오류가 있을지도 몰라."

조심스럽게 따질 필요가 있는 문제였다. 그럴 만도 했다. 우주 저편에서 지구를 향해 아주 정확한 간격으로 전파를 보내는 물체는 생각하기에 따라서는 시계와 비슷한 장치에 연결되어 있는 것처럼 보였기 때문이다. 우주에 저절로 시계가 생길 수 있겠는가? 그게 아니라면 누군가 시계처럼 정확히 움직이는 어떤 장치를 만들고 지구를 향해 전파를 발사하는 것처럼 보이는 일이었다. 외계인이 지구를 향해 무선 통신으로 어떤 말을 걸고 있는 것일까?

학자가 신기한 발견을 했다고 해서 그런 이야기를 그냥 떠벌리고 다닐 수는 없었다. 마침 당시 미국에서는 SF 드라마 〈스타트렉〉 오리지널 시리즈 시즌2가 방영되고 있었다. 선부른 이야기를 하다가는 현실과 SF를 구분 못하고 이상한 것을 찾았다며 관심을 끌려는 어릿광대 취급을 받기 딱 좋았다.

외계인이 보내는 신호?

버넬은 세월이 한참 흐른 뒤에도 전파망원경으로 그 이상한 현상을 다시 찾아보려고 했던 그 깊은 밤을 꽤 선명하게 기억했다. 휴이시 교수와 함께 다른 연구자들의 전파망원경이 있는 곳을 찾아갔을 때, 그 이상한 전파 신호가 나타날 때가 되었는데도 어쩐 일인지 별달리 감지되는 것이 없었다고 한다. 몇 분을 기다리다가 포기하고, 휴이시와 학자들은 돌아서면서 "뭘 잘못 본 것일까?", "이런 현상이라면 그렇게 착각할 수도 있지 않을까?"라고 이야기하며 걷고 있었다고 한다. 그런데 등 뒤에서 전파 신호를 지켜보던 사람의 소리가 들렸다.

"나옵니다! 신호가 나옵니다!"

버넬에게는 대단히 흥분되는 순간이었을 것이다. 자신이 발견한 특별한 현상을 그 자리에 자리 잡고 있던 다른 학자들도 똑똑히 관찰했다.

버넬의 연구팀은 이 현상을 재미 삼아 LGM-1이라고 이름

붙였다. LGM은 작은 초록색 사람little green man의 약자였다. 당시 SF물에 흔히 나오던 전형적인 외계인의 모습을 상상한 별명이다.

정말로 외계인의 통신을 잡았다고 흥분해서 발표할 정도는 아니었지만, 적어도 초창기에는 연구팀의 여러 사람이 혹시 외계인과 관계있는 현상일 수도 있겠다고 상상했던 것 같다. LGM-1은 대략 9,000조 킬로미터가 넘는 거리에 있는 물체로, 이 정도 거리면 우리 은하 안에 있고 그렇게 멀리 떨어진 편은 아니다. 잘 알려진 별자리인 오리온자리에서 밝게 빛나는 별로, 쉽게 눈에 띄는 편인 리겔 별보다 조금 먼 정도다.

과학이 발달한 곳의 외계인이라면 그 자리에서 지구라는 행성이 있다는 것을 관찰하고, '저렇게 생긴 파란 행성이면 지능을 가진 생명체가 있을지도 모른다'고 생각할 만하지 않은가? 그러면 "혹시 이 전파 신호를 감지하는 기술이 있다면 응답하라, 응답하라!"하고 전파 통신을 보내는 상상을 해볼 수도 있다.

그러나 대단히 신기한 발견이었지만 졸업을 해야 하는 대학원생 처지에서는 마냥 신나는 일도 아니었다.

"이걸 어쩌지? 지금 논문 마무리할 시간도 없이 바쁜데 갑자기 엄청난 연구거리가 생겨버렸네."

원래 버넬의 연구 목표는 퀘이사를 찾는 것이었다. 이런 신기한 현상을 발견했다고 해서 이제 와서 갑자기 지금까지 찾아낸 수십 개의 퀘이사를 포기하고 LGM-1 연구에만 집중할 수는 없었다. 제때 졸업하지 못하는 것만큼 끔찍한 일도 없기 때문이다. '가슴이 철렁한 기분'이라는 말이 있는데, 대부분의 대학원생에게 "이번 학기에 졸업 못하겠네"라는 대사는 언제나 바로 그 기분을 느끼게 해줄 만하다.

이런 말도 안 되는 현상을 뭐라고 설명할지도 막막했다. 정말로 외계인일지도 모른다고 이야기해야 할까? 적어도 이런 이상한 현상을 풀이하기 위해서는 비슷한 현상을 몇 개 정도 더 찾아서 비교 분석할 필요가 있었다. 그런 연구에 도전한다면 시간은 얼마가 걸릴지 모를 일이었다.

"아, 이 망할 놈의 외계인은 왜 하필 우주의 하고많은 행성, 하고많은 전파감지기 중에 박사 학위 졸업을 몇 달 앞둔 내가 만든 전파감지기에 걸려서 나를 이렇게 고생시킬까?"

버넬은 나중에 당시 그 비슷한 생각을 했다고 말한 적이 있다.

버넬은 걸핏하면 새벽까지 전파감지기를 조절하며 일한 끝에 크리스마스를 얼마 앞두고 연구를 마무리했고, 명절에는 고향으로 돌아갈 수 있었다.

고향에서 휴일을 보내던 버넬은 마틴 버넬이라는 청년과 약혼하게 된다. 원래 성은 그냥 벨이었는데, 마틴 버넬과의 결혼 이후로 조슬린 벨 버넬이라는 이름을 쓰게 된 것이다.

약혼 후 학교에 돌아온 버넬은 휴이시에게 마지막으로 정리한 연구 결과를 자랑스럽게 이야기했다. LGM-1과 같이 우주에서 시계처럼 전파를 내뿜는 물체를 하나 더 찾아내는 데 성공했다는 소식이었다.

그러자 휴이시는 "정말 대단하구나. 하나 발견한 것도 신기한 현상을 어떻게 또 찾아냈을까. 정말 훌륭한 학생이구나"라고 감탄하며 칭찬했을까? 그렇지 않았다. 휴이시는 열정적인 지도 교수가 대학원생에게 보이는 전형적인 반응대로, 다음과 같이 말했다.

"그것 보게, 조슬린. 원래 하나 더 찾을 수 있었는데 놓쳤다가 이제야 찾아내지 않았는가? 좀더 찾아보면 놓친 게 또 있을 거라네."

말은 그렇게 했어도 휴이시는 대단히 기뻐했을 것이다. 그는 이 놀라운 발견을 세상에 알릴 논문을 멋지게 쓰기 위해 애썼고, 과학계의 화제가 될 수 있도록 노력했다. 그리고 실제로 LGM-1의 발견은 그에 걸맞은 결과를 가져왔다.

과연 이 이상한 물체의 정체는 무엇이었을까?

버넬은 정확히 알지 못했지만, 어느 정도 감은 있었던 것 같다. 일단 물체가 1초가 조금 넘는 아주 빠른 간격으로 전파를 계속 쏘고 있다는 것은 무엇인가 작은 물체와 관련이 있다는 뜻일 가능성이 높다고 보았다.

예를 들어, 시계 초침을 1초에 한 칸씩 움직이려면 그만큼 작은 톱니바퀴와 연결해야 한다. 큰 물체는 이런 짧은 간격으로 움직이기 어렵다. 지구가 태양을 도는 데는 365일이 걸린다. 이렇게 큰 물체들이 만들어내는 사건은 이렇게 대략 몇십 일, 몇백 일 단위의 간격이다. 그런데 LGM-1은 그렇지 않았다.

또 한 가지, 몇천 조 킬로미터 먼 곳에서 날아오는 전파인데도 이렇게 흔들림 없이 어떤 것에도 방해받지 않는 것처럼 일정하게 간격을 유지한다면 무엇인가 굉장히 강력한 물체와 관련된 현상일 가능성이 높아 보였다. 주변에서 다른 어떤 물체가 가끔씩 흔들림을 주거나 우주의 이상한 현상이 간섭하려고 해도, 묵직하게 계속 움직이는 물체일 가능성이 있다는 이야기였다. 이 조건을 합해보면, 아주 작지만 강력한 물체여야 했다.

그렇다면 굉장히 작고 무거운 물질이 대단히 좁은 공간에 꽉꽉 압축되어 있다면 어떨까? 그런 물체가 뱅글뱅글 돌아간다면 작고 빠르게 움직이면서도 결코 흔들리지 않을 것이다.

버넬의 기억에 따르면, 이 발견에 대해 발표 행사를 열었을 때 저명한 물리학자 프레드 호일이 맨 앞줄에 앉아 있었다고 한다. 발표가 끝난 후 질의응답 시간이 되자, 우주에 그렇게 작고 무거운 물체가 있다면 초신성이 폭발한 뒤에 별이 변해서 생긴 물체일 수 있음을 지적했다고 한다. 바로 중성자별이라는 이야기였다.

아주 작고 무거운 별, 중성자별

19세기 이후 과학자들은 새로운 원소를 찾기 위해 노력했다.

특히 무거운 원소 중에 새로 발견되는 원소들이 많아서 나중에는 인공적으로 무거운 원소를 만들어내면 그것이 새로운 원소가 될 수 있다고 생각하는 학자들도 있었다. 리제 마이트너와 오토 한이 우라늄을 변형시켜 더 무거운 원소를 만들려고 했던 것도 그와 같은 시도다.

이런 실험을 위해서 현대의 과학자들은 물질을 굉장히 빠른 속력으로 다른 물질에 충돌시킨다. 공을 던지는 기계나 대포를 쏘는 방식으로 충돌시키기보다는 아주 적은 양의 물질에 전기를 띠게 만든 뒤 강력한 전기를 걸어서 전자기력의 밀어내는 힘과 끌어당기는 힘을 이용해 물질을 움직이게 하는 방식으로 빠른 속력을 내게 한다. 이런 기계를 통틀어 입자가속기라고 부른다.

보통 물질이 다른 물질과 충돌해서 한 물질의 원자와 다른 물질의 원자가 부딪히면, 두 원자 속에 들어 있는 전자들이 갖고 있는 마이너스 전기끼리 서로 밀어내려는 힘을 받아서 튕겨 나오기 십상이다. 그보다 더 강하게 충돌시킨다고 한들, 두 원자의 중심에 있는 원자핵이 서로 가까워지면, 원자핵 속의 양성자들이 띠고 있는 플러스 전기끼리 서로 밀어내는 전자기력을 받아서 역시 튕겨 나온다.

그러나 보통의 수준을 뛰어넘는 어마어마한 힘으로 원자를 쏜다면, 그래서 그 모든 전자기력의 밀어내는 힘을 어느 정도 극복할 정도로 원자를 세게 박아 넣으면, 순간 두 원자의 원자핵이 아주 심하게 가까워질 수가 있다. 그러다 보면 가끔은 아주 가까운 거리에서만 작용한다는 핵력이 원자핵 속의 양성자와 중성자를 끌어당기는 바람에 원자핵이 들러붙는 현상이 일어난다. 바로 이런 방식을 이용해서 인공적으로 무거운 원자핵을 만들 수 있다.

예를 들어, 리제 마이트너의 이름을 딴 원소인 마이트너륨의 경우 109개의 양성자와 169개의 중성자가 한 덩어리로 들러붙도록 해서 만든 물질이다. 일본에서는 최근에 이런 식으로 원자를 전기로 가속시켜서 다른 원자에 충돌시키는 실험을 수십 일 동안 반복하는 실험을 수행한 적이 있다. 그렇게 실험하다 보니 0.01초도 안 되는 아주 짧은 시간 동안이지만 많은 양성자와 중성자가 들러붙어 핵을 이루는 대단히 무거운 원소를 만들어냈다.

이 결과는 국제적으로 확인되어 새로운 원소로 인정되었고, 일본 과학자들은 일본日本, 니혼이라는 말의 발음을 따서 '니호늄'이라고 이름 붙였다. 2022년 한국의 대전에서 일부 장치의 시동에 들어간 '라온'이라는 이름의 중이온가속기 역시, 수백 미터의 크기로 막대한 전력을 소비하면서 비슷한 실험을 하기 위해 개발한 장비다.

이런 식으로 원자 하나를 계속 무겁고 크게 만들면 어느 정도까지 크게 만들 수 있을까? 보통의 원자 하나는 1,000만분의 1밀리미터를 단위로 따져야 될 정도의 아주 작은 크기다. 원자핵을 눈에 보일 정도로 크고 무겁게 만들 수는 없을까? 기왕에 이상한 상상을 하기로 한 것, 원자 딱 하나가 아주 거대한 덩어리로 보이는 괴상한 물체를 생각해볼 수는 없을까? 아예 지구나 태양만 한 원자를 만들 수는 없을까?

중성자별은 이런 발상에서 상상해볼 수 있는 물체다. 원자에서 대부분의 무게를 차지하는 핵은 양성자와 중성자로 되어 있는데, 이런 물체를 크게 만들 때 양성자를 주재료로 사용하기는 어렵다. 왜냐하면 양성자는 플러스 전기를 띠고 있어서 합치려고 하면 같은 플러스 전기끼리 밀어내는 힘으로 떨어져 나오려고 할 것이기 때문이다. 대신 전기를 띠고 있지 않은 중성자를 여러 개 붙여놓으면 중성자는 서로 밀어내려는 전자기력은 없고, 서로 붙으려는 핵력은 있으므로 훨씬 쉽게 붙일 수 있다. 쉽게 생각하면 중성자들이 달라붙어 있는 덩어리를 만들고, 계속 중성자를 갖다 붙인다면 크기는 계속 커지지 않을까?

우주 저편 어느 이상한 곳에 끝도 없이 많은 중성자가 모여서 그야말로 산더미 같은 덩어리가 있다고 생각해보자. 보통의 물체를 이루고 있는 원자들은 대부분의 무게가 아주 작은 핵 속에 뭉쳐 있고, 나머지는 전자가 날아다니는 빈 공간이다. 그런데 거대한 중성자 덩어리는 핵의 재료 중 하나인 중성자만 빈틈없이 꽉꽉 모여 있는 물체다. 그렇기에 아주 작고 무거울 것이다. 그것이 바로 중성자별이다.

만약 지구 정도의 무게를 가진 중성자별이 있다고 해도, 그 크기는 너무 작아서 가방 속에 담길 정도밖에 안 될 것이다. 만일 절대로 찢어지지 않는 마법의 가방이 있어서 그런 중성자별을 담아 온다면, 땅에 가방을 내려놓는 순간 엄청난 무게 때문에 지구는 박살 날 것이다.

실제 중성자별은 단순히 중성자 덩어리로 되어 있지는 않다. 별이 수명을 다해 빛과 열을 발생시키는 활동을 하지 못하게 되면, 그 별을 이루는 물질들은 서로의 무게로 끌어당기는 중력의 힘을 강하게 받게 된다. 그러면 별은 계속 쪼그라든다.

아시아인 최초로 노벨 물리학상을 수상한 인도의 위대한 과학자 찬드라세카르는 20세기 초, 태양보다 1.4배 이상 무거운 별이라면 쪼그라드는 힘이 물질을 이루는 원자의 형태를 파괴할 정도가 되어 모든 핵이 떡진 덩어리로 변할 거라는 사실을 계산해냈다.

21세기 과학자들은 첨단 기술로 개발한 라온 중이온가속기를 이용해서 원자의 핵들을 붙이려고 하는데, 수없이 많은 라온 중이온가속기들이 별 전체를 가득 채우고 동시에 거대한 규모로 작동시키는 것과 비슷한 결과가 중성자별 속에서는 중력의 당기는 힘 때문에 저절로 생기는 셈이다.

이 변화 과정에서 폭발이 일어나면 한 번에 수백억 개의 별이 빛나는 것과 같은 엄청난 규모의 빛과 열이 발생하는데, 그것이 바로 초신성이다. 그리고 그 후에 남는 덩어리가 중성자별이다. 이런 무시무시한 과정을 겪은 후, 중성자별은 굉장히 빠른 속도로 빙빙 돌아가게 될 수 있고 자기장을 발생시킨다면 강력한 전파를 이끌어내기도 한다.

보통 빙빙 도는 물체는 세차 운동이라고 해서, 팽이가 멈출 때처럼 조금씩 비틀거리며 도는 때가 있다. 미친 듯이 빠른 속도로 돌아가는 중성자별이 세차 운동을 일으켜서 규칙적으로 비틀거리면 그때마다 전파가 발사되는 방향도 규칙적으로 달라질 것이다.

그리고 그렇게 달라지는 방향의 한쪽에 지구가 있으면, 혹은 버넬의 전파망원경이 있으면, 전파가 그쪽을 향하는 순간에만 잠깐 전파가 감지될 것이다. 그러므로 LGM-1은 외계인의 방송국이 아니라, 사실은 매우 빨리 돌고 있는 아주 무거운 물질 덩어리인 중성자별이 일으키는 현상이었다. 그래서 지금은 LGM-1 대신 공식적으로 PSR B1919+21이라는 이름으로 부르고 있다.

별빛 사이를 여행하는 물리학자

여기까지만 보면 중성자별이 우주 멀리 있다고 한들, 그게 정말로 외계인이 만든 것도 아닌데 우리 삶과 무슨 상관인가 싶다. 그러나 사실 중성자별의 영향은 우리와 아주 가까운 곳에 있다. 철보다 무거운 원소는 중성자별이 충돌하거나 부서질 때 생겨나 우주에 퍼졌다는 것이 요즘 가장 인기 있는 학설이기 때문이다.

사람 몸에 꼭 필요한 원소라고 하는 아이오딘, 즉 요오드나

셀레늄 같은 원소가 바로 여기에 속한다. 우리가 귀하게 여기는 금이나 은도 철보다 무거운 원소다. 이런 물질들이 사실은 모두 중성자별에서 왔다는 이야기다.

우리가 땀을 흘리고 심장이 빨리 뛸 때 몸속에 티록신 호르몬이 분비되는 현상을 생각해보자. 티록신 호르몬에는 아이오딘 성분이 들어 있다. 아이오딘은 거슬러 올라가면, 먼 옛날 중성자별에서 만들어졌다. 중성자별의 부스러기가 수억, 수십억 년 우주 이곳저곳을 떠돌다가 지금의 태양계에 흘러들어 지구를 만들 때 섞였고 아마도 김이나 미역 같은 해조류가 그것을 흡수했을 것이다. 그런 음식을 사람이 먹으면 그 속에 있는 아이오딘을 몸에서 흡수해서 호르몬을 만드는 재료로 쓴다. 말하자면 사람은 땀을 많이 흘려야 할 때 중성자별 부스러기를 활용한다.

1960년대 과학의 발전으로 학자들은 중성자나 양성자 같은 아주 작은 물질조차도 사실은 더욱 작은 물질로 되어 있다는 추측을 하게 되었다. 물리학자 머리 겔만은 그 작은 물질에 '쿼크'라는 이름을 붙였다.

현대의 과학자들은 중성자, 양성자가 쿼크로 되어 있다는 사실을 알아냈다. 그리고 쿼크보다 더 작은 물질은 없다고 보고 있다. 돌아보자면, 처음에는 세상 물질은 원자라는 아주 작은 것이 모여서 만들어졌다고 생각했고, 나중에는 원자 속에 더 작은 핵이 있다고 생각했고, 그다음에는 핵이 양성자와 중성자로 구분되었고, 다시 양성자와 중성자가 쿼크로 이루어졌다는 것을 알아냈다. 쿼크가 마지막으로, 그 이하는 없다는 뜻이다.

현대 과학의 결론에 따르면, 쿼크야말로 무게를 지닌 보통 물질을 이루는 가장 작은 단위다. 또한 중성자나 양성자 같은 물질을 서로 들러붙게 만드는 핵력은 결국 쿼크가 일으키는 현상이었다. 이때 쿼크들 간에 작용하는 특별한 힘을 바로 강력이라고 부르게 되었다. 쿼크들이 서로 글루온이라는 입자를 주고받을 때, 강력이라는 힘을 주고받는 현상이 일어난다. 그러니까 원자력, 핵폭탄의 힘과 연결되어 있는 힘이라던 핵력은 강력이 쿼크와 함께 만들어내는 간접적인 현상이었다.

쿼크가 일으키는 현상을 일상생활에서 가깝게 느끼기는 쉽지 않다. 하지만 어마어마한 숫자의 중성자들이 아주 가까이 달라붙어 있는 무거운 중성자별에서는 그 중성자를 이루며 모여 있는 많은 쿼크가 다양한 현상을 일으킨다. 보통 쿼크는 3개씩 덩어리져서 양성자나 중성자를 이루며, 그것이 우리가 흔히 보는 물질의 재료가 된다.

그런데 2020년, 헬싱키 대학의 부오리넨 교수 연구팀은 중성자별의 중심에는 쿼크가 수없이 뭉쳐 달라붙어 있는 거대한 덩어리가 있을 거라는 추측을 발표했다.

우주에서 가장 이상한 물질 덩어리인 중성자별의 중심에는 서로 강력을 주고받는 가운데 더욱 이상한 물질 상태를 이루고 있는 쿼크의 중심, 즉 쿼크 핵이 있을 수도 있다는 뜻이다.

중성자별의 발견은 우주와 물질에 대한 이해를 한결 높은 경지로 끌어올렸다. 연구팀을 주도했던 휴이시는 노벨상을 수상하기도 했다. 휴이시는 그전부터 훌륭한 천문학자로 명망이 높았지만, 노벨상까지 수상한 데에는 중성자별의 발견을 무시할 수 없을 것이다.

그에 비해 정작 중성자별을 직접 확인한 장본인 조슬린 벨 버넬은 노벨상을 받지 못했고, 중성자별 발견이 큰 화제였던 것에 비하면 학자로서의 초기 생활이 그렇게 화려하지 않았다. 버넬은 결혼 후 아들을 낳아 길렀고 그 역시 장성해서 물리학 교수가 되었는데, 아무래도 육아를 하면서 일하는 것이 당시의 영국 사회에서는 쉬운 일이 아니었다. 육아를 위해 정규직보다 시간제 직장을 택할 수밖에 없었던 것으로 보이는 시기도 있었다.

심지어 버넬이 약혼 후 반지를 끼고 학교에 갔더니, 그 모습을 이상하게 여기는 사람들도 있었다고 한다. 왜냐하면 당시 여성은 결혼하면 으레 직장을 그만두는 것이 거의 규칙이나 다름없었으니, 반지를 끼고 있다는 것은 "나는 곧 일을 그만둘 사람입니다"라고 말하고 다니는 것이나 마찬가지였기 때문이다.

"조슬린, 너는 이제 결혼하니까 과학 연구는 그만두겠네?"

"아니요. 저는 결혼한 후에도 계속 일을 하려고 하는데요."

"뭐? 결혼한 후에 여자까지 돈을 벌어야 할 만큼 남자의 처지가 곤란해? 무슨 빚이라도 있니?"

지금은 이상한 생각이지만, 당시 영국에서는 여성이 결혼 후에도 직업을 갖는 것은 집안이 가난하고 남편이 무능하다는 뜻이 되어 흠을 잡는 사람들이 많았다고 한다.

그런 편견과 달리 버넬은 노령에 들어설 때까지도 많은 사람에게 영향을 미치는 훌륭한 학자이자 교육자로 활발히 활동했다. 나중에는 그 공적을 충분히 인정받아 여러 기관에서 다양한 상을 받기도 했다.

특히 버넬은 일생의 많은 시간을 영국의 개방 대학Open University에서 일했다. 개방 대학은 보통의 대학에 입학하기 어려운 사람들이 더 넓은 교육 기회를 갖기 위해 통신 교육, 원격 교육을 통해서 공부할 수 있는 교육 기관이다. 이곳에서 버넬은 배우기 어려운 처지에 있는 사람, 차별 때문에 공부하기 어려웠던 사람들이 새로운 기회를 찾고 더 많은 도전을 할 수 있도록 일했다. 나만 하더라도 버넬의 활동에 대해 알게 되면서, 사이버 대학과 원격 교육이 사회에 꼭 필요한 일이고 보람찬 일이라고 더 깊이 생각하게 되었고, 앞으로 내가 어떤 직장에서 일해야 하는지 돌아보게 되었다.

버넬은 70대가 된 2020년대에도 여러 곳에서 많은 학생과 대중을 위해 강연하고 있다. 이런 기회를 통해 여전히 대학원생과 거리가 멀지 않은 생생한 감각으로, 누구에게든 도전을 위한 용기를 주고 더 많은 배움의 기회를 찾을 수 있도록 응원하고 있다.

추운 겨울 외계인의 통신을 엿듣는 것 같은 희미한 신호를 밤새 추적하는 버넬의 경험담이 우주 저편 신비한 물질의 정

체로 이어지는 그 사연을 듣고 있으면, 누구든 아름다운 별빛
사이를 끝없이 여행하는 것 같은 감흥이 생길 것이다.

FORCE 4

야간

지금까지도 약력이 방향을 따지는 힘,
반전성 대칭이 깨지는 독특한 성질을 가진 힘이라는 점은
중요한 사실로 강조되고 있다.
그리고 이 사실은 세상에 있는 네 가지의 힘을
어떻게 정리해서 이해해야 하는지, 네 가지 힘 사이의 관계는 어떤지,
우주가 처음 생겨난 이후 세상을 어떻게 지금과 같은 모양으로 이끌었는지를
따질 때 꼭 같이 생각해야 하는 중요한 일이다.

약력의 정체를
밝혀라

우젠슝

중국 출신의 과학자 우젠슝은 20세기 중반 방사능 물질과 방사선을 다루는 실험에 가장 밝았던 인물이다. 1956년 세상의 네 가지 힘이 일으키는 현상 중에 가장 이상한 일로 악명 높았던 약력의 대칭성 깨짐 현상을 실험으로 입증한 공적으로 널리 알려졌다. 대부분의 사람은 너무나 당연한 현상이라 연구할 거리가 된다고 여기지도 않았던 사실이 당연하지 않다고 입증된 사건이었다. 많은 사람을 큰 충격에 빠트린 중대한 실험이었다.

약력의 대칭성 깨짐 현상은 "반전성 보존이 들어맞지 않는 현상"이라고 말하기도 하고, "패리티 보존이 위반되는 현상"이라고 부르기도 한다. 정확한 뜻을 따져보면 내용이 좀 어려운 편이지만, 그 현상과 비슷한 현상이 발생하는 가장 원초적인 사례를 살펴보자면, 자연의 힘 중에 왼쪽, 오른쪽 방향을 따져서 어느 한쪽을 더 좋아하는 힘이 있느냐, 없느냐 하는 문제로 바꾸어 생각해볼 수 있다.

자석으로 철 덩어리를 끌어당기는 놀이를 한다고 생각해보자. 이때 자석을 철의 왼쪽에 대든, 오른쪽에 대든, 이끌리는 힘의 크기와 정도는 같다. 즉 자석이 갖고 있는 힘, 전자기력은 물체 사이의 좌우 방향을 따지지 않는다. 좌우가 아니라 어느 쪽으로든 힘은 똑같이 걸린다. 물론 지구 근처에서 실험을 한다면, 지구 자체가 자력을 띠고 있다는 점을 고려해야 한다. 전자기력을 이용해 공중으로 당길 때는 생각보다 철 덩어리에 힘이 다소 약하게 걸리고, 땅 쪽으로 당기면 기대보다 좀더 강한 힘이 걸릴 것이다. 그러나 이것은 지구라는 특수한 환경에서 전자기력이 땅 쪽으로 더해지기 때문에 생기는 현상일 뿐이지, 전자기력 자체가 방향을 따지는 것은 아니다.

중력이나 강력은 어떨까? 마찬가지로 방향을 따지지 않는다. 달이 지구 주위를 돌 때 지구의 동쪽에 있으면 지구를 더 세게 잡아당겨서 밀물 썰물이 심해진다거나, 반대로 지구의 서쪽에 있으면 지구를 더 약하게 잡아당기거나 하지 않는다. 강력의 간접 작용으로 원자로가 가동될 때에도 마찬가지다. 강력은 왼쪽, 오른쪽을 가려서 걸리지 않는다. 강력 때문에 생기는 방사선만 본다면, 원자로의 왼쪽에서 방사선이 더 많이 나온다든가, 원자로의 오른쪽에서 방사선이 더 적게 나온다든가 하는 현상은 생기지 않는다.

이런 현상은 너무 당연하기 때문에 중력, 전자기력, 강력을 가르칠 때 딱히 언급하지도 않는다. "중력은 모든 물체가 서로 그 무게만큼 당기는 힘이다"라고만 설명할 뿐이다. 굳이 "중력은 물체가 어느 쪽에서 어느 쪽으로 당기는지 방향은 따지지 않고 항상 같은 정도로 생긴다"라는 말을 덧붙이지 않는다. 그런데 정말 완벽하게 그럴까?

힘의 방향을 따질 때, 아주 정밀하게 측정한다고 해도 항상 모든 형태와 각도에서 정말 아무런 차이가 나타나지 않는다고 장담할 수 있을까? 이런 문제는 시간, 공간, 원리, 힘 등에 가장 밑바탕에 깔린 생각을 헤집는 문제다.

우젠슝은 우주에 있는 가장 원초적인 힘 가운데 하나인 약력만은 특수한 상황에서 꼭 방향을 따지는 것처럼 생겨날 때가 있다는 사실을 증명했다. 약력 또한 중력, 전자기력, 강력같이 원초적인 힘인데도 약력이 걸릴 때는 괴상하게도 마치 눈이 달린 것처럼 왼쪽, 오른쪽 방향을 따지고 그중에 한 방향을 더 좋아하는 것처럼 보인다는 것이다.

영웅호걸의 탄생

우젠슝은 1912년, 지금의 중국 타이창太倉에서 태어났다. 타이창은 중남부 해안 지역으로 한국식 발음으로는 태창이라고 하는데, 먼 옛날 나라의 곡식 창고가 위치한 지역이라고 해서 이런 지명이 붙었다는 이야기가 있다. 그도 그럴 것이 타이창은 거대한 양쯔강 변에 있는 도시라서 배를 타고 드나들기 좋아 예로부터 문물의 교류가 활발하던 곳이다. 근현대에 들어서는 중국에서 가장 빠르게 발전한 도시인 상하이와도 아주 가까운 편이라 더욱 발전의 기회가 있던 지역이다. 오늘날 몇몇 한국 회사들도 타이창에 공장을 운영하고 있다.

19세기에서 20세기 초에 이르는 시대에는 유럽과 일본이 아시아 지역 곳곳을 맹렬하게 침략했다. 그런 만큼 아시아 여러 나라에서는 하루 빨리 과학 기술을 비롯한 새로운 학문을 발전시켜 국력을 기르고 강대국으로부터 독립해야 한다는 생각이 널리 퍼지고 있었다. 우젠슝의 아버지 역시 비슷한 생각을 품었던 인물이었다. 그는 중국에 신식 교육을 과감하게 도입해 실력 있는 인재를 키워야 한다는 꿈이 있었다.

집안의 분위기는 우젠슝의 이름에서 단적으로 드러난다. 우젠슝吳健雄은 한국식 발음으로 읽으면 오건웅이 되는데, '건웅'이라는 이름은 돌림자 '굳셀 건'에 '수컷 웅'을 붙여서 만든 이름이다. 여성 이름으로 그렇게 흔하지는 않다. 우젠슝의 집안에서는 자식이 태어나면, 미래에 대한 기대를 담아 '영웅호걸英雄豪傑'이라는 단어에서 한 글자씩을 따서 이름 붙일 계획이 있었다고 한다. 그래서 첫째, 둘째, 셋째에게 차례대로 '영', '웅', '호'라는 글자를 붙여 오건영, 오건웅, 오건호라고 이름 지었다. 첫째, 셋째는 남자였지만, 둘째는 여자였다. 하지만 기왕 호방하게 이름 붙이기로 한 것, 굳이 남녀를 따지지 않고 원래 계획대로 공평하게 이름을 지었다. 우젠슝은 영웅호걸이라고 불릴 만할 큰 업적을 남긴 과학자가 되었으니 그야말로 이름이 아깝지 않았다.

우젠슝은 어릴 때부터 아버지가 집에 가져다놓은 다양한 책과 인쇄물 들을 읽으며 여러 방면의 지식에 관심을 가졌다고 한다. 특히 아버지가 미래를 위해 중국의 인재를 기른다는 발상에 관심이 많았던 만큼, 아마도 빠르게 발전하는 과학 기술에 대한 지식도 접할 기회가 많았을 것이다.

우젠슝의 어린 시절은 제1차 세계대전이 벌어지고, 끝나고, 제2차 세계대전이 시작되기 전까지의 평화 시대가 펼쳐지던 기간과 겹친다. 무선 통신, 비행기, 자동차, 라디오, 영화, 레코드판 등 20세기 기계 문명이 빠르게 신제품을 양산하며 세상을 바꾸던 시대였다. 예전에는 다른 세상의 모습을 볼 수 있는 수단이 그림밖에 없었다. 그러다가 영화라는 기술이 나와서 움직이는 영상으로 다른 나라의 풍경을 보여준다는 이야기를 처음 듣는 기분은 어땠을까? 예전에는 사람이 말이나 소가 끄는 수레를 타고 다니는 것이 당연한 시대였는데, 자동차가 등장해서 요긴하게 쓰인다는 놀라운 소식을 들으면 무슨 상상을 하게 될까? 호기심 많은 우젠슝은 이런저런 소식에 빨려들 수밖에 없었을 것이다.

그렇지만 막상 우젠슝이 이런 지식을 얻기 위해 정식으로 교육받을 기회는 많지 않았다. 20세기 초만 하더라도, 중국

지방 도시에 여성을 위한 교육 기관은 드물었기 때문이다. 이때까지만 해도 여성은 굳이 학교에서 교육받지 않아도 된다는 생각이 아시아 각지에 남아 있을 때였다. 우젠슝이 살던 타이창 지역에도 여자 어린이가 다닐 수 있는 학교는 거의 없었던 것 같다.

그러나 다행히 우젠슝은 특별한 기회를 얻을 수 있었다. 미래를 위한 교육 사업을 구상하던 아버지가 아예 학교를 하나 세웠고, 이 학교는 여자 어린이를 학생으로 받아들였다. 나중 상황을 보면 우젠슝의 아버지는 우젠슝을 각별히 사랑하며 아꼈고 또한 재주에 대한 기대도 컸던 것으로 보인다. 어쩌면 아버지는 자신의 딸이 처한 현실을 자각하고 깊이 고민하는 과정에서 여성을 위한 교육이 필요함을 절감했고 그 때문에 학교를 세우는 일에 뛰어든 것 같아 보이기도 한다.

이 학교의 한국식 이름은 명덕 학교다. 중국 고전《대학》의 맨 앞부분이 바로 '대학지도 재명명덕'大學之道 在明明德이다. 풀이하자면 "대학의 길은 밝은 덕을 밝히는 데 있다"는 뜻이 되는데 '명덕'은 아마도 여기에서 따온 것으로 보인다.《대학》이라는 책 제목부터가 '큰 배움'이라는 뜻이 되므로, 한국의 학교 이름이나 교훈 등에도 명덕이라는 말은 흔히 쓰인다. 이런 것을 보면 우젠슝의 아버지는 중국 고전에 밝아서 학식을 쌓고 독서를 중시하면서도 동시에 그런 노력으로 새로운 분야의 지식을 탐구하는 데에도 열성을 다한 사람이었던 듯하다.

우젠슝은 지금의 초등학교쯤 되는 명덕 학교 시절을 인생의 어느 시기보다도 즐겁고 소중한 때로 기억했다. 학교라는 곳에서 여러 친구를 만나고, 항상 새로운 것을 배우며, 미래에 대한 가능성을 꿈꾸던 시절이었다. 우젠슝은 성적도 훌륭했거니와 나중의 활동을 보면 학창 시절 학생 대표 활동을 하는 등 학생들 사이에서 인기도 높았다. 동네에서 가장 훌륭한 인재라고 친구들이 자랑스러워했고, 이 정도면 중국 어디에 가서도 뛰어난 학생이라고 할 만한 시절을 보냈다. 아버지는 자신이 설립한 학교에서 딸이 즐겁게 지내는 모습을 보며 기뻐했을 것이고, 우젠슝 역시 아버지가 흐뭇해하는 모습을 보면서 뿌듯했을 것이다.

이후 우젠슝은 지금의 중학교, 고등학교 교육을 받기 위해 고향을 떠나 기숙사 학교에 진학한다. 쑤저우에 위치한 여성을 위한 사범학교로 기본적으로는 교사를 양성하기 위한 교육기관이었다. 20세기 초반까지만 해도 세계 여러 나라에서 여성은 교육을 받고도 택할 수 있는 직업이 많지 않았고, 주로 교사, 간호사, 비서로 일했다. 중국 역시 크게 다르지 않았다. 어쩌면 이 학교에 진학한 무렵만 하더라도 우젠슝은 교사가 되어 고향에 돌아가 명덕 학교에서 선생님으로 일할 생각을 했을지도 모른다.

그런데 우젠슝은 여기에서도 훌륭한 성적을 자랑하며 우수한 학생으로 평가받았다. 마침 비슷한 시기, 실력이 비슷한 학생들은 상급 학교에 가서 더 깊은 공부를 해볼 생각을 나넜다. 나는 우젠슝이 이런 학생들과 어울려 지내면서 영향을 받았으리라 추정해본다. 학교를 마치면 1년 동안 교사로 일해야 하는 의무가 있었다고 하는데, 그렇게 일하면서 자신의 삶과 미래를 생각하고 더 어려운 공부에 도전해볼 생각을 굳히지 않았을까 하는 짐작도 해본다.

특히 이 무렵 우젠슝은 나중에 중국의 유명한 사상가로 자리 잡는 후스胡適를 만나게 된다. 한국에는 '호적'이라는 발음으로 잘 알려져 있으며, 과거에는 중국 정세를 이야기할 때 자주 언급되던 인물이다. 떠도는 이야기 중에는 후스가 우젠슝을 뛰어난 제자로 대접하며 아꼈다고 하는데, 그렇다면 우젠슝이 후스에게 영향을 받았을 가능성도 있다. 후스는 미국 컬럼비아 대학에서 교육학을 전공해 박사 학위를 받은 사람으로, 중국의 개혁을 위해 왕성하게 활동한 인물이라는 평가를 받고 있었다. 우젠슝은 '나도 후스 선생님처럼 선진국에 유학 가서 최고의 지식을 배우고 뛰어난 학자가 되고 싶다'는 꿈을 품지 않았을까?

운명이 바뀌던 날

이후 우젠슝은 당시 중국 최고 수준의 대학으로 손꼽히던 중앙中央 대학에 입학한다. 한국식으로 읽으면 중앙 대학, 정식 명칭으로는 국립 중앙 대학이라고 부르던 학교다. 당시 중국의 수도 난징에 위치한 학교로 말 그대로 중국 정부에서 설립한 대학이었다. 나중에 중국공산당이 중국을 차지한 후, 중화민국 정부가 대만으로 철수하는 사건, 이른바 국부천대國府遷臺라고 하는 사건이 발생하면서 주요 국가 기관들이 철수했는데, 이때 국립 중앙 대학도 대만으로 옮겨갔기에 지금 국립 중앙 대학이라고 하는 학교는 대만에 있다. 그러나 우젠슝이 대학을 다니던 시절인 1930년대 초는 국부천대 전이었기 때문에 학교가 난징에 있었고, 지금 그 건물들 중 다수는 중국 본토의 학교인 난징 대학으로 넘어가 있는 상태다.

우젠슝이 처음 택한 전공은 수학이었다. 그렇지만 수학 자체보다는 수학을 이용해서 현실의 문제를 푸는 데 더 큰 재미를 느꼈기 때문인지, 곧 전공을 물리학으로 바꾼다. 이후 우젠슝은 성실하고 부지런한 학생답게 집요하게 물리학 공부에 매달려 차근차근 실력을 다진다. 우젠슝은 국립 중앙 대학을 졸업하고 저장 대학에서 석사 학위를 취득했고, 중앙연구원이라는 연구소에서 연구원으로 일했다.

대학 시절에도 착실하고 성적이 뛰어나다는 평판이 있었다. 이런 모습을 잘 보여주는 것이 우젠슝이 학생 운동에 참가했던 일이었다. 1930년대 중국은 일본의 침략에 시달리고 있었다. 그러나 중국 정부를 지휘하던 장제스는 중국 내부의 경쟁자들을 다스리는 데 신경을 쓰고 있는 형편이었다. 그 때문에 젊은 학생들 사이에는 장제스가 같은 중국인들과 싸우는 일은 그만두고, 일본을 몰아내는 일에 집중해야 한다는 주장이 있었다. 그 밖에도 여러 이유로 학생들은 장제스에 대한 항의, 비판에 나서는 경우가 있었다.

우젠슝 역시 학생 운동에 참가할 때가 있었는데, 대표 역할을 맡기도 했다. 여성 과학자들의 전기를 정리한 개서린 휘틀록, 로드리 에벤스 등이 쓴 글에 따르면, 이때 우젠슝이 학생 대표가 되었던 이유는 워낙 착실한 학생이라서 당국에서 함부로 대하지 못할 거라는 생각 때문이었다고 한다. 우젠슝 정도의 학생이 나서서 주장하는 의견이라면 진지하게 들어볼 만하다는 느낌을 주기 때문이었다고 볼 수도 있겠다. 떠도는 이야기로 이 시절 우젠슝이 실제로 장제스를 만난 적이 있다고 한다.

우젠슝이 과학을 대하는 성실함은 졸업 후 첫 직장이라고 할 수 있는 중앙연구원 시절, 구징웨이라는 인물을 만나면서 다른 방향으로 뻗어나가게 된다. 구징웨이는 미국 미시간 대학에서 박사 학위를 받고 돌아온 여성 학자였다. 우젠슝의 재능을 알아본 구징웨이는 우젠슝에게 미국에 가서 최첨단 과학을 공부하고 오라고 권유한 듯하다. 우젠슝처럼 성실하게 공부하는 사람이라면, 홀로 힘든 유학 생활을 하더라도 충분히 좋은 성과를 거둘 거라고 생각한 것 같다.

그렇게 해서 우젠슝은 미시간 대학에 입학할 생각을 하고 미국 유학을 준비했다. 다행히 대학원에 합격했고, 1936년 20대 중반의 우젠슝은 유학길에 오른다. 아버지와 어머니는 태평양을 건너는 배를 탄 딸을 향해 손을 흔들었고, 우젠슝은

"언제 다시 고향에 돌아오게 될까?" 하는 생각을 했을 것이다. 그러나 우젠슝은 상상했던 것보다 훨씬 더 긴 시간이 지나서야 고향에 돌아오게 되며, 아버지와 어머니를 직접 보는 것은 미국으로 가는 배 위에서가 마지막이었다.

동아시아에서 태평양을 건너 미국으로 가는 배는 보통 샌프란시스코 인근에 도착하는 경우가 많다. 지금도 샌프란시스코의 차이나타운은 전 세계 차이나타운 중에서도 가장 유명한 축에 속하거니와, 인기 있는 할리우드 영화 〈빅 트러블〉에서 '리틀 차이나'라는 이름으로 등장한 지역이다. 하다못해 해외와 교류가 활발하지 않았던 조선 시대에도 1900년대 초 샌프란시스코로 건너간 사람들은 1,000명 이상으로 추산된다고 한다.

우젠슝이 처음 도착한 도시 역시 샌프란시스코였다. 아마도 우젠슝은 이곳에서 하루 이틀 정도 머물고 다시 기차를 타고 아메리카 대륙을 가로질러 미시간 대학으로 떠날 계획을 세웠을 것이다.

그런데 여기서 우젠슝은 같은 중국인 유학생을 따뜻하게 대해주는 젊은 중국인 유학생, 위안자류를 만나는 바람에 계획이 완전히 바뀌게 되었으며, 결국 그로 인해 과학의 역사도 바뀌게 된다.

조선 시대 말, 그러니까 대략 청일전쟁 시기에 조선에 들어온 중국 군인으로 위안스카이袁世凱, 한국식 발음으로 원세개라고 하는 사람이 있었다. 위안스카이는 국사 시간에도 한두 번쯤 들어봤을 사람인데, 조선의 갑신정변을 진압한 인물로 언급되기도 한다. 위안스카이는 조선을 떠나면서 안동 김씨 부인이라고 하는 여성을 데려갔는데, 이후 위안스카이가 더 크게 세력을 키워 중국에서 성공하면서 김씨 부인이 낳은 자식도 귀한 신분에 오르게 된다.

바로 그 사람이 위안커원袁克文, 한국식 발음으로 위극문이라고 하는 사람이다. 위안커원은 위안스카이가 조선에 머물던 시절에 태어났으므로, 그의 고향은 한국의 서울인 셈이다. 말년에 위안스카이가 망하면서 위안커원은 그저 장기와 마작에 뛰어난 인물 정도로 취급되었는데, 위안커원의 자식들 중에는 학자로 성공한 사람이 있다. 그 사람이 바로 일찌감치 물리학 공부를 위해 미국으로 유학을 떠난 위안자류袁家騮, 한국식 발음으로 원가류다. 그러니까 위안자류는 위안스카이와 김씨 부인의 손자인 셈이다.

아마도 위안자류는 중국인 유학생 친목 모임 같은 곳에서 우젠슝을 처음 만나지 않았나 싶다. 먼저 미국에 정착한 중국인 학생들이 새로 온 학생들을 환영해주고, 미국에 적응하기 위해 알아둬야 할 것들을 나누기도 하는 모임이었을 것이다. 요즘도 어느 나라에 가던 이런 비슷한 모임은 자주 생긴다. 미국 주요 도시에 한인회가 있거나, 주요 학교에 한국인 학생회가 있고, 중국 유학생들이 한국에 많이 건너오는 요즘은 한국 학교에 중국인 학생회가 조직되어 중국 학생들의 한국 적응을 돕기 위해 나서는 일도 있다.

그런데 위안자류가 우젠슝에게 어느 정도 호감을 느꼈던 것 같다. 영화 속 한 장면처럼 첫눈에 반한 것인지, 아니면 처음에는 그냥 "보기 드물 정도로 성실하고 강인한 후배다"라고 좋게 평가한 것인지는 잘 모르겠다. 어느 쪽이든, 위안자류는 우젠슝에게 미국 생활에 대한 조언만 몇 마디 하고 간 것이 아니라, 자기가 다니고 있던 인근의 학교를 구경시켜 준다. 결국 이 인연으로 두 사람은 결혼하게 된다.

중성미자라는 수수께끼

위안자류가 다니던 학교는 흔히 UC 버클리라고 부르는 캘리포니아 버클리 대학교였다. 과학 분야의 연구 업적도 뛰어나고, 학교 자체가 상당히 아름다운 곳이기도 하다. 대학생 무렵 젊은이들의 불안한 마음을 다룬 이야기로 〈졸업〉이라는 미국 영화가 유명한데, 이 영화의 무대로 등장하는 학교가 바로 UC 버클리다.

위안자류는 우젠슝을 위해 UC 버클리의 방사선 연구 장비를 소개해주었다. 20세기 초중반 무렵, X선을 이용해 아주 작은 원자들의 세계를 분석하는 X선 결정분광학이라는 기술을 다루는 분야에서는 이상하게도 여성 과학자들이 활발히 활동하는 경향이 있었다. 그 때문에 이 분야에서 도러시 호지킨 같은 노벨상 수상자가 나오기도 했다. 마침 우젠슝 역시

X선 결정분광학에 어느 정도 경험이 있었다. 어쩌면 애초에 미시간 대학에서 연구하기로 생각했던 것도 X선의 성질이나, X선을 이용해 물질의 성질을 조사하는 현상이었을지도 모른다.

나는 위안자류가 그런 이야기를 듣고 우젠슝에게 좋은 것을 보여주겠다고, X선보다 더욱 강력하고 희귀한 방사선을 연구하는 UC 버클리의 시설들을 소개한 것이 아닐까 생각해 본다. 당시 UC 버클리의 방사선 연구를 담당하던 책임자는 어니스트 로런스였는데, 그는 3년 후인 1939년에 노벨상을 수상하는 인물이다. 그런 만큼 UC 버클리의 방사선 연구 기술은 상당한 수준으로 발전해 있었다. 아마도 강력한 방사선을 만들어내는 입자가속기 같은 장비도 잘 갖추어져 있었을 것이다. 로런스가 노벨상을 받은 이유도 사이클로톤 방식의 입자가속기를 발명한 공적 때문이었다.

여성에게 호감을 얻기 위해 멋진 입자가속기를 보여주는 것이 데이트에 효과적일 것 같지는 않지만, 1930년대 후반 UC 버클리를 구경하던 우젠슝과 위안자류에게는 과학이라는 특별한 공감대가 있었다. 마침 이 시기 우젠슝이 "여학생은 미시간 대학에서 정문으로 다닐 수 없다"는 이야기를 들었다는 전설 같은 이야기도 있다. 그래서 우젠슝은 굳이 미시간 대학에 갈 필요 없이, UC 버클리에 다닐 수 있다면 오히려 좋겠다고 생각했던 것 같다. 우젠슝은 그만한 자격이 있는 우수한 학생이었고, 위안자류도 우젠슝이 UC 버클리에 입학하기 위한 여러 가지 절차를 알아봐 주었다.

그렇게 해서 우젠슝은 원래의 계획과는 다르게 UC 버클리 대학원에 입학했고, 이곳에서 쌓은 지식으로 자신의 가장 놀라운 업적을 향해 나아가게 된다. 정작 위안자류는 얼마 후 장학금을 받기 위해 UC 버클리를 떠나 캘리포니아 공과대학, 즉 캘텍으로 옮기게 된다. 이런 것을 보면 세상 일은 참 알 수 없다. 우젠슝과 위안자류의 결혼식 사진으로 남아 있는 것도, 캘텍을 대표하는 교수였던 로버트 밀리컨의 집에서 촬영한 것이다.

기대했던 대로 우젠슝은 UC 버클리에서 다양한 방사선을 연구하기 시작했다. 지금도 방사능 물질에서 나오는 방사선을 흔히 알파선, 베타선, 감마선 세 가지로 분류한다. 우젠슝은 그 세 가지의 기초 지식과 실험 방법에 대한 지식을 쌓아나갔다.

알파선은 원자의 중심에 들어 있는 핵의 작은 부스러기가 쪼개져 튀어나오는 것이다. 강력 때문에 생기는 핵력이 핵을 뭉치게 하는데, 그 한계를 넘어 가끔씩 핵이 부스러져 나오는 현상이라고 볼 수 있다. 감마선은 아주 높은 주파수의 빛이 나오는 현상으로 그 성질은 우젠슝이 앞서 연구하던 X선과 무척 비슷하다. X선 역시 감마선만큼은 아니지만 상당히 높은 주파수의 빛이다. 그러므로 감마선, X선은 빛의 다른 이름인 전자기파다.

베타선은 알파선이나 감마선과 다르다. 베타선 자체가 무엇인지 알아내는 것은 그다지 어렵지 않았다. 베타선은 전자라는 아주 작은 입자가 빠른 속력으로 튀어나오는 현상이었다. 전자를 뿜어내는 형태로 만든 전자제품이나 전기 스파크가 튀는 기계에서 자주 벌어지는 현상과 비슷하다. 여기까지는 많은 학자가 쉽게 동의하며 알아낼 수 있는 현상이었다.

그러나 전자가 도대체 방사능 물질의 어디에 있다가, 어떻게, 왜 튀어나오는지에 대해서는 쉽게 결론 내릴 수 없었다. 특히, 같은 물질에서 어떨 때는 전자가 빠르게 튀어나오고, 어떨 때는 느리게 튀어나온다는 사실은 대단히 고민스러운 수수께끼였다. 도대체 원자의 핵 속에서 무슨 일이 벌어지고 있는 것일까? 그 차이는 어디에 남게 되는 것일까? 예를 들어, 122차 실험을 할 때는 평소에 비해 튀어나온 전자가 유독 더 빠른 속도로 날아가게 되었다고 치자. 그런데 무엇이든 아무 이유 없이 갑자기 더 빠르게 날아갈 수는 없다. 빠르게 나올 수 있도록 무언가는 변해야 한다. 뭔가가 느려지든지 모습이 바뀌든지 해야 한다는 뜻이다. 그렇다면 뭐가 어떻게 바뀌고 있단 말인가?

당시 학자들 중에는 중성미자라고 부르는 보이지도 않고 사실상 측정할 수도 없지만, 어찌 되었든 전자와 함께 튀어나오는 입자가 있을 거라고 상상하는 사람들이 있었다. 만약 그렇다면, 대충은 문제를 설명할 수 있다. 예를 들어, 어떨 때는 중성미자가 빠른 속력으로 튀어나오고 대신에 전자는 느린 속력으로 튀어나오고, 반대로 어떨 때는 중성미자가 느린 속력으로 튀어나오고 대신에 전자는 빠른 속력으로 튀어나온다고 치자. 중성미자는 측정할 방법이 없기 때문에 그 영향은 눈에 띄지 않을 것이고, 대신 전자만 감지기에 측정되어 어떨 때는 빠르고, 어떨 때는 느리게 보일 것이다. 사실은 제멋대로인 것이 아니라, 중성미자가 어느 정도의 속도로 튀어나갔느냐에 따라 전자의 속도가 달라진 것이다.

그러나 많은 학자가 이런 답을 탐탁지 않게 생각했다. 양자론의 대표라고 할 수 있는 닐스 보어는 관찰도 안 된 중성미자라는 물질을 상상으로 가정하는 것은 과학자의 올바른 태도가 아니라고 보았다. 쉽게 생각해봐도, 보이지도 느껴지지도 않고 감지기로 측정할 수도 없지만 그래도 중성미자라는 게 있다 치고 생각해보자는 이야기는 벌거숭이 임금님 동화 같은 느낌이다.

그렇기에 이 문제를 정확히 풀기 위해서는 많은 학자의 끈질긴 노력이 필요했다. 그 학자들 중에는 베타선 문제를 풀어 헤치는 가운데 자연의 네 가지 힘 중에 가장 신비롭고 이상한 힘인 약력의 성질을 파헤친 우젠슝이 있었다.

특명! 핵폭탄을 개발하라

우젠슝은 1940년대 초 박사 학위를 막 받았을 무렵만 하더라도 중국으로 돌아가서 과학 발전을 위해 일하고 새로운 시대를 이끈다는 꿈이 있었다. 그런데 계속 일이 꼬였다. 중일 전쟁이 점점 거칠어지면서 일본군의 중국 침략은 나날이 매서워졌고, 1941년 일본군이 미국의 하와이를 공격하면서 미국과 일본 사이에도 전쟁이 시작되었다. 고향으로 돌아가는 뱃길인 태평양이 제2차 세계대전의 전쟁터가 된 것이다. 아마도 우젠슝과 위안자류가 결혼할 때 우젠슝의 부모는 미국에 잠깐 건너와 오래간만에 딸의 얼굴을 볼 계획이었던 것 같다. 그러나 전쟁 때문에 그조차도 어려웠고, 우젠슝과 위안자류의 결혼사진에는 신랑과 신부의 가족이 아무도 없다.

우젠슝은 항상 최고의 실력을 자랑하며 위대한 성과를 남긴 과학자로 칭송받던 인물이었지만, 사실 이 무렵에는 일도 쉽게 풀리지 않았다.

대학원생으로 UC 버클리에서 연구하는 동안 우젠슝은 방사선 실험에서 세계 최고 수준에 다가가고 있다고 할 만한 훌륭한 실력을 갖추고 있었다. 여러 물질에서 나오는 다양한 방사선을 어떤 장비를 이용해 어떻게 측정할 수 있는지 파악하고 있었고, 정밀한 실험에 방해될 만한 문제를 없애고 오류를 줄이는 데에도 솜씨가 뛰어났다. 방사선 중에서도 약력이 특히 중요한 역할을 하는 베타선을 포함해서 다양한 방사선에 관한 실험에 모두 경험을 쌓아둔 상태였다.

방사능 물질로 실험하기 위해서는 한 물질이 방사선을 내뿜고 다른 물질로 변하는 것을 알아차려야 하므로, 물질의 성질과 화학에 관해서도 잘 알아야 했고, 한편으로는 방사선을 측정하기 위한 전기 장치나 전자 장비를 다루고 개조하는 실력도 있어야 했다. 젊은 우젠슝은 양쪽 모두에 밝았던 것으로 추측된다. 당시의 동료나 주변에 있던 교수들 중에는 우젠슝의 실력을 최고로 인정하는 사람들이 여럿 있었다. 요즘 우젠슝에 대한 글을 보면, 우젠슝은 다른 사람의 이상한 실험 결과를 보면서 어디에서 왜 문제가 발생했는지 추적하는 데 굉장히 뛰어났다고 한다.

그렇지만 훌륭한 재주를 지닌 학생이었다고 해도 최고의 직장을 쉽게 잡을 수 있는 것은 아니었다. 이제는 남편이 된 위안자류와 함께 살면서 다닐 수 있는 곳에 직장을 구해야 한다는 것도 문제였다. 위안자류는 우젠슝과 정반대편에 있는 미국 동부의 RCA에 일자리를 구했다. RCA는 전자제품 회사로 한때는 꽤 유명한 곳이었다.

이 시대에서 대략 15년 후에 생겨나는 한국 최초의 TV 방송국이 KORCAD-TV였는데, KORCAD라는 이름은 한국Korea RCA 유통Distribution이라는 뜻이었으니 RCA에서 TV를 판매하기 위해 한국에 만든 TV 방송국이었다는 이야기다. 위안자류는 RCA에서 전기, 전자에 관한 연구를 했던 것으로 보이는데, 당시는 전쟁 중이었으니 아마도 무기에 사용할 레이더 제작에 관련된 연구를 하지 않았을까 싶다. 우젠슝은 위안자류를 따라 미국 동부로 건너가, 그곳에서 일자리를 찾아야만 했다. 결혼한 수많은 직장 여성들이 겪는 문제였다.

다행히 훌륭한 연구 성과와 좋은 평판이 있었던 우젠슝이 일자리를 구하는 것은 어렵지 않았다. 메사추세츠 스미스 칼리지라고 하는 여자 대학에서 강의하는 자리가 있었다. 나중에 이 학교에서 연봉도 높여주고, 정식 조교수가 될 수 있도록 해주었다는 것을 보면 대우도 나쁘지는 않았던 것 같다. 어쩌면 그정도면 정착해도 될 일자리라고 할 수도 있었다.

그러나 세계 최고의 과학 실험 실력을 노렸던 우젠슝에게 그 자리는 아무래도 답답했던 것 같다. 스미스 칼리지는 학생들에게 지식을 가르치는 일은 해도 새로운 실험 장비와 재료를 갖추고 연구할 형편은 되지 않았다. 우젠슝은 도서관에서 가끔 새로운 방사능 실험에 성공했다는 논문이 발표되는 것을 볼 때마다 '내가 했다면 저 사람보다 더 빨리, 더 정확한 결과를 얻을 수 있었을 텐데' 하는 생각을 하지 않았을까.

마침 프린스턴 대학에 자리가 났다. 막대한 물량을 동원하는 제2차 세계대전이 한창이던 시기였기에, 다양한 최신 무기를 다루는 일을 하는 장교가 대량으로 필요한 시기였다. 그렇다 보니, 미군에서는 장교들을 대학에 보내 과학의 기초를 가르쳐야 할 이유가 있었고, 학교는 교수진이 필요했다. 그렇게 해서 우젠슝은 프린스턴 대학 물리학과에서 장교들을 가르치는 일을 맡게 되었다.

학교를 마치고 동부로 건너온 지 3~4년이 지난 무렵인 1944년, 우젠슝은 '대체 합금 금속Substitute Alloy Materials' 연구소라는 기묘한 연구 기관에서 하는 일에 참여하게 된다. 사무실은 뉴욕 맨해튼에 위치한 컬럼비아 대학에 있었는데, 우젠승은 이 일이 보통 일이 아니라는 사실을 직감했던 것 같다.

사실 이곳은 핵폭탄 개발 연구소였다. 이 시기 미국에서는 제2차 세계대전에서 최후의 승리를 거두기 위한 비밀 무기로 핵폭탄을 개발하고 있었는데, 이것을 맨해튼 계획Manhattan Project이라고 한다. 컬럼비아 대학에서는 이런 계획이 있다는 것을 숨기고 있었다. 떠도는 이야기에 따르면, 우젠슝은 같이 연구하는 학자들이 칠판에 이런저런 내용을 써놓은 것을 보고, 이것이 핵폭탄 개발과 관련된 일이라는 것을 눈치 챘고, 연구소 사람들에게 그 내용을 물어보았다고 한다.

우젠슝이 처음 맡아 했던 일은 핵폭탄의 재료를 만들기 위해 여러 가지 방사능 물질을 다루며 작업할 때, 작업이 얼마나 정상적으로 진행되고 있는지 측정하는 감지 장치를 개발하는 것이었다. 우젠슝은 워낙 정밀한 방사능 실험을 많이 했었기에, 과거에 연구했던 결과가 핵폭탄 개발에 도움되는 일도 있었다.

예를 들어, 핵폭탄 재료를 만들기 위해 원자로를 가동하다 보면 원자로가 갑자기 제대로 돌지 않을 때가 있었다. 원자로가 가동되기 위해서는 우라늄에 중성자가 들어가서 핵분열 반응을 꾸준히 일으켜야 하는데, 무엇인가가 중성자를 없애는 것 같은 현상이 일어나는 듯 보였다. 그런데 과거 우젠슝은 실험에서 방사능 물질이 변하다가 생긴 크세논이라는 물질이 중성자를 빨아들이는 성질이 있다는 것을 발견한 적이 있었다. 그렇다면 우젠슝의 연구에 답이 있었다. 가끔씩 크세

논을 제거하는 방식으로 중성자를 더 이상 빨아들이지 못하게 하면, 원자로가 멈추지 않을 수 있고, 결국 핵폭탄 재료를 끊임없이 만들어낼 수 있다는 뜻이 된다. 이런 일들은 우젠슝이 핵폭탄 개발 계획에 참여했던 세계 최고 수준의 학자들에게 그 이름을 뚜렷하게 알리는 계기가 되었을 것이다.

핵폭탄이 완성되고 제2차 세계대전이 끝난 1945년 무렵이 되자, 우젠슝은 컬럼비아 대학에서 교수 자리를 얻었다. 모르긴 해도 맨해튼 계획 기간에 컬럼비아 대학에서 뛰어난 실력을 자랑하며 여러 학자와 교류한 것이 도움되었을 것이다. 그렇게 해서 마침내 우젠슝은 컬럼비아 대학에서 긴 세월 머물면서 훌륭한 연구 성과를 꾸준히 발표하게 된다.

방사능 문제를 해결하는 초능력자

모든 생활이 편하고 즐겁기만 한 것은 아니었다. 전쟁이 끝나고 평화가 찾아왔지만, 곧이어 중국에서 국공내전이 터졌다. 중국에 들어와 있던 일본군이 떠나니, 그때까지 중국을 장악하고 있던 장제스의 국민당 정부와 마오쩌둥의 중국공산당 사이에 큰 싸움이 벌어진 것이다. 이 혼란 때문에 우젠슝은 고향의 가족들과 편지를 주고받기는 했지만 여전히 중국으로 갈 수는 없었다. 이후에도 중국공산당이 장악하는 바람에 중국을 출입하기는 결코 쉽지 않았다. 우젠슝은 냉전 시기 공산주의 진영과 대립했던 자본주의 국가 미국에서 활동하는 처지였고, 우젠슝의 스승이나 동료들이 활동하고 있었을 모교인 중앙 대학만 해도 중국공산당에게 쫓겨 대만으로 건너간 상황이었다. 이 무렵 우젠슝은 미국 국적을 취득하기도 했다.

우젠슝이 중국을 방문한 것은 긴 세월이 흐른 뒤, 부모님이 세상을 떠난 후였다. 우젠슝은 태평양 건너 미국에서 부모님이 돌아가셨다는 소식을 받고, 장례식에도 참석하지 못하며 혼자 눈물을 흘릴 수밖에 없었을 것이다. 전해지는 이야기에 따르면 우젠슝은 미국 생활을 하면서도 중국식 전통 의상인 치파오를 입고 다녔다는데, 고향에 대한 그리움 때문이었나 싶기도 하다.

마음 답답한 일이 많았지만, 오히려 우젠슝은 이 시기에 더욱 열심히 일했다. 1940년대 후반 우젠슝은 아들을 낳았는데 육아와 직장 생활을 병행하는 것은 대단히 힘들었다. 그럴수록 우젠슝은 상황을 극복하려는 듯 더욱 부지런히 연구에 힘썼다.

특히 제2차 세계대전 후 함께 일하던 학생들 사이에서 우젠슝은 열정적인 교수로 널리 알려질 정도였다. 아침부터 밤늦게까지 일하고, 주말에도 휴일에도 항상 실험에 매달렸다는 것이 그때 우젠슝의 평판이었다. 어찌나 일을 많이 하는 것으로 유명했는지, 지금이라면 인종차별로 문제가 될 일이지만 당시 학생들 사이에 우젠슝의 별명이 '드래곤 레이디'였다고 한다. 그때 미국에서 〈테리와 해적들〉이라는 만화가 유행했는데, 여기에 나오는 신비하고 무시무시한 아시아인 여성 악당 두목이 바로 드래곤 레이디다. 그러니까 학생들은 항상 최고의 실력으로 최고의 결과를 바라는 우젠슝에게 악당의 이름을 별명으로 붙였다는 이야기다.

그러나 과학의 세계에서 우젠슝의 역할은 악당보다는 초능력을 부리는 영웅에 가까웠다. 우젠슝은 방사능 물질과 방사선에 관한 복잡하고 정밀한 실험들을 차근차근 해내면서 혼란스러운 문제를 해결했다. 그 결과 학자들 사이에서 서로 다른 의견이 있을 때, "정밀하게 측정해보니까 어떤 학자가 주장한 이론이 더 맞는 것 같다"고 판정해서 진실을 밝히는 공을 세워나갔다. 어떤 이론이 맞고 어떻게 과학을 연구하는 것이 더 사실에 가까운지 파헤쳐갈 수 있도록 우젠슝은 새로운 길을 뚫었다.

대표적인 예를 꼽아 보자면 1940년대 말에 진행한 베타선에 관한 실험으로 약력이론의 결과를 측정하는 문제가 있다.

베타선은 방사선 중에서도 특이한 성질을 갖고 있다. 그렇다고 해서 예외로 지나칠 만한 방사선은 결코 아니다. 무엇보다도 베타선을 뿜는 물질은 그렇게 드물지 않다. 흔히 칼륨이 많이 든 음식을 먹으면 몸에 좋다고 하는데, 그 칼륨 중 0.01 퍼센트 정도는 방사능을 띠고 있다. 그런데 바로 이 방사능을 띤 칼륨은 흔히 베타선을 내뿜는다. 포타슘이라고도 하는 칼륨은 음식에도 들어 있는 만큼 사람 몸속에도 흔하다. 그렇기 때문에, 비록 그 강도가 아주 약하기는 하지만 사람 몸에서 언제든 자연히 쉽게 발생하는 방사선이 바로 베타선이라고 해도 틀린 말이 아니다.

베타선의 원리를 밝히려는 학자들은 예전부터 적지 않았다. 베타선은 전자가 빠른 속도로 날아가는 현상이므로, 초기 학자들 중 몇몇은 중성자가 전자를 품고 있다가 뿜어내면, 바로 베타선 같은 현상이 발생할 거라고 추측하기도 했다.

원자의 핵 속에 들어 있는 양성자는 플러스 전기를 띠고 있는데, 만약 거기에 어떻게든 마이너스 전기를 띤 전자를 끼워 넣을 수만 있다면, 그런 상태의 물질은 플러스 전기와 마이너스 전기가 서로 합해져서 아무 전기가 없는 것처럼 보일 것이다. 초기 학자들은 바로 그것이 전기를 띠지 않는 중성자로 보이는 거라고 생각했다. 즉, 중성자라는 물질은 원래 없으며 양성자가 전자를 품고 있는 상태가 중성자일 뿐이라고 생각했다는 뜻이다. 그리고 중성자 상태가 된 양성자가 붙들고 있던 전자를 놓치면, 그 전자가 튀어나오는 바람에 그것이 베타선이라는 방사선으로 보인다고 짐작했다.

이런 생각은 전자, 양성자, 전자기력, 핵력 같은 이미 과거에 알고 있던 힘과 물질만을 이용해서도 설명할 수 있었다. 그 기본 원리가 간단하고 깨끗하게 정리된다는 장점도 있었다. 그렇기 때문에 많은 사람이 이 이론에 관심을 두었다. 양자이론에서 가장 유명한 원리라고 할 수 있는 불확정성 원리를 개발한 하이젠베르크 같은 학자도 바로 이 이론에 심취해 한동안 헤어나오지 못했다.

그에 비해 엔리코 페르미는 베타선에 관한 실험에서 벌어지는 일을 정확하게 설명하기 위해 완전히 새로운 생각으로 전자가 핵 속에서 튀어나와 빠른 속도로 날아가는 베타선 현상을 설명하고자 했다.

페르미도 중성자에서 베타선이 나온다는 생각은 받아들이고 있었다. 대신 페르미는 중성자가 아주 이상한 형태의 중성미자와 가까워지면서 서로 약력이라는 새로운 힘을 주고받는다고 보았다. 약력은 얼핏 약해 보이지만, 한 물질을 다른 물질로 바꾸는 특징이 있다. 그래서 중성자가 중성미자와 가까워지면서 서로 약력을 주고받으면, 중성자는 양성자로 바뀌고 중성미자는 전자로 바뀌는 듯한 현상이 일어난다. 그 결과 중성자는 양성자로 변하고, 전자가 튀어나와 날아가는 것처럼 보이게 된다. 이것이 페르미의 약력이론이었다.

쉽게 상상하기란 좀처럼 어려운 일이지만 나중에 리처드 파인먼 같은 학자가 출현한 후에는 이때의 중성미자는 다른 물질과 달리 시간을 거슬러 미래에서 과거를 향해 움직인다고 해야 더 정확하다고 보았고, 그래서 이런 중성미자를 '반중성미자'라고 부른다. 현대에는 중성자가 시간을 거스르는 중성미자와 서로 약력을 주고받을 때, W보손이라고 하는 입자를 서로 주고받는 현상이 일어난다고 본다.

약력이론은 이해하기 쉽지 않다. 일단 그때까지 한 번도 측정된 적이 없는 중성미자, 그전까지는 따지지 않았던 약력이라는 힘, 그에 더해 약력이 중력, 전자기력처럼 단순히 서로 밀고 당기는 힘이 아니라 물질을 이리저리 바꾸는 이상한 일을 하는 힘이라고 가정해야 했다. 그렇지만 약력과 중성미자가 이런 특이한 일을 벌인다고 치면, 전자가 튀어나오는 속력이라든가, 베타선이 튀어나올 때 원자의 상태가 어떻게 변하는지 등을 따지는 여러 다채로운 실험의 결과를 모두 설명할 수 있었다. 페르미의 계산 방식은 깔끔하지는 않지만 현실적으로 쓸모가 많았다고 볼 수도 있겠다.

그러나 과연 페르미가 주장한 약력에 관한 이론을 이용해서 계산하는 것이 현실에서 실제로 일어나는 일이냐 하는 것은 과학자들이 거의 10년 넘게 고민한 문제였다. 시간이 흐르니 몇몇 학자들의 실험에서 페르미의 약력이론은 틀린 것 같다는 결과도 하나둘 나오고 있었다. 만약 페르미의 약력이론이 틀리다면, 세상에는 약력이라는 힘도 없고, 중성미자라는 물질도 없을 수 있었다. 그렇다면 전혀 다른 방식으로 방사능, 핵, 원자가 활동하는 기본 원리를 새로 개발해야 했다.

결국 후대의 학자들이 더 정확한 실험으로 페르미의 약력이론이 맞다는 사실을 밝히면서 이런 문제는 해결되었다. 정확한 실험을 해낸 학자들 중에 대표로 꼽기에 손색이 없는 명망 높은 학자가 바로 우젠슝이다. 우젠슝은 방사능을 띠는 황산구리를 이용한 실험기구를 교묘하게 만들어 거기에서 나오는 베타선을 정밀하게 측정해 페르미의 약력이론이 옳다는 쪽으로 손을 들어주었다.

말하자면 우젠슝은 과학 이론의 재판관 내지는 염라대왕
역할을 하는 과학자로 자리 잡아 가고 있었다. 그렇게 생각해
보면 우젠슝이 과학 이론의 염라대왕답게 활약한 최고의 성
과는 따로 있다. 20세기 역사에서 놀라운 과학 실험의 순위
를 꼽아보라면 결코 상위권에서 멀어지지 않을, 1957년 코발
트60 실험이다.

외계인에게 왼쪽과 오른쪽을 설명할 수 있을까

1957년 코발트60 실험의 결과가 얼마나 강렬한 것인지 설명
하기 좋은 이야깃거리로는, 한국에도 《이야기 패러독스》 등
의 베스트셀러로 잘 알려진 작가 마틴 가드너가 소개한 '오즈
마 문제'가 있다. 오즈마 문제는 '단 한 번도 서로 만난 적이
없어서 지구의 문화를 모르는 머나먼 행성의 외계인에게 통
신문을 쓴다고 할 때 말로만 설명해서 오른쪽과 왼쪽이 무엇
인지 정확하게 알려줄 수 있을까? 과연 그게 가능할까?' 하는
의문이다. 옛날에 외계인이 정말로 있는지 과학적으로 한번
조사해보자는 연구 계획을 오즈마 계획이라고 불렀기 때문
에 붙은 이름이다. 좀더 일상에 가깝게 생각해보자면 국어사
전에 왼쪽을 무엇이라고 정의하면 좋은가 하는 문제라고도
볼 수 있다.

일단 가장 쉽게 떠올릴 수 있는 답은 '밥 먹는 손이 오른손,

반대 손이 왼손'이라는 설명이다. 그러나 이것은 한국 사람들 사이에서나 통하는 말이다. 세상의 여러 나라 중에는 굳이 어느 손으로 숟가락을 들어야 하는지 따지지 않는 나라도 많다. 심지어 한국 사람들 중에도 왼손으로 밥을 먹는 사람은 얼마든지 있다. 이런 설명은 특정한 시대, 나라, 사람에게만 가능한 설명이다. 외계인에게는 전혀 통하지 않는다. 외계인이 오른손으로 밥을 먹을 거라는 보장은 전혀 없고, 심지어 밥을 먹지 않고 살 수도 있고 손이 없을 수도 있다. 그렇다고 해서 "당신들은 오른손으로 밥을 먹습니까?"라고 물어볼 수도 없다. 왜냐하면 애초에 외계인은 오른쪽이 뭔지 모르기 때문이다.

심장이 있는 쪽이 왼쪽이라는 대답은 어떨까? 이 대답은 훌륭하다. 사람은 대개 심장이 몸의 중심에서 약간 왼쪽에 치우쳐 있기 때문이다. 그렇지만 이것은 어떤 과학 원리 때문에 꼭 그렇게 될 수밖에 없는 것은 아니다. 그냥 사람이라는 동물이 그렇게 생겼고 그것이 유전되고 있기 때문이다. 다른 동물은 심장이 왼쪽에 없을 수도 있다. 문어나 오징어는 몸에 심장이 3개가 있기 때문에, 문어에게 왼쪽을 설명하면서 "심장이 있는 쪽이 왼쪽이다"라고 할 수는 없다. 심지어 간혹 특이체질로 심장이 오른쪽에 있는 사람도 있다. 하물며 한 번도 사람을 보지 못한 외계인이 지구인의 심장이 어느 쪽에 있는지 어떻게 알겠는가? "사람은 심장이 한쪽에 치우쳐 있는데, 그쪽이 왼쪽입니다"라고 말해준다면 외계인 입장에서는 어느 한쪽이 왼쪽이라는 것만 알 수 있을 뿐, 어느 방향이 왼쪽인지는 알 수 없다. 그것을 알려면 실제로 사람을 만나서 심장이 뛰는 곳을 짚어보거나, 하다못해 사진이라도 봐야 한다. 말만으로는 설명이 되지 않는다.

"한국에서 만주 방향을 보고 섰을 때, 중국이 있는 쪽이 왼쪽, 일본이 있는 쪽이 오른쪽"이라는 대답은 어떤가? 이 대답은 더 좋다. 이렇게 말하면 보통 사람이든 특이 체질을 가진 사람이든, 누구든 한국·중국·일본에 가본 적이 없어도 지도만으로 충분히 왼쪽이 어디인지 확인할 수 있다. "지구에서 북극성 방향을 보고 서 있을 때 태양이 뜨는 쪽이 오른쪽, 태양이 지는 쪽이 왼쪽"이라고 하면 비슷하지만 더욱 좋다. 이렇게 하면 지구에서 어디가 한국이고 중국이고 일본인지 몰라도, 지구가 어느 쪽으로 도는지, 태양과 북극성은 지구에서 볼 때 어느 위치인지만 관찰하면 어디가 왼쪽이고 오른쪽인지 알 수 있다. 이 정도 설명이라면 태양계 안에서, 그러니까 화성인이나 금성인에게 왼쪽과 오른쪽을 설명하기에는 충분하다.

그렇지만 역시 어떤 지형, 지명, 위치를 같이 보면서 알려줘야 한다는 한계가 있다. 머나먼 행성에 살고 있는 외계인이 지구가 도는 방향을 모르고, 북극성이나 태양이 어디인지 모른다면 이 방법을 사용할 수 없다. 다시 말해, 서로 물체를 본 적 없는 사람끼리는 말만으로 오른쪽, 왼쪽을 설명하기란 대단히 어렵다.

좀더 다른 방향으로 오즈마 문제를 생각해보자. 만약 먼 미래, 우주의 수많은 외계 생명체가 다 같이 만나서 어떤 법을 만들기 위해 어느 쪽이 오른쪽이고 어느 쪽이 왼쪽인지 설명하는 말을 만든다고 상상해보자. 그럴 때 지구인이 "태양과 북극성, 지구가 도는 방향을 기준으로 오른쪽, 왼쪽을 정하자", "한국과 중국, 일본의 위치로 오른쪽, 왼쪽을 정하자", "사람의 심장 위치를 기준으로 오른쪽, 왼쪽을 정하자"라고 하면, 외계인들은 "우주의 수많은 행성 중에 왜 지구, 한국, 사람을 기준으로 삼는가"라며 항의하지 않겠는가? 특정한 위치, 특정한 사람을 기준으로 정하지 않고 오른쪽, 왼쪽을 정할 수 있을까? 이게 오즈마 문제가 어려운 이유다. 그래서 과거의 과학자들은 어쩌면 오즈마 문제에는 답이 없을 수도 있다고 생각했다.

그러나 이 문제는 1957년 우젠슝의 실험으로 답을 얻을 수 있었다.

오즈마 문제의 해결사

1956년 무렵 과학자들은 우주에서 날아오는 세타 입자와 타우 입자라는 아주 미세한 입자들의 움직임이 대단히 이상하다는 것을 발견하고, 그것을 설명할 방법을 찾고 있었다. 그러나 정확히 들어맞는 좋은 이론이 없었다. 그런데 몇몇 학자들이 어처구니없는 생각 같지만 혹시 어떤 힘은 경우에 따라 꼭 원래부터 왼쪽, 오른쪽 방향을 가려서 걸리는 특징이 있다고 보면, 이 문제가 해결될 수 있다고 상상하기 시작했다.

쇼맨십이 풍부하기로 유명한 과학자 리처드 파인먼은 1956년 미국 뉴욕에서 열린 한 학회에서 이 이야기를 꺼냈다고 한다. 그는 "마틴 블록이라는 학자를 대신해서 말하겠다"면서, 호텔을 오가는 동안 블록에게 들은 말을 소개했다.

"황당하긴 하지만, 힘이 원래부터 방향을 따지는 경우도 있다고 하면 복잡한 문제가 풀릴 수도 있지 않을까요?"

이후 파인먼은 말은 그렇게 했지만, 아무리 그래도 그런 현상이 발생할 수는 없다고 생각했다. 그래서 누군가와 재미 삼아 내기를 했다고 하는데, "100달러 내기라면 모르겠지만 50달러 내기라면 할 수 있다"고 말했다.

실제로 이 문제를 푸는 데 다가간 사람들은 따로 있었다. 역시 중국 출신의 과학자인 양전닝과 리정다오 두 학자는 1956년 학회에 참석한 뒤 이 문제를 깊게 따져보기 시작했다. 자세히 살펴보니, 중력, 전자기력, 강력, 세 가지는 어느 방향에서 힘이 걸려 어떻게 작용하든 항상 같은 현상이 일어난다는 증거가 이미 충분히 쌓여 있었다. 그런데 생소하고 낯설고 이상한 힘이었던 약력은 막연히 '힘은 당연히 방향을 따지지 않겠지' 하는 생각만 고정관념으로 퍼져 있을 뿐 명확한 증거가 충분하지 않아 보였다. 그래서 양전닝과 리정다오는 약력은 방향을 따질지도 모른다, 좀더 정확히 말하자면 약력은 반전성 대칭이 깨질 수도 있다는 생각을 떠올렸다.

양전닝과 리정다오는 이 문제를 정밀한 실험으로 확인할 수도 있다고 보았다. 그리고 이 정도의 중대한 문제에서 정확한 실험을 수행해 확실한 결론을 내줄 수 있는 인물로 믿음직한 사람이 한 사람 있었다. 바로 우젠슝이었다.

우젠슝은 코발트60이라는 방사능 물질을 이용해서 실험을 해보기로 했다. 코발트60은 요긴한 실험 물질이고, 마침 약력을 주고받을 때 튀어나오는 베타선을 내뿜을 수 있는 물질이다. 바로 그런 특징 때문에 방사능이 필요한 여러 분야에 자주 쓰이기도 한다.

예를 들어, 암을 치료하는 방법으로 방사선을 이용하는 치료법이 있는데, 한국 최초의 방사선 치료는 1963년 코발트60을 사용한 치료법이었다. 코발트60은 지금도 널리 쓰이는 물질이라, 가끔 한국의 월성 원자력 발전소가 갖고 있는 특이한 성질을 잘 이용하면 코발트60을 많이 구할 수 있고, 그것을 귀한 자원으로 판매할 수 있다는 구상이 학자들 사이에 돌기도 한다.

약력이 다른 힘처럼 방향을 따지지 않는다면, 코발트60에서 베타선이 튀어나올 때도 아무 방향으로 나올 것이다. 그러나 만약 약력에 방향에 관련된 특이한 성질이 있다면, 코발트60 속에 들어 있는 중성자가 약력을 주고받다가 베타선을 내뿜을 때, 베타선이 나오는 방향이 한쪽으로 치우칠지도 모른다. 이게 실험의 핵심이었다.

조금 더 자세히 말해보자면 이렇다. 원자, 핵, 전자 같은 아주 작은 알갱이는 팽이가 돌듯이 제자리에서 빙빙 도는 것처럼 측정되곤 한다. 그런 작은 알갱이들이 도는 것이 눈에 보이지는 않지만 실제로 무엇인가 일어나는 것은 사실이기 때문에 이런 현상을 흔히 스핀spin이라고 한다. 그러나 찬찬히 따져보면 정말로 팽이가 도는 모습과 똑같지는 않다. 그래서 정확히 말할 때에는 그냥 "돈다"라고 하기보다는 스핀이라는 특별한 이름을 붙여서 설명한다. 그렇지만 단순한 문제를 따질 때는 팽이가 돌 듯 원자가 제자리에서 뱅글뱅글 돈다고 보는 경우도 적지 않으므로, 여기에서도 그냥 코발트60 원자 하나하나가 자기 자리에서 각자 팽이처럼 돌고 있다고 생각하자.

양전닝과 리정다오는 코발트60 원자가 도는 방향에 따라 약력이 다르게 영향을 미쳐서 베타선이 튀어나오는 방향도 달라질 수 있다고 보았다. 환상적인 장면이긴 하지만, 코발트60 원자 하나 주변에 아주아주 작은 크기의 사람들이 열 명쯤 있어서 코발트60 원자 주위에서 서로 손에 손을 잡고 강강술래 놀이를 시작한다고 생각해보자. 이 사람들은 강강술래는 자기 왼쪽 방향으로 도는 것이 규칙이라고 생각해서 돌고 있는 코발트60 원자 주위에 늘어설 때도 도는 방향에 맞춰 서려고 한다. 만약 무심코 코발트60 원자 주위에 섰는데 코발트60 원자가 도는 방향과 강강술래가 도는 방향이 맞지 않아서 정반대로 돌고 있으면 어떻게 할까? 그러면 그 사람들은 다들 물구나무서기를 해서 거꾸로 선 채 돈다. 이렇게 하면 여전히 모두 왼쪽 방향으로 돌면서도 코발트60 원자가 도는 방향과 맞출 수 있다. 강강술래 하는 사람들은 항상 자기들이 도는 방향과 코발트60 원자가 도는 방향이 맞춰지도록 자리를 잡고 방향을 잡아 돌고 있다고 생각하면 된다. 이 작은 사람들에게 자기 앞에 있는 코발트60 원자에서 나오는 베타선은 어디로 튀어나가는 것으로 보일까? 위로 날아가는 게 많을까? 아래로 내려가는 게 많을까?

만약 베타선을 나오게 하는 힘이 방향을 따지지 않는다면, 베타선이 나오는 방향이 한쪽으로 쏠릴 이유는 없다. 그렇다면 실제로 실험에서는 어땠을까?

쉬운 실험은 아니었다. 정확하게 방향을 정하기 위해서 강력한 자력을 걸어야 했고, 코발트60을 최대한 안정시켜 두고 실험하기 위해 온도를 영하 273도에 가깝게 낮춰야 했다. 우젠슝은 워싱턴에 있는 미국 국립표준국의 장비를 이용해 세심하게 실험을 진행했다.

결과를 보니, 충격적이게도 베타선은 한쪽으로 쏠려서 나왔다. 코발트60이 도는 대로 왼손 방향으로 돌며 강강술래를 하는 사람들이 있다고 치고, 그 사람들 입장에서 보면 강강술래를 하는 사람들의 위쪽, 그러니까 머리 쪽으로 베타선이 튀어나왔다. 아래쪽, 그러니까 발 쪽으로 튀어나오는 베타선은 별로 없었다. 약력은 물체가 어느 방향으로 도는지를 보고 그 방향을 따져가면서 힘이 걸린다는 뜻이다. 극적인 말을 잘하기로 유명했던 스위스의 과학자 볼프강 파울리는 실험 결과를 기다리면서 "신이 왼손잡이라면 믿을 수 없을 걸세"라는 편지를 보냈다고 한다. 파울리가 믿을 수 없었던 일이 현실로 증명된 것이다.

우젠슝의 실험 결과는 오즈마 문제에 대한 답이 되기도 한다. 우주 어디에 있는 외계인이든, 코발트60 혹은 비슷한 방식으로 베타선을 내는 물질을 찾아낸 뒤에 그 물질이 베타선을 내뿜는 방향을 위쪽이라고 치면, 코발트60 원자가 도는 방향은 바로 오른쪽에서 왼쪽이다. 이렇게 해서 위, 아래, 왼쪽, 오른쪽을 외계인에게도 설명할 수 있다. 그 외계인이 사는 우주에도 우리가 아는 약력이 있어서 같은 현상이 일어나고 있고, 그 약력을 받아 변화하고 움직이는 중성자, 양성자, 전자, 중성미자가 있다면 이 실험은 얼마든지 가능하다. 중성자, 양성자, 전자, 중성미자는 별과 행성을 이루는 물질 속에 흔히 있는 물질이기 때문이다. 그러니 우젠슝의 실험 결과를 이용한 오즈마 문제의 풀이는 충분히 좋은 대답이라고 생각한다.

과학계 염라대왕

우리는 무심코 우주는 항상 모든 것이 조화를 이루고 있어서 뜨거운 것이 있으면 차가운 것이 있고, 밝은 것이 있으면 어두운 것도 있고, 자연의 모든 것은 균형이 잡혀 있다고 생각한다. 그러나 따지고 보면 세상이 꼭 그렇게 완벽한 조화를 이루며 모든 것이 딱딱 맞아들어간다는 법을 누가 정해 놓은 것은 아니다. 꼭 그래야 할 이유가 있는가? 그처럼 우젠슝의 실험은 세상을 이루는 가장 바탕이 되는 힘 중의 하나가 방향을 따지며 쏠릴 수 있다는 사실을 밝혀냈다.

이후로 지금까지도 약력이 방향을 따지는 힘, 반전성 대칭이 깨지는 독특한 성질을 가진 힘이라는 점은 중요한 사실로 강조되고 있다. 그리고 이 사실은 세상에 있는 네 가지의 힘을 어떻게 정리해서 이해해야 하는지, 네 가지 힘 사이의 관계는 어떤지, 우주가 처음 생겨난 이후 세상을 어떻게 지금과 같은 모양으로 이끌었는지를 따질 때 꼭 같이 생각해야 하는 중요한 일이다.

양전닝과 리정다오는 약력의 이런 기이한 특징을 밝혀낸 공으로 우젠슝의 실험 결과가 나온 그해, 1957년 노벨상을 받았다. 노벨상의 역사 중에서도 결과가 나오자마자 이렇게나 빨리 상을 받은 사례는 거의 없다는 사실을 보면, 얼마나 깊은 고정관념을 깬 충격적인 발견이었는지 감이 잡힌다. 많은 사람이 정작 실험으로 이 사실을 증명한 우젠슝이 노벨상을 받지 못한 것을 아쉬워했다.

1960년대에도 우젠슝은 제자들과 함께 과학계의 염라대왕 역할을 하면서, 어떤 의견이 맞는지 안 맞는지 판정하고, 새롭고 놀라운 이론을 현실로 이끄는 데 중요한 역할을 했다. 1970년대 이후에는 대학자로서 명성도 높아져서 1975년 여성 최초로 미국 물리학회American Physical Society 회장이 되었다. 1970년대에는 참으로 오래간만에 중국을 다시 방문하기도 했다. 고향을 떠날 때만 해도 20대의 대학원생이었는데 돌아올 때는 환갑이 다된 대학자였다.

우젠슝은 1997년 84세의 나이로 세상을 떠났다. 중국이 개방된 이후에는 중국 정부에서도 위대한 중국인 과학자로 우젠슝을 높이 평가했다. 그래서 지금은 중국과 미국, 두 나라에서 모두 존경받는 과학자다. 수많은 상을 받았을 뿐만 아니라 우젠슝의 이름을 딴 기념물이나 시설도 군데군데 있을 정도로 이름을 떨쳤다.

우젠슝은 유언으로 자신이 맨 처음 다녔던 학교인 명덕 학교 뜰에 묻어달라고 했다. 어린 우젠슝이 다닐 학교가 없을 때, 아버지가 설립했던 바로 그 학교였다. 평생 우주의 가장 이상한 비밀을 파헤친 학자로 누구보다 높은 명예를 누렸으면서도, 마음 한편에는 세상 많은 것을 꿈꾸며 학교에서 공부하고 뛰어놀던 어릴 때의 추억이 깊었기 때문이었을까.

지금까지의
우주 모양은 잊어

헨리에타 레빗

현대의 과학자들은 세상의 모든 일을 일으키는 힘은 단 네 가지밖에 없다고 본다. 중력, 전자기력, 강력, 약력이다. 다른 모든 힘은 이 네 가지 힘이 상황에 맞춰 엮여 나오는 현상이다. 예를 들어, 소달구지가 움직이는 힘은 소가 움직이려는 힘에서 나오는데, 소의 힘은 근육 속에 들어 있는 미오신을 비롯한 여러 물질의 화학 반응 때문에 생긴다. 미오신은 몸속의 다른 물질과 서로 전자기력의 힘으로 밀고 당기는 가운데 오그라드는 모양으로 움직인다. 미오신이 수없이 연결된 것이 소의 근육이니, 결국 소는 근육의 움츠러듦으로 힘을 쓴다. 다른 모든 힘도 이런 식이다. 네 가지 힘 말고 다른 곳에서 나오는 힘은 없다.

옛 주술사들은 정신을 집중하면 그 힘으로 누군가를 해칠 수 있다고 생각했다. 하지만 그런 힘의 원리는 이 네 가지 힘 가운데 하나와 연결해 설명하지는 못한다. 그렇기 때문에 정말로 그런 힘이 있다기보다는 무언가 다른 현상을 착각한 것일 가능성이 높다. 이렇게 보면 세상의 모든 힘을 네 가지로 정리할 수 있다는 사실은 초능력이 없다는 데 어느 정도의 증거가 된다. 초능력은 세상의 네 가지 힘 가운데 그 어느 것도 아니기 때문이다.

중력은 무게가 있는 것끼리 서로 당기는 힘이다.

전자기력은 같은 전기를 가진 것끼리는 밀어내고 다른 전기를 가진 것끼리는 당기는 힘이다. 물체끼리 광자라는 입자를 서로 주고받을 때 나타난다.

강력은 원자력의 원천이 되는 핵력이 만들어지도록 쿼크와 쿼크끼리 당기는 힘이다. 물체끼리 글루온이라는 입자를 서로 주고받을 때 나타난다.

약력은 한 물질을 이루고 있는 가장 작은 알갱이를 다른 알갱이로 바꾸는 힘이다. 물체끼리 W보손이라는 입자를 서로 주고받을 때 나타난다. 나중에 W보손 말고, Z보손이라는 입자를 주고받을 때도 약력이 나타난다는 사실이 밝혀졌다.

이상의 네 가지 현상이 우리가 아는 한 세상을 움직이는 모든 힘이다.

과학자들은 여기서 멈추지 않았다. 왜 하필 세상에는 네 가지 힘이 있을까? 세 가지, 다섯 가지도 아니고 도대체 누가,

왜, 어떻게 힘은 네 가지만 있으라고 정한 것일까? 4라는 숫자에 우리가 모르는 어떤 신비한 뜻이 있을까? 그럴 리도 없겠지만 혹시 4가 세상 모든 것의 바탕이 되는 굉장히 중요한 숫자라면 왜 하필 4일까? 한국인이 좋아하는 숫자 3이나, 행운의 숫자로 알려진 7도 아니고, 한국에서는 별 인기도 없고 불길한 숫자라는 누명을 쓰고 있는 4가 왜 하필 세상 모든 힘의 개수란 말인가.

이런 궁금증은 모든 것의 밑바탕에 있는 굉장히 깊은 질문 같기도 하지만, 한편으로 대단히 뜬금없는 질문이기도 하다. 과연 이런 문제에 답이 있을까?

아무 이유 없이 먼 옛날 세상에 힘이 하필 네 가지만 생겨났고, 그건 원래 그렇다고 치고 더 이상 궁금해하지 않을 수도 있다. 속 편하게 살자면 그게 답이다. 그렇지만 그렇게까지 아무 이유 없이 세상에 힘이 네 가지뿐이라면, 어느 날 갑자기 아무 이유 없이 하나가 사라지고, 세 가지나 두 가지로 줄어들 수도 있지 않겠는가? 만약 정말로 그런 날이 온다면 우주가 우그러지고 단숨에 모든 것이 끝장난다는 상상도 해볼 수 있다.

이런 생각은 전혀 속 편하지 않다. 과학자들은 모든 일에서 규칙을 찾고 그 규칙을 활용하는 방법을 찾아야 한다. 그것이 과학 하는 태도다. 그래서 과학자들은 네 가지 힘이 도대체 어디서 나왔으며 왜 지금 같은 형태를 갖게 되었는지를 깊이 연구한다. 이런 연구는 모든 물질을 이루는 원리와 함께 우주 전체의 모양에 대한 탐구와도 이어진다. 그런 가운데 이런 꿈 같은 연구가 세상에 대한 더 정확한 사실을 알려주기도 한다. 그런 사실 중에는 예로부터 내려온 세상과 우주에 대한 우리의 답답한 상상을 산산이 깨는 놀라운 것도 있다.

천문학과의 첫 만남

현대 과학이 밝혀낸 우리의 상상을 초월하는 발견이라면, 미국의 천문학자 헨리에타 스완 레빗의 사연도 빼놓을 수 없다. 레빗은 별빛의 밝기가 변하는 현상을 끈질기게 추적해 지구와 별과의 거리, 우주의 크기를 알아낼 수 있는 수단을 개발했다. 결국 그 덕에 우리가 이해하는 우주의 모양이 완전히 바뀌었다.

레빗은 1868년 미국에서 태어났다. 레빗의 아버지는 목사였다. 그 영향으로 레빗은 평생 신실한 기독교인이었다. 교회의 여러 일을 돌보는 데 열심히 노력하던 사람이기도 했다.

어린 시절에 대한 기록은 많지 않다. 꽤 옛날부터 미국에 정착해 살던 가문의 후손이고 아버지가 목사로 일하다가 다른 일도 하게 되면서 집을 옮긴 적이 있다는 정도다. 레빗은 초창기 유럽 정착민들이 도시를 만들었던 곳으로 지금도 미국에서는 유서 깊은 동네가 많은 편에 속하는 메사추세츠주에서 태어났고, 평생 대부분의 시간을 그 안에서 살았다.

그렇게 보면 레빗은 정신없이 빠른 속도로 발전하던 뉴욕 같은 대도시의 사람도 아니고, 새로운 기회를 찾아 서부로 가서 금광을 개발하는 데 도전하거나 카우보이들과 가까이 산 사람도 아니다. 19세기 말에서 20세기 초 대단히 전통적이고 조용한 곳에서 일평생을 보냈다. 그런데 그런 사람의 손에서 우주를 보는 관점을 완전히 바꾼 엄청난 수단이 개발되었다.

레빗은 오벌린 칼리지Oberlin College라는 대학에 진학했고, 이곳에서 1~2년 정도 공부했던 것으로 보인다. 그러다 래드클리프 대학으로 옮기는데, 미국의 여자 대학으로는 굉장히 잘 알려진 학교다. 1970년대 엄청난 인기를 끌었던 미국 영화 〈러브스토리〉는 하버드 대학을 다니던 남자 주인공이 래드클리프 대학을 다니던 여자 주인공과 사랑에 빠지는 내용을 다루었는데, 아마도 그 영화 덕분에 래드클리프 대학을 알게 된 한국 사람도 많을 것이다. 실제로 래드클리프 대학은 하버드 대학과 가까운 데다가 교류도 많았고, 지금은 아예 하버드 대학의 일부가 되었다.

가장 충격적인 발견으로 이어지는 수단을 발견한 과학자 치고, 레빗은 학생 시절 과학에서 딱히 실력을 발휘했다든가, 처음부터 과학에 대한 열정이 넘쳤던 사람 같진 않다.

당시 레빗이 다녔던 학교는 지금과 같은 전공 제도를 갖고 있지 않았던 것으로 보인다. 레빗이 수강한 과목의 상당수는 역사, 문학, 외국어 관련 과목이었다. 20대 시절 레빗은 자신이 생각한 미래를 위해 어떤 한 분야의 전문 지식을 깊이 배우다기보다는 풍부한 교양을 갖춘 지식인이 되기 위해 여러 과목을 두루 배웠던 것 같다.

가장 눈에 띄는 과목은 당시 유럽에서 고전을 익히기 위해 중요한 지식이라고 여겼던 라틴어, 그리스어 등이다. 이후의 삶을 보면 과학자가 되고 싶은 마음 이상으로 예술 분야에 끌린 시절도 있지 않았나 짐작해본다.

당연히 대학 시절 성적이 대단히 우수했다거나 천재라고 소문난 학생도 아니었다. 성적이 나쁜 편은 아니다. 그런데 레빗이 학교를 졸업한 해는 1892년이다. 만 24세에 해당한다. 대학을 바로 졸업했다기에는 한두 해 정도 느린 시점이다. 지금보다 사회생활을 더 빨리 시작했던 19세기 기준으로 보면 다른 학생들보다 확연히 늦게 공부를 마친 것이다. 레빗은 우수하고 총명한 학생으로 모든 사람의 기대를 받은 학생이라기보다는, 한때는 다른 일을 하면서 살까 하다가 그래도 어느 정도까지는 공부를 마치고 싶다고 결심하고 남들보다 늦지만 성실히 학업을 끝낸 사람에 가깝다.

그렇다 보니 학교를 졸업했다고 해서, 갑자기 좋은 일자리가 저절로 주어지는 상황은 아니었다. 여성의 일자리가 지금보다 훨씬 부족했던 19세기 말 상황에서는 일자리 찾기가 더욱 힘들었을 것이다.

정확히 확인하지는 못했지만, 레빗이 대학을 졸업할 때 일반적인 학사 학위를 받는 졸업생과 똑같이 인정받지 못했을 가능성도 있어 보인다. 레빗이 대학을 다니던 시절, 그곳은 레드클리프 대학이라는 이름으로 정확히 체계를 갖춘 곳이 아니었다. 지금의 하버드 대학에 해당하는 곳에서 운영하는 대학 교육 과정을 이수할 수 있는 프로그램 정도였다.

휘틀록과 에번스가 쓴 글에 따르면, 레빗이 학교를 마치고 받은 수료증에는 "학사 학위로 인정받을 수 있는 모든 교육 과정을 이수하였음"이라고 씌어 있었다고 한다. 이 문구는 남학생이라면 대학 졸업생으로 인정받는 교육을 받았다고 할 수 있겠지만, 레빗은 여학생용으로 따로 마련된 프로그램을 이수했기 때문에 남학생들과 같은 방식으로 학교에 입학해서 졸업하지는 않았다는 뜻처럼 들리기도 한다.

내 추측에는 레빗이 학교를 졸업한 직후만 하더라도 과학자가 아닌 다른 일을 하며 살 생각을 하지 않았을까 싶다. 어쩌면 교회와 관련된 일이었을지도 모르고, 추가로 다른 교육을 받거나 경력을 쌓아서 새로운 지역으로 건너가 직업을 찾을 생각을 품고 있었을 가능성도 충분해보인다.

그런데 졸업 직전, 대학 4학년 때 들었던 과목 하나가 레빗의 삶을 예상하지 못한 길로 이끌었다. 천문학이었다. 이 과목은 역사와 전통을 자랑하는 하버드 대학 천문대에서 일하는 연구진이 운영하는 것이었다. 레빗은 하늘의 별과 우주에 대한 내용을 즐겁게 익혔다.

학점은 A-였다고 하는데, 그만하면 최고의 학생이라고 할 수는 없겠지만, 꽤 마음에 남는 것이 있을 정도로 공부했다고 볼 수 있겠다. 아마도 이 과목을 들으며 천문대에서 일하는 학자들의 연구 태도에 어느 정도 호감을 느꼈을지도 모른다. 당시 하버드 대학 천문대는 래드클리프 대학에서 멀지 않은 곳에 있었다고 한다. 어쩌면 한두 번 정도 현장 실습과 같은 기회로 천문대를 방문했을지도 모른다. 그랬다면 천문대와 천문학자를 더욱 친숙하게 느꼈을 것이다.

시작은 하버드 천문대 계산원

마침 레빗이 학교를 다닐 무렵 하버드 천문대장이었던 에드워드 피커링은 천문대에 여성 직원을 여럿 고용할 수 있도록 방침을 만들어 연구를 진행하고 있었다. 당시 여성이 과학 분야에 팀을 이루어 근무하는 직장은 결코 많지 않았다. 그런데 레빗이 다니던 학교에서 걸어갈 수 있는 거리에 그런 직장이 생긴 것이다.

　피커링이 이런 식으로 천문대를 운영한 것은 화학 기술의 발전과 관련이 깊다. 옛날부터 별을 관찰하면서 우주를 가늠하는 연구는 별을 잘 아는 학자들이 하늘을 직접 눈으로 보면서 그 결과를 기록하는 방식으로 진행되었다. 고대 백제에는 일관부라는 관청에서 하늘의 해와 별을 관찰했다고 하는데, 일관부의 관리들은 밤을 새면서 자기 눈으로 별을 보고 특이한 일이 벌어지면 그것을 기록으로 남겼다. 사람들은 이런 방식으로 별을 관찰하는 것이 당연하다고 생각했다.

세월이 흘러 유럽에서 갈릴레오 갈릴레이의 시대가 되면 맨눈이 아닌 망원경으로 별을 보는 기술이 개발되어 희미한 별도 훨씬 상세하게 볼 수 있었다. 그렇지만 사람이 직접 눈으로 망원경을 보면서 관찰한다는 점은 그대로였다.

이런 시대에는 별을 보는 사람의 지식과 경험, 관찰력이 중요했다. 일단 어느 별이 밝으면 얼마나 밝은지, 어두우면 얼마나 어두운지 하는 문제부터 사람의 눈으로 직접 보고 확인하는 수밖에 없었다. 관찰력이 뛰어난 사람이라면 아주 작은 밝기의 차이도 알아보고 정확히 파악해서 기록할 수 있을 것이다. 그러나 평범한 사람이라면 깊은 밤 꾸벅꾸벅 졸다가 별로 밝지도 않은 별을 아주 밝다고 잘못 기록하거나 별의 밝기가 변한 것을 놓치고 지나갈지도 모른다.

그런데 아무리 관찰력이 뛰어나도 밤하늘의 그 많은 별을 정확하게 볼 수 있는 사람이 몇 명이나 되겠는가? 별을 관찰하는 작업을 정확히, 자주, 많이 하는 데는 한계가 있을 수밖에 없었다.

그러다가 19세기에 화학자들이 빛을 받으면 색이 변하는 물질을 개발해 대중화하면서 모든 것이 바뀌었다. 사진 기술을 이용해 밤하늘을 있는 그대로 찍을 수 있게 된 것이다. 그러면 나중에 여러 사람이 사진을 보고 의논하면서 판정하는 것이 가능하다. 같은 조건으로 사진이 찍히도록 기계를 만들어둔다면, 밤하늘의 서로 다른 곳에 있는 별을 촬영해서 두

별 중에 어떤 것이 더 밝은지 비교하는 것도 가능하다.

봄철에 나타난 어떤 별이 반년 뒤 겨울철에 나타난 다른 별에 비해 밝았는지를 비교한다고 해보자. 사람이 눈으로 보고 기억으로만 비교한다면 대단히 어려운 일이다. 그렇지만 같은 조건으로 사진을 찍어둔다면 봄에 찍은 별 사진과 겨울에 찍은 별 사진 둘을 비교하기만 하면 된다. 여러 사진을 비교하면서 사진에 어떻게 나오는지를 정밀히 분석할 수 있다면, 아주 세밀하게 별의 밝기 차이를 따져볼 수도 있다.

사진 기술을 이용하면, 몇 달, 몇 년 동안 세계 각지에서 밤하늘의 구석구석을 동시에 여러 대의 장비로 촬영해서 사진을 대량으로 쌓아두고, 나중에 그것을 한 군데 모아서 차근차근 분석하는 방식으로 일할 수도 있다. 요즘도 만화나 영화에는 천문학자가 깊은 밤 홀로 망원경 앞에 붙어 머나먼 우주 저편을 골똘히 보고 있는 모습이 자주 나온다. 그러나 이런 모습은 19세기에 서서히 사라졌다. 최고의 천문학자들은 그저 책상에서 끈질기게 수많은 사진으로 우주를 살폈다.

피커링은 하버드 천문대로 배달되는 세계 각지의 별 사진을 분류, 정리, 분석하는 일을 맡아 하는 사람들이 있으면 좋겠다고 생각했다. 이제는 직접 밤하늘을 보고 어느 쪽에 무슨 별자리가 있는지 아는 사람보다 수천, 수만 장의 별 사진을 보고 점점이 표시된 별의 모양을 따져서 별의 밝기와 색깔을 정하고, 각각의 사진이 언제 어느 방향으로 하늘의 어디쯤을 본 것인지 계산해서 기록하는 일이 중요해졌기 때문이다.

이런 일에는 천문학 지식이 많이 필요하지 않다. 대신 정해진 규칙에 따라 오류 없이 숫자를 계산하고 자료를 정리하는 일을 잘해야 했다. 쌓여 있는 사진을 두고 단순 반복 작업을 계속하는 끈기도 필요하다. 많은 사진과 그보다 더 많은 사진 속 별 하나하나를 비교하고, 결과에 따라 번호를 매기고, 규정에 따라 더하기, 빼기, 곱하기, 나누기 계산을 수행한 결과를 써넣어야 한다. 그런 일을 말 그대로 하늘의 별만큼 많이 해야 한다.

어떻게 보면 이런 작업을 하는 사람은 별을 보면서 새로운 현상을 연구하는 과학자들의 조수라고 할 수 있었다. 피커링을 비롯한 당시 사람들은 이런 역할을 여성이 잘할 거라고 생각했다. 힘을 쓰는 일이 아니었으니 일단 남성이든 여성이든 별 상관없다고 보았을 것이고, 당시 사람들의 관점에서는 꼼꼼하고 정확하게 숫자를 따지며 자료를 세심하게 정리하는 일은 여성이 더 잘할 거라는 막연한 생각도 있었다.

어디까지나 조수 역할이기 때문에 정식 직원으로 고용할 만큼 많은 돈을 줄 수는 없었다. 또한 19세기에는 여성에게 남성보다 적은 돈을 주고 일을 시키는 경향이 있었기에 금전적으로 맞아든다는 점도 이유 아닌 이유가 되었을 것이다. 처음 피커링이 자료 정리를 맡긴 것은 자기 집의 여성 가정부였다. 시작을 그렇게 하다 보니 그 후로 계속 자연스럽게 여성들에게 별 사진 정리를 맡기게 되었을 거라는 이야기다.

사람들은 이렇게 하버드 천문대에서 자료를 정리하고 계

산하는 여성 직원을 하버드 컴퓨터, 곧 하버드 계산원이라고
불렀다. 나중에 우주선의 움직임을 계산하는 일을 했던 캐서
린 존슨에게 붙었던 바로 그 명칭이다. 그렇게 보면 레빗은
존슨의 먼 선배가 되는 셈이다. 실제로 하는 일은 별 사진을
분석하는 것과 우주선의 움직임 예측으로 굉장히 달랐지만,
계산을 많이 하는 것이 주 임무라는 점에서 둘 다 컴퓨터, 계
산원이라는 직업을 갖게 된 것은 비슷하다. 또한 여성을 위한
과학계의 일자리가 부족했던 시절, 각자의 분야에서 열심히
일하며 불평등을 헤쳐나온 공통점도 있다.

레빗은 1893년부터 1898년까지 5년여 동안 하버드 천문
대에서 계산원으로 일했다. 20대 후반을 천문학 자료 정리를
하면서 보낸 셈이다. 그마저도 초창기에는 월급을 받지 못하
는 위치에서 일했다고 한다. 물론 나중에는 실력을 인정받아
낮은 액수라도 월급을 받기는 했지만, 처음에는 그다지 직장
같지도 않은 자리였을 것이다.

교회 일에 익숙한 레빗은 어쩌면 천문대 일을 봉사활동 비
슷하게 받아들였을지도 모른다. 피커링 같은 뛰어난 학자들
이 훌륭한 연구를 할 수 있도록 도움을 주니 보람찬 봉사활
동 아니겠느냐는 식으로 말하는 사람도 있지 않았을까? 반대
로 나중에는 자리를 잡으려면 일한 만큼 정당한 임금을 받는
것이 중요하다는 것을 일깨워 준 사람도 있었을 것이다.

막상 일을 시작해서 경험이 쌓이다 보니 레빗이 이 일에
상당히 뛰어나다는 것이 드러났다. 레빗은 하루 종일 책상 위

에서 끝없이 사진을 정리하면서 막대한 양의 계산을 빈틈없이 해치웠다.

"지루하고 머리 아픈 일이지만, 꾸준히 하다 보면 마음이 차분해지는 것 같단 말이지."

이런 일을 잘해낸다는 것은 상상 이상으로 뛰어난 재능이다. 요즘 책에 실리는 화려한 별 사진이나 영화에 나오는 우주 풍경은 온갖 색깔의 기이한 형체가 넘쳐나는 화려한 모습이다. 하지만 이런 것들은 대개 멋져 보이도록 여러 색깔로 촬영한 사진을 겹쳐놓거나, 잘 안 보이는 빛을 더 선명하게 보정하는 식으로 보기 좋게 가공한 결과다.

실제로 레빗이나 동료 계산원들이 작업했던 별 사진은 전혀 그런 멋진 풍경이 아니었다. 대부분의 사진은 그저 까만 배경에 점이 여럿 찍힌 것이 전부다. 심지어 실제로 작업하며 보는 자료는 촬영한 자료를 그대로 이용하므로 흰 바탕에 검은 점으로 나타나는 경우도 많다. 이런 사진은 아예 밤하늘처럼 보이지도 않는다.

얼핏 보면 까만 종이 위에 검은 점이 얼룩으로 몇 개 튀어 있는 것과 비슷하다. 모습만 봐서는 어디에서 무엇을 찍은 것인지 알 수 없다. 그런 사진을 붙들고 점의 크기나 모양을 하나하나 따져야 한다. 다음 사진, 그다음 사진도 마찬가지다. 사진은 몇천 장이 쌓여 있어서 몇 년을 일해도 계속 이어진다. 이런 작업은 어떻게 보면 무엇인가 성취한다기보다는 근육을 키우기 위해 반복해서 아령을 들거나, 끊임없이 수영을 하는 일과도 비슷하다. 차이가 있다면 마음을 비우고 할 수 있는 일이 아니라 계속 생각하며 두뇌를 이용해야 한다는 점이다.

레빗의 실력은 나중에 발표된 과학 성과에서도 드러난다. 하지만 나는 동료들 사이에서 받은 좋은 평가에서도 어느 정도 짐작해볼 만하다고 생각한다. 레빗은 인내가 필요한 계산을 끈질기게 파헤치는 모범적인 태도를 지닌 연구원이었고, 새로운 직원이 들어왔을 때 그 태도를 배우면서 믿고 따라갈 만한 좋은 동료였을 거라고 추측해본다.

그러나 30대가 되어 인생을 어떻게 살고 무엇을 해야 할지 고민할 무렵, 레빗은 다른 생각을 했던 것 같다. 천문대에서 학자들의 조수나 비서로 일하는 것 말고 삶에서 더 자신에게 맞는 일과 기회가 있다고 보지 않았나 싶다.

"적당한 일을 하면서 때를 엿보는 시간은 이제 충분해. 내가 정말 하고 싶은 일, 미래를 위해 해야 하는 일을 할 때야."

남아 있는 기록을 보면 레빗은 약 5년간 하버드 천문대를 떠나 다른 일을 하면서 지냈다. 유럽에 여행을 다녀왔다는 기록도 있고, 위스콘신의 벌로이트 대학에서 미술 분야의 조교 내지는 조수로 일했다는 기록도 있다. 예술가로서 활동할 꿈을 꾸었던 것일까? 유럽을 여행하며 미술 공부를 하거나 화가로서 정착할 만한 자리를 찾아다녔을까?

만약 정말 그랬다면 레빗은 미술의 어떤 분야에 이끌렸고, 그림이나 조각품으로 무엇을 표현하고 싶었을까? 무한에 가까운 광막하게 펼쳐진 우주의 모습을 보여주고 싶었을까?

어느 것 하나 별 근거 없는 상상일 뿐이다. 좀더 확실한 것은 이 시기 레빗은 건강이 좋지 않아 고생할 때가 많았다는 사실이다. 병으로 앓아누웠던 일도 자주 있었던 것 같다. 그 결과 레빗은 점점 귀가 안 좋아져서 결국 청력을 거의 회복하지 못하게 된다. 어쩌면 새로운 나라, 새로운 곳에서 펼칠 꿈을 포기했던 것도 건강 문제 때문인지도 모른다.

"이런 몸으로는 낯선 나라에 적응해서 새로운 일을 한다는 것은 힘들겠지."

결국 레빗은 30대 중반에 접어든 1903년 다시 하버드 천문대로 돌아온다. 짐작하기에는 당장 생계를 잇기 위해 결국 익숙한 일이라도 하면서 돈을 벌어야겠다고 생각했던 것인가 싶다. 5년간의 도전에서 결국은 실패했고, 꿈을 포기하게 되었다고 생각했을 수도 있다. 가끔씩은 소중한 젊은 시절에 남는 것 없이 이런저런 일을 해보려다가 몸만 고생했다고 쓸쓸해하지는 않았을까?

"되는 일은 아무 것도 없고, 실패만 했어. 먹고살기 위해서는 그나마 익숙한 일이라도 계속해야 해. 이 일이라도 할 수 있어 다행이라고 해야 하나."

그렇지만 오늘날 학자들은 레빗이 인류를 위한 비밀을 캐낸 것이 바로 그때부터였다는 사실을 알고 있다.

헨리에타 레빗의 성과로 가장 자주 언급된 것은 마젤란 성운을 분석한 결과였다. 성운은 밤하늘에서 별과 어울려 있는 뿌연 구름 비슷한 형체가 슬며시 빛을 내고 있는 물체라는 뜻이다.

그중에서도 마젤란 성운은 처음으로 세계 일주 항해에 도전했던 유럽의 모험가 마젤란이 지구의 남반구를 항해하다가 보았다고 해서 그의 이름이 붙어 유명해졌다. 물론 마젤란 이전에도 지구의 남반구에서 살았던 사람들이나 남쪽 지역으로 항해를 떠났던 다른 여러 나라 사람들도 마젤란 성운을 알고 있었을 것이다. 그렇지만 근대 과학이 유럽을 중심으로 발달한 까닭에 이 물체에는 유럽 사람인 마젤란의 이름이 붙었다. 그런 만큼 과학적으로 세밀하게 관찰된 역사는 비교적 짧다고 볼 수 있다.

마젤란이 성운을 본 것이 지구의 남쪽이었던 만큼, 마젤란 성운을 잘 찍을 수 있는 곳도 하버드 천문대가 아니라 남반구였다. 특히 페루의 아레키파에 있던 망원경을 이용해서 찍은 사진이 요긴했다고 한다.

아레키파는 높은 산지에 있는 도시인데 날씨 좋은 날 이곳에서 고성능 망원경으로 마젤란 성운을 촬영하면, 사진 속 뿌연 연기 같은 빛 사이에 흩어진 많은 별을 하나하나 따질 수 있을 정도였다. 그렇게 찍은 사진은 잘 포장해서 배에 싣고,

몇 달간의 항해 끝에 미국에 도착한다. 이후 사진 자료 뭉치가 하버드에 배달되면 레빗은 그 꾸러미를 끌러서 차근차근 분석해나갔다.

마젤란 성운은 얼마나 멀리 있을까? 별은 가까운 것도 수십조 킬로미터 떨어져 있으므로, 희뿌연 마젤란 성운과 그 주변의 별들도 적어도 그 이상 떨어져 있다는 것은 확실했다. 게다가 나중에 밝혀진 바에 따르면 마젤란 성운은 훨씬 더 멀리 있었다. 그렇게 본다면 낮은 지위의 한 여성 청각 장애인 연구원의 조그마한 책상 위에서 대단히 먼 우주 저편의 비밀이 하나둘 드러났다고 말해볼 수도 있겠다.

레빗은 별의 밝기가 일정하지 않고 밝아졌다가 어두워지는 것, 즉 변광성이라고 하는 별을 찾아내는 솜씨가 뛰어났다. 변광성 중에는 규칙적으로 밝아졌다 어두워지는 것들도 있다. 며칠에 걸쳐 천천히 밝아지다가 또 며칠에 걸쳐 천천히 어두워지기도 한다. 똑같은 별을 서로 다른 날짜와 시간에 찍은 사진을 비교해서 밝기가 어떻게 바뀌었는지를 정밀하게 따져보면, 그 별이 변광성인지 아닌지, 만약 변광성이라면 어떤 규칙에 따라 밝기가 변하는지 알아낼 수 있다.

만약 별의 요정이 우리 앞에 나타나 무슨 별이 변광성인지 알려준다면, 그 별을 꾸준히 관찰해서 그게 정말 변광성인지 확인하고 어떤 규칙으로 빛이 바뀌는지 알아내는 것은 그렇게 어렵지 않을 것이다. 그러나 레빗은 뭐가 뭔지도 모르게 널려 있는 별 사진 사이에서 어떤 별이 같은 별을 찍은 사진인지 확인하며 혹시 규칙적으로 밝기가 바뀌는 것이 있는지 알아내야 했다.

변광성이 아닌가 의심스러운 것이 있으면 다시 한번 별마다 밝기가 얼마인지 사진을 보고 분석한 결과와 그 별을 찍은 날짜, 시각을 보면서 확인해야 했다.

"오늘은 3,000개의 사진을 비교해서 변광성을 8개나 찾았네."

레빗은 사진을 하나하나 보면서 변광성을 찾는 일에 성공하고 또 성공했다. 40대가 된 1908년에는 마젤란 성운에 속하는 별들을 보면서 정리한 자신만의 변광성 목록을 정리했는데 그 숫자가 무려 1,777개에 달했다.

그리고 레빗이 찾아낸 규칙적으로 밝기가 변하는 별들 사이에는 우주가 얼마나 넓은 곳이고, 그때까지 우주에 대해 사람들이 얼마나 단단히 잘못 생각하고 있었는지 깨닫게 하는 결정적인 지식이 들어 있었다.

태양과 별은 어떻게 빛날까

태양은 왜 빛을 낼까? 낮이 되면 너무나 당연하게 태양 빛이 환하게 내리쬐는 곳이 지구이므로 지구에서 사는 우리가 그런 생각을 깊이 해볼 기회는 많지 않다. 태양에서 가장 많은 성분은 수소다. 그렇다면 태양이 빛을 내는 이유는 수소 때문일까? 하지만 수소는 저절로 빛을 내뿜지 않는다. 최근에 유행하는 수소 자동차를 위한 수소 충전소나 한국의 화학 공장에 가면 많은 양의 수소를 모아놓은 강철 탱크가 있지만, 그 안에서 저절로 빛이 뿜어나오지는 않는다.

사실 태양이 빛을 내는 이유는 중요한 문제다. 식물은 태양 빛으로 광합성을 하고 동물은 그 식물을 먹고산다. 사람도 마찬가지다. 사람이 먹는 곡식이나 과일은 결국 태양 빛을 받고 자라난 식물의 씨앗과 열매다. 그런 식으로 햇빛은 사람을 포함한 지구의 모든 동식물이 살 수 있게 한다. 꼭 광합성이 아니라도 햇빛이 없으면 지구는 너무 춥고 어두운 곳으로 변할 것이다. 태양 빛이 잘 도달하지 않는 명왕성의 온도는 영하 240도에 달한다. 이런 곳에서 생명체가 살아남기란 대단히 어렵다.

해가 지면 떠오르는 밤하늘의 별들도 사실 태양과 비슷하게 강력한 열과 빛을 내뿜는 물체다. 별과 태양은 별로 다르지 않다. 이런 물체들은 너무나 멀리 있기 때문에 태양처럼 강한 빛을 환하게 내뿜는 것으로 보이지 않는다. 작은 빛을 반짝이는 점 하나로 보일 뿐이다.

밤하늘의 북쪽 중심에서 빛나는 별인 북극성은 눈에 잘 띄는 정도의 밝기지만, 실제로 북극성 가까이 우주선을 타고 가서 본다면 이 별은 태양보다 100배 이상 더 강한 빛을 내뿜는 무시무시할 정도로 굉장한 물체일 것이다. 그러나 북극성은 지구에서 4,000조 킬로미터라는 터무니없이 먼 거리에 있다. 그 정도 거리면 누리호 로켓의 속력으로 날아간다고 해도 1억 년이 훌쩍 넘는 긴 시간이 걸린다. 그렇기 때문에, 태양보다 100배 강하다는 그 강력한 빛도 작은 별빛으로 보이는 것이다.

모든 별은 결국 태양과 같은 방식으로 빛을 내고 있다. 그렇다면 우주가 아무것도 없는 컴컴한 공간이 아니라 빛나는 별이 있는 곳이 된 이유도 태양이 빛을 내는 까닭과 같을 것이다. 우주 곳곳에 별이 빛나고, 가끔 그 주변에는 행성이 딸려 있어서 특이한 풍경이 펼쳐지기도 한다. 그중에 지구 같은 곳도 있어서 생물이 출현하니 우리가 살아가는 것도 결국은 태양이 어떻게 빛을 내는가 하는 문제에 달려 있다.

단순히 태양의 재료인 수소가 불타면서 빛을 내는 것은 아니다. 그렇다고 하기에는 태양이 내는 빛은 굉장히 강하다. 다른 문제도 있다. 지구에서 어떤 물체를 불태운다는 것은 산소 기체가 땔감과 빠른 화학 반응을 일으킨다는 뜻인데 우주에는 산소가 흔하지 않다.

과학자들은 지금으로부터 약 130억에서 140억 년 전 사이에 우주가 생겨났다고 본다. 우주가 탄생한 직후에는 많은 수소와 약간의 헬륨 정도만 있었을 뿐이지 산소 같은 다른 물질은 전혀 없었다. 그러므로 수소 덩어리들을 뭉쳐놓는다고 해도, 거기에 불을 붙여 타오르게 할 산소가 없었다. 그러나 그런 상황에서도 시간이 흐르면서 별은 빛을 내뿜기 시작했다. 따라서 태양이나 별이 빛을 내는 이유는 불이 타는 것과는 전혀 다른 원리여야 한다.

태양과 별은 수소 원자가 강한 열과 압력을 받아 헬륨으로 변하는 핵융합에 의해 빛난다. 지구에서 사람이 개발한 장치 중에는 수소 폭탄이 바로 이 원리를 이용한 무기다. 수소 폭탄은 단순히 수소를 많이 모아놓고 거기에 불을 붙여서 폭발시키는 것과는 전혀 다르다. 수소 폭탄은 실용화된 핵무기 중에서 가장 강력한 위력을 가졌다고 할 수 있다. 반대로 이야기하면, 태양이나 별이 그렇게 강한 빛을 오랫동안 뿜어내는 이유도 그 속에서 대단히 많은 양의 수소 폭탄이 끝없이 폭발하는 것과 같은 현상이 일어나고 있기 때문이다.

그러므로 태양의 핵융합 현상은 우주에 별빛이 있는 이유이고, 태양을 밝혀 지구에서 이 책을 쓰고 있는 나와 책을 읽고 있는 독자님을 포함한 모든 동식물이 살 수 있는 이유다. 지금 이 문장을 읽고 있는 동안에도 지구에서 1억 5,000만 킬로미터 떨어진 거리에서 태양을 이루고 있는 수소 덩어리들은 끊임없이 핵융합을 일으키며 우리가 사는 행성에 넉넉한 열과 빛을 보내고 있다.

그런데 태양과 별을 이루고 있는 재료이자, 우주가 생겨나면서 맨 처음 만들어진 물질인 수소가 핵융합을 일으켜 헬륨으로 변하는 과정은 생각보다 복잡하다. 우리가 태어나기 위해 반드시 필요했고, 언제나 꼭 있어야만 하는 별의 핵융합을 위해서는 과학자들이 밝힌 네 가지 서로 다른 힘이 힘을 합쳐 각자 역할을 해야 한다.

우선 수소가 우주에 아무렇게나 흩어지지 않게 잡아주는 중력이 필요하다. 수소는 우주에서 가장 가벼운 물질이지만 미약하게나마 무게가 있다. 우리가 사는 지구의 평범한 조건에서 1,000시시짜리 페트병에 수소를 채우면 그 무게는 0.1그램도 되지 않는다. 그렇지만 그 정도의 무게도 분명히 무게는 무게다. 무게가 있다면 비록 작더라도 항상 서로 끌어당기는 중력이 생긴다.

그렇기에 우주를 떠돌고 있는 수소는 시간이 지나면 결국 가까이 있는 것들끼리 끌어당기며 뭉쳐서 덩어리가 될 것이다. 크게 뭉쳐 있는 수소 덩어리는 꽤 무거울 테니 더 강한 중력의 힘으로 주위의 수소를 끌어당겨서 더 큰 덩어리가 된다. 그러면 무게는 더 무거워지고 더 강한 중력의 힘으로 더 세게 주위의 수소를 끌어당긴다.

이렇게 되면 나중에는 수소 덩어리의 무게가 아주 무거워져서 대단히 강한 중력으로 서로를 꽉꽉 끌어당긴다. 태양은 지구보다 30만 배 이상 무겁다. 그렇기에 그만큼 강력한 중력으로 모든 것을 태양을 향해 강하게 당긴다. 태양을 이루고 있는 수소의 힘 때문에 서로 눌리며 생기는 압력과 열은 아주 강하다. 그 압력과 열이 아주 세지면 수소와 수소가 단순히 촘촘하게 붙어 있을 뿐만 아니라, 수소 원자 각각의 중심에 있는 핵끼리 서로 떡이 되어 달라붙을 정도가 된다. 핵은 강력을 발휘할 수 있는 쿼크로 이루어져 있으므로, 핵이 아주 가까워지면 강력 때문에 핵력이 생겨서 핵이 들러붙는 일이 발생한다는 뜻이다.

만약 이런 일이 정말로 일어난다면 수소 원자 2개의 핵은 서로 융합해서 수소 원자핵의 두 배쯤 되는 무거운 핵이 될 것이다. 그 과정에서 막대한 열과 빛이 나온다.

그런데 이런 현상은 쉽게 일어나지 않는다. 수소 원자의 핵은 모두 양성자로 되어 있어서 플러스 전기를 띠기 때문이다. 수소 원자의 핵 2개를 붙이려고 가까이 가져갈수록 플러스 전기끼리 서로 밀어내는 전자기력이 서로를 밀어낸다. 그래서 아주 무겁게 수소가 뭉쳐 있다고 해도, 수소끼리 끌어당기는 중력만으로는 핵이 붙어서 유지되지 못한다.

그래서 실제로 태양에서 일어나는 핵반응은 어쩔 수 없이 다른 힘의 도움을 받아야 한다. 바로 여기서 세상의 네 가지 힘 중에 가장 이상하고 신비하다는 약력이 힘을 써주어야 한다.

태양 속에서 많은 수소 원자핵이 정신없이 중력에 눌리며 돌아다니다 보면, 물질을 바꾸는 힘인 약력을 받아 핵을 이루고 있는 양성자가 중성자로 바뀌는 현상이 생길 수 있다. 이것은 베타선을 내뿜는 방사능 물질 속에서 중성자가 양성자로 바뀌는 현상의 반대 현상이다. 이렇게 약력으로 양성자가 중성자로 바뀐다면 상황은 완전히 달라진다. 중성자는 전기를 띠고 있지 않다. 그렇기 때문에 중성자는 양성자와 전자기력으로 밀어내는 현상을 겪지 않는다.

중성자는 양성자로 된 수소 원자의 핵에 훨씬 쉽게 들러붙을 수 있다. 이런 현상이 일어나서 중성자 하나를 핵에 붙이고 있는 수소가 생기면, 이런 수소는 전기에 관한 성질은 보통 수소와 별로 다르지 않겠지만 무게는 더 무거울 것이다. 이런 물질을 중수소라고 한다. 실제로 이런 물질은 우주 곳곳에 만들어져 있다. 지구에서도 중수소는 독특한 성질 때문에 원자력 기술에서 요긴하게 사용될 때가 있다. 예를 들어, 한국의 월성 원자력 발전소에는 한 대당 중수소로 만든 물이 180톤 이상 들어 있다.

케페우스자리의 비밀

태양 안에 중수소가 있다면 이제는 핵융합이 이루어질 수 있다. 중력의 힘으로 수소의 핵이 뭉치려고 할 때, 양성자의 플러스 전기가 밀어내는 전자기력이 방해하는 것은 여전하다. 그렇지만 양성자 옆에 붙어 있는 중성자는 전자기력을 더하지 않으면서 그저 강력이 만들어내는 핵력으로 서로를 끌어당기는 힘을 추가로 더해준다. 양성자만 있어서는 강력이 전자기력을 이겨내지 못해 달라붙지 못할 텐데, 약력 덕분에 전기를 안 띠는 중성자도 생겼으므로 중성자의 강력이 전자기력 없이 추가되어 전자기력을 이겨낼 정도로 강해진다고 볼 수 있다.

더 단순하게 이야기하면, 약력 때문에 양성자가 중성자로 변하면 중성자는 접착제 같은 역할을 하게 된다. 그래서 중력으로 물질이 강하게 뭉쳐지면 강력으로 핵이 달라붙으며 양성자 2개와 중성자 2개가 붙어 있는 새로운 핵이 탄생한다. 이런 핵을 가진 원자가 바로 헬륨이다. 이런 현상이 일어날 때 강한 열과 빛이 나온다. 이것이 대표적인 별의 핵융합 방식이다.

햇빛과 우주의 모든 별빛은 바로 이렇게 중력으로 뭉친 물질이 약력으로 변하고 전자기력을 극복한 뒤에 강력이 만들어내는 핵력으로 달라붙는 핵융합 과정이다. 우리가 지구에서 햇살의 온기를 느끼는 것에서부터 레빗 같은 학자들이 어떤 별빛이 얼마나 밝은지 측정하기 위해 보았던 것도 결국은 핵융합의 정도를 측정한 것이라고 할 수 있다. 사막에서 느끼는 뜨거운 열기는 태양 핵융합의 결과가 아주 잘 전달되고 있다는 뜻이다. 별이 밝게 빛난다면 그만큼 활발하게 핵융합을 일으키는 커다란 물체라는 뜻이다.

넓은 우주에서 핵융합을 일으키는 물체들 중에는 다음과 같은 이유로 밝기가 변하는 변광성이라는 별도 있다.

수소 핵융합의 결과로 헬륨이 생겨나면 헬륨이 별 곳곳에 많이 퍼지게 될 것이다. 수소든 헬륨이든 원자에는 마이너스 전기를 띤 전자도 같이 딸려 있으므로, 비록 원자의 핵은 플러스 전기를 띠더라도 전체적으로는 전자가 플러스 전기를 막아주므로 전기를 띠고 있지 않다. 그런데 별이 핵융합을 하면서 강한 빛과 열을 내뿜다 보면 간혹 겉면에 돌던 헬륨 원자에서 전자가 떨어져 나가는 바람에, 원자 자체가 전기를 띠는 경우가 생긴다. 헬륨 원자의 핵 속에 든 양성자들이 가진 플러스 전기가 그대로 주변에 노출된다고 볼 수 있다.

이런 일이 벌어지고 있는 별은 플러스 전기를 띤 물질로 겉면이 휩싸이는 현상이 일어난다. 전기를 띤 물질은 당연히 빛, 즉 전자기파와 서로 영향을 주고받을 수 있다. 그러면 핵융합 현상으로 생긴 빛이 별 바깥으로 멀리 날아가는 것을 플러스 전기를 띤 물질이 방해할 수 있다. 다시 말해, 열과 빛이 헬륨의 전자를 떼어내기 좋은 조건일 때, 전자가 떨어져 나간 헬륨이 겉면에 몰려 있는 별은 빛을 막는 안개가 낀 것처럼 된다는 말이다.

별의 표면에 낀 전기 헬륨 안개는 갈수록 짙어지다가 어느 정도 시간이 지나면 다시 헬륨이 떨어져 나와 주변을 돌아다니던 전자와 달라붙어 전기를 띠지 않은 상태로 바뀌면서 사라진다.

멀리서 이런 별을 본다면, 전기 헬륨 안개가 생기는 동안에는 빛이 점점 어둡게 보이다가 안개가 사라지면 다시 별빛이 밝게 보일 것이다. 즉, 안개가 끼었다 사라졌다 하면서 별빛이 밝아졌다 어두워졌다 하는 현상이 나타나는 변광성이 될 수 있다. 대체로 전기 헬륨 안개가 끼면서 어두워질 때는 비교적 서서히 어두워지고, 안개가 걷히며 밝아질 때에는 좀더 빠른 속도로 밝아지는 특징을 나타낸다.

사실 그 정확한 원리를 모르던 옛날부터 학자들은 변광성을 알고 있었다. 대표적인 것이 케페우스자리라는 별자리에 포함되어 있는 별이다. 그리스 로마 신화에서는 안드로메다 공주가 괴물에게 바치는 제물이 되었다가 페르세우스에게 구출되어 살아난 이야기가 있는데, 케페우스는 안드로메다의 아버지다. 그래서 이런 형태로 별빛의 밝기가 바뀌는 변광성을 케페우스자리에서 보이는 별과 닮았다고 해서 케페우스자리 델타별형 변광성, 케페우스형 변광성, 케페이드 변광성 등으로 불렀다. 참고로 안드로메다의 어머니이자 케페우스의 부인을 나타낸 별자리가 바로 밤하늘에서 찾기 쉬운 카시오페이아자리다.

레빗의 시대에는 학자들이 핵융합의 원리를 몰랐고, 핵융합을 일으키는 과정에서 중력, 전자기력, 강력, 약력이 모두 각자의 역할을 한다는 사실도 알지 못했다. 강력과 약력이란 것이 세상에 정말로 있는지조차도 몰랐던 시대다. 하물며 핵융합의 결과로 발생하는 빛과 열 그리고 헬륨이 서로 복잡한 관계 속에서 별빛을 가리기도 하고 투명하게 통과시키기도 하면서 별빛이 바뀐다는 생각을 하기도 어려웠다.

그런데 레빗은 수천 개의 변광성을 살펴보면서 치밀한 관찰 끝에 원리를 잘 모르던 시대에도 대단히 유용한 규칙성을 발견했다. 그것은 빛을 뿜어내는 정도가 강한 별일수록 별이 밝아졌다 어두워졌다 하는 데 더 오랜 시간이 걸린다는 점이었다. 그리고 바로 이 발견이 레빗의 가장 놀라운 공으로 평가받는 별과의 거리 측정 기술 개발로 이어졌다.

우주에서 핵융합의 정도, 즉 별이 뿜어내는 빛의 정도와 지구에서 보이는 별의 밝기 그리고 별과의 거리를 따진다는 것은 꽤나 복잡한 문제다. 밝은 별이라도 멀리 있으면 어두워 보이고, 어두운 별이라도 가까이 있으면 밝아 보인다. 태양은 북극성보다 핵융합을 적게 하기에 빛을 뿜어내는 정도는 약하지만 지구에서는 비할 바 없이 밝고 뜨겁게 느껴지는 것은 태양이 북극성보다 지구에 가까이 있기 때문이다. 그래서 그냥 아무 별이나 밝기를 보고 짐작해봐야 그 별이 원래 어느 정도의 빛을 뿜어내는지, 얼마나 멀리 떨어져 있는지 알기는 어렵다.

그러나 레빗에게는 그런 헷갈리는 상황에서 벗어날 수 있는 길이 있었다. 하필 레빗은 남아메리카에서 전달되어 온 자료에서 마젤란 성운이라는 곳을 특히 집중해서 연구하고 있었다. 마젤란 성운은 뿌연 구름 같은 빛덩이 속에 별이 많이 뭉쳐 있는 곳으로 보였기 때문에, 마젤란 성운에 속하는 별들은 지구에서 떨어진 거리가 그나마 대체로 비슷비슷할 거라고 짐작할 수 있었다.

그 말은 마젤란 성운에 속하는 별들 중에 밝은 별은 원래 별이 빛을 많이 뿜어내기 때문에, 즉 핵융합을 강하게 하기 때문에 밝아 보이는 것일 가능성이 높다는 이야기였다. 거리는 어차피 비슷하니까. 반대로 마젤란 성운에 속하는 별들 중에 어두운 별은 원래 별이 적은 빛을 뿜어내기 때문에, 즉 핵융합을 약하게 하기 때문에 어둡다고 볼 수 있었다.

레빗은 마젤란 성운의 별들 중에서도 케페이드 변광성만 골라 살피면서, 뭔가 한 방향의 규칙이 있는 것 같다는 생각을 했다. 실제로는 케페이드 변광성의 경우, 핵융합 반응을 강하게 하는 별일수록 전기 헬륨 구름이 생겨나서 충분히 쌓이고 사라지는 데 긴 시간을 소모하게 되므로, 빛이 밝아졌다 어두워지는 데 오랜 시간이 걸리는 규칙이 있다. 레빗은 마젤란 성운의 케페이드 변광성뿐만 아니라, 케페이드 변광성이라면 어느 것이든 원래 빛을 강하게 뿜어내는 별일수록 빛이 밝아졌다 어두워지는 데 시간이 오래 걸릴 것이고, 빛을 약하게 뿜어내는 별이라면 깜빡거리는 것처럼 빠르게 밝아졌다 어두워질 것이라는 생각을 품었다.

"이 별들이 빛을 뿜어내는 정도와 빛이 바뀌는 속도 사이에는 규칙이 있어 보여."

1912년 40대 중반이 된 레빗은 그동안 자신이 찾아낸 케페이드 변광성 24개를 연구한 결과, 그 규칙을 알아냈다. 변광성의 별빛이 변하는 속도로 그 별이 뿜어내는 빛의 정도를 추측할 수 있는지 숫자로 계산하는 방법까지 개발했다. 이 논문은 비록 천문대장 피커링의 이름으로 발표되었지만 논문 내용 중에 이 사실을 레빗이 알아냈다는 점을 분명히 밝혔다.

얼핏 생각하면, 우주의 하고 많은 별 중에 몇 안 되는 아주 특별한 별이 지닌 이상한 성질 하나를 찾아낸 것 정도가 아니냐고 평가할지도 모른다. 그러나 정확한 규칙을 파악해서 그에 따라 계산할 수 있게 되면, 과학의 위력은 의외로 놀라울 정도로 강해진다. 레빗의 발견은 그 계산 방식을 역으로 이용할 때 가치가 대단히 높다.

밤하늘에서 어떤 별을 발견했다고 해보자. 별의 색깔과 밝기는 쉽게 관찰할 수 있다. 그러나 그 별과의 거리를 알아내기란 매우 어렵다. 몇 가지 기술이 있기는 하지만, 멀리 떨어진 별일수록 정확한 방법은 많지 않다.

그런데 만약에 그 별이 케페이드 변광성이라면? 그렇다면 별의 밝기가 얼마나 빠르게 또 천천히 변하는지를 측정한다. 그리고 레빗이 개발한 계산 방법을 이용하면 밝기가 느리게 변하는 별일수록 원래 빛을 많이 뿜어낸다는 사실을 알아낼 수 있다. 예를 들어, 밝기가 아주 천천히 변하는 별이라면 원래 굉장히 많은 빛을 뿜어내는 별이라고 볼 수 있다는 이야기다. 그런데 그 별이 지구에서 볼 때는 어둡고 희미하게 보인다면? 그것은 그 많은 빛을 뿜어내는 별이 너무나 먼 거리에 떨어져 있어서 희미하게 보일 정도가 되었다고 풀이할 수 있다. 다시 말해, 별이 아주 멀리 떨어져 있다는 사실을 알 수 있다. 계산을 정확하게 하면 별이 대략 얼마나 멀리 떨어져 있는지, 그 거리를 숫자로 써낼 수도 있다.

반대로 밝기가 아주 빨리 변하는 별인데 그 별이 지구에서 봤을 때 상당히 밝아 보인다면? 레빗의 계산 방법에 따라 그 별이 원래는 빛을 조금밖에 못 뿜어낸다는 사실을 알 수 있다. 그런데도 지구에서 별이 밝게 보인다면 별이 무척 가까이에 있다는 뜻이다. 역시 숫자를 따져서 정확히 계산하면 어느 정도 거리인지 말할 수 있다.

그러므로 레빗의 발견은 어떤 별이 케페이드 변광성이기만 하면, 그 별까지의 거리를 알아낼 수 있는 기막힌 수단이다.

이것만으로도 직접 갈 수도, 누구에게 물어볼 수도 없는 머나먼 우주 저편과의 거리를 알아낼 수 있는 대단한 발견이다. 실제로 레빗은 좋은 발견을 해낸 유능한 인물로 몇몇 학자들에게 좋은 평가를 받았다. 그래봐야 과학자들을 돕는 계산원일 뿐이었다고 얕보는 사람이 없지는 않았을 것이다. 하지만 단순히 많은 별을 관찰한 것뿐만 아니라 그 수많은 관찰 속에서 유용하게 활용할 수 있는 기막힌 규칙을 찾아냈다는 점은 여러 사람에게 존경받을 만한 성과다.

레빗이 남긴 수많은 은하수

병약했던 레빗은 1921년 53세의 나이로 세상을 떠났다. 레빗이 세상을 떠난 지 얼마 되지 않아 그의 업적은 더욱 큰 발견으로 이어진다.

미국의 천문학자 에드윈 허블의 연구팀은 성능 좋은 망원경을 이용해서 그때까지 안드로메다 성운이라고 불렸던 밤하늘의 뿌연 빛 덩어리 속에서 케페이드 변광성을 몇 개 찾아냈다. 그리고 레빗의 계산 방법을 이용해서 그 별과의 거리를 측정했다. 그런데 생각보다 엄청나게 큰 숫자가 나왔다. 그 결과는 믿기 어려운 놀라운 사실이었다.

과학자들은 꽤 오래전부터 하늘의 많은 별이 대부분 어떤 모양을 이루며 서로 모여 있다는 사실을 알고 있었다. 그래서 그 별들이 이룬 모양의 덩어리를 은하라고 불렀다. 은하에서 별이 많이 모여서 겹쳐 보이는 지역은 은하수로 보이기 때문에, 이 은하를 은하수 은하라고 부르기도 한다. 밤하늘에서 우리가 맨눈으로 볼 수 있는 대부분의 별도 바로 은하수 은하에 속한다.

은하수 은하의 크기는 대략 한쪽 끝에서 다른 쪽 끝까지가 100조 킬로미터의 1만 배, 100경 킬로미터 정도다. 이 정도면 굉장히 거대하다. 은하라는 별의 모임 속에는 수백, 수억으로 헤아려야 하는 정말 많은 별이 포함되어 있다. 그렇기 때문에 20세기 초까지만 하더라도 학자들은 우주에 은하는 우리 지구와 태양이 속해 있는 은하수 은하 하나밖에 없다고 생각했다. 찰리 채플린이 무성영화를 발표하던 시대, 헤디 라마가 처음 영화계에 등장하던 무렵까지도 우주는 하나의 은하로 되어 있다고 보았다.

그런데 허블 연구팀이 레빗의 방법을 통해 거리를 계산한 결과, 안드로메다 성운은 100경 킬로미터보다 훨씬 더 먼 거리에 있다는 결론이 나왔다. 다시 말해서 안드로메다 성운은 우리 은하 바깥, 아주 먼 곳에 있다는 뜻이었다.

그렇다면 안드로메다 성운이 뿌옇게 빛나는 구름처럼 보였던 이유는 너무나 많은 별이 모여 있는 모습을 아주 멀리서 보고 있기 때문이었다고 할 수 있다. 안드로메다 성운을 이루는 별도 몇백억, 몇천억 개는 될 것이다. 즉, 안드로메다 성운은 우리 은하 은하수만큼 큰 별들의 모임으로, 또 다른 은하다. 그래서 지금은 안드로메다 성운을 안드로메다 은하라고 부른다. 나중에 밝혀진 일이지만, 마젤란 성운이라고 불렀던 물체 역시 대마젤란 은하와 소마젤란 은하라는 좀더 작은 은하로 드러났다.

이것은 충격적인 사실이었다. 우주에는 우리의 은하수 은하 말고도 그 바깥에 다른 은하가 여러 개 있다는 뜻이다. 우리가 밤하늘에서 볼 수 있는 그 많은 별이 모여 있는 세상이 우주 저편에 또 있다는 말이다. 우주는 그때까지 학자들이 생각하던 것보다 훨씬 컸다. 나중에 조사해보니 큰 정도가 아니라 말도 못하게 터무니없이 컸다.

레빗이 세상을 떠날 무렵만 해도, 우리가 알고 있는 우주의 은하 숫자는 단 하나였다. 하지만 레빗의 계산법이 나온 뒤 새로운 은하는 계속해서 발견되었다. 은하수 은하 말고도 수십, 수백 개의 은하가 있는 것 같았다.

현재 우리가 추정하는 우주의 은하는 수십, 수백조로 숫자를 따져야 할 만큼 대단히 많다. 먼 옛날 고대 이집트인들은 태양을 무한한 힘을 가진 가장 강력한 신으로 숭배했다. 그런 태양보다 훨씬 더 거대한 별이 널려 있는 별들의 덩어리가 은하인데, 우주에는 그런 은하가 우리가 한평생 먹는 밥알 하나하나의 숫자보다도 훨씬 더 많다. 아니, 인류 역사에 걸쳐 모든 인류가 먹어온 밥알 개수보다도 많다.

레빗은 어릴 적부터 천재라고 칭찬받으며 자라 젊은 시절 큰 성공을 거둔 사람도 아니고, 동료들에게 좋은 평을 받기는 했지만 큰 상을 수상한 과학자도 아니다. 그렇지만 레빗의 발견이 이끌어낸 사실은 세상을 바라보는 우리의 관점을 어느 때보다 크게 바꾸었다. 헤아릴 수 없이 광활한 우주의 넓이는 태양을 열심히 숭배하면 세상만사가 해결될 거라는 그 옛날의 믿음이 얼마나 허망한지를 일깨운다. 고대의 왕, 황제, 독재자 들은 지구에 있는 여러 나라를 지배하거나 수많은 사람을 희생해 거대한 궁전을 세우면 그것이 온 세상 만물과 우주에 큰 의미가 있을 거라고 생각했다. 하지만 결국 그런 일도 밥알 하나를 수천억 조각으로 쪼갠 끄트머리 정도밖에 안 되는 허망한 것일 뿐이다.

마치며
네 가지 힘에 대한 미래 연구

네 가지 힘에 대한 많은 학자들의 연구는 이후에도 끊임없이 발전했다. 요즘은 적지 않은 학자들이 원래는 세상에 단 하나의 힘만이 있었는데, 그것이 우주가 이렇게 커지고 다양하게 변화하는 가운데 여러 가지로 조건이 바뀌면서 마치 4개의 힘으로 보이게 된 것이라는 생각에 매력을 느끼고 있다. 세상에 힘은 단 하나뿐이라는 말이 멋지게 들리기도 한다.

1970년대가 되면 가장 신비해 보이던 약력과 사람이 가장 자유자재로 다루는 전자기력이 사실은 하나의 힘이 조건에 따라 다른 방식으로 나타나는 것뿐이라는 이론이 인기를 얻었다. 현재 이 이론은 많은 학자에게 인정받고 있다. 이에 따르면 세상에는 사실 세 가지 힘이 있고 중력, 강력과 함께 전자기력과 약력이 합쳐진 전자기약력이 있다고 해야 한다. 이 이론이 출현하는 과정에서 사용된 이론 연구에 이휘소 박사가 상당한 공헌을 하기도 했으며, 실제로 전자기력과 약력을 통합하는 이론을 개발한 압두스 살람의 연구를 이휘소 박사가 적극적으로 소개하며 학자들 사이에서 이론으로 인정될 수 있었다. 그렇다면 미래에 과학이 더 발전하면 나머지 힘도 합쳐서 하나로 계산하는 방법을 만들 수 있을까?

다른 한편으로는 중력과 다른 힘 사이의 차이를 극복하려는 노력도 많은 관심을 받고 있다. 전자기력, 강력, 약력, 세 가지 힘은 각각 광자, 글루온, W보손 및 Z보손이라는 알갱이를 주고받는 현상으로 설명한다. 이런 현상이 힘으로 표현된다고 보고 계산하면 가장 정확한 계산 결과가 나온다.

달리 말하면 힘마다 그 힘을 표현하는 입자 내지는 힘을 매개하는 입자가 있다고 이야기해볼 수도 있다. 이때 그 힘을 매개하는 입자의 움직임을 계산하는 방식은 양자장이론이라는 양자론 방식을 채택하고 있다. 따라서 네 가지 힘 중에 세 가지는 양자장이론이라는 같은 방식으로 풀이할 수 있다. 비슷한 틀을 갖고 있다고 볼 수도 있다. 심지어 세 가지 힘 가운데 두 가지는 이미 통합되어 있다. 들리는 이야기로는 가까운 미래에 어쩌면 강력까지 하나로 통합하는 일이 가능할 거라는 말도 있다.

그런 날이 오면, 힘을 매개하는 입자가 있는 세 가지 힘은 사실 하나의 힘이라고 말할 수 있게 될 것이다. 사람들은 이런 미래의 이론에 벌써 대통일이론Grand Unified Theory이라는 멋진 이름까지 붙여두었다. 알파벳 약자로 하면, GUT가 되는데, 이 말에는 '배짱'이라는 뜻이 있다. 과감하게 도전해볼 만한 배짱 좋은 이론이라는 느낌이 든다.

하지만 설령 대통일이론이 완성된다고 하더라도 더 어려운 문제가 있다. 아직 중력이 남아 있기 때문이다. 중력은 전혀 다른 문제다. 과학자들이 맨 처음 발견했고, 근대 과학 역사의 출발부터 계산하기 시작했던 중력만은 그 외의 힘을 계산하는 틀에서 완전히 벗어나 있다.

현재 다른 힘들과 같이 입자를 주고받는 형태로 중력을 정확히 계산할 수 있다거나 그 방식이 맞다고 검증된 방법은 개발되어 있지 않다. 중력을 매개하는 입자에 중력자라는 이름을 만들어두기는 했지만, 그런 입자는 아직 발견되지도 않았고 어떻게 해야 정확히 찾아낼 수 있을지 현실적인 방법도 없다. 중력을 정확히 계산하는 방법은 일반상대성이론인데, 이 이론은 다른 힘을 따지는 방법과는 다르게 계산 방식이 양자론 형태를 갖고 있지 않다. 그러므로 현재는 중력을 나머지 세 가지 힘과 통합해서 하나의 방식으로 설명할 수 있는 길이 없다.

그래서 설령 세 가지 힘을 통합하는 대통일이론이 완성되더라도 거기에 중력을 통합하는 데는 별 수가 없다. 혹시라도 놀라운 착상으로 네 가지 힘을 하나의 힘으로 설명할 수 있는 이론이 개발된다면, 그것을 '모든 것의 이론Theory of Everything'이라는 별명으로 부를 수 있다는 말이 널리 퍼져 있기는 하다. 그러나 아직까지는 그저 막연한 꿈같은 이야기다.

모든 것의 이론을 알파벳 약자로 하면 TOE, 즉 '발가락'이라는 뜻이 되는데 나는 농담같이 들리는 그 어감만큼이나 모든 것의 이론은 아직 먼 이야기라고 생각한다.

학자들 중에는 루프양자중력이론을 발전시키면 중력을 양자론 방식으로 설명할 수 있을 거라고 보는 사람도 있고, 초끈이론을 발전시키면 네 가지 힘을 한 가지 방식으로 설명할 수 있을 거라고 생각하는 사람도 있다. 그러나 아직까지는 이런저런 시도를 하면서 도전하는 수준인 듯하다.

어떤 방법이든 과연 그런 일에 성공할 수 있는 사람이 있을까? 나는 지금도 세계 곳곳에서 인류를 위해 네 가지 힘을 연구하는 과학자들과 미래에 그들의 동료로 합류할 새로운 세대 중에 그 답을 들려줄 사람이 있을 거라고 믿는다.

FORCE 1 중력

샤틀레 후작부인

데이비드 보더니스, 《마담 사이언티스트》, 최세민 옮김, 생각의나무, 2006.

일연, 《삼국유사》, 김희만 외 옮김, 국사편찬위원회 한국사데이터베이스.

정해남, 〈소강절의 수론 사상과 <구수략>에 미친 영향〉, 《한국수학사학회지 23》 no.4 (2010): 1-15.

이남원, 〈라이프니츠 변신론의 논증 구조〉, 《철학연구 131》 (2014): 273-301.

이은주, 〈볼테르의 희극적 글쓰기-[캉디드]를 중심으로〉, 《프랑스문화예술연구》 13 (2005): 295-317.

김선영, 〈벨 철학에서 악의 문제-라이프니츠의 [변신론]을 중심으로〉, 《가톨릭철학 33》 (2019): 107-134.

"비발디, 사계", 두산백과, 두피디아.

Terrall, Mary. "Émilie Du Châtelet and the Gendering of Science." History of science 33, no. 3 (1995): 283-310.

Zinsser, Judith P. "Entrepreneur of the 'Republic of Letters': Emilie de Breteuil, Marquise Du Chatelet, and Bernard Mandeville's Fable of the Bees." French Historical Studies 25, no. 4 (2002): 595-624.

Reichenberger, Andrea. "Brief Lives: Émilie du Châtelet." Philosophy Now 154 (2023): 60-62.

캐서린 존슨

마고 리 셰털리, 《히든 피겨스》, 고정아 옮김, 동아엠앤비, 2017.

주은우, 〈미국 무성영화와 백인 국가의 탄생: 국가의 탄생과 초기 미국영화 속의 인종 정치〉, 《미국사연구 24》 (2006): 81-116.

장윤식, 〈한별위성과 위성DMB〉, 《위성통신과 우주산업 13》 no. 1 (2006): 65-71.

YTN, "역사속 오늘 [1962년 7월 30일] 미국 우주선 서울 도착", 《YTN》,

2009.7.3.
국사편찬위원회, 《조선왕조실록》, https://sillok.history.go.kr/main/main.
do.
Anderson Jr, Frank W. Orders of Magnitude: A History of NACA and
NASA, 1915-1980. No. NASA-SP-4403. 1981.
Siegelbaum, Lewis. "Sputnik goes to Brussels: the exhibition of a Soviet
technological wonder." Journal of Contemporary History 47, no. 1
(2012): 120-136.
Wissehr, Cathy, Jim Concannon, and Lloyd H. Barrow. "Looking back at
the Sputnik era and its impact on science education." School Science
and Mathematics 111, no. 7 (2011): 368-375.
McDowell, Jonathan C. "The edge of space: Revisiting the Karman
Line." Acta Astronautica 151 (2018): 668-677.
McDowell, Jonathan. "Where does outer space begin?." Physics Today
73, no. 10 (2020): 70-71.
Burkhalter, Bettye B., and Mitchell R. Sharpe. "Mercury-Redstone: The
first American man-rated space launch vehicle." Acta Astronautica 21,
no. 11-12 (1990): 819-853.

FORCE 2 전자기력

헤디 라마

데이브 목, 《열정이 있는 지식기업 퀄컴 이야기》, 박정태 옮김, 굿모닝북스,
2007.
배진용, 《토마스 에디슨의 꿈, 발자취 그리고 에디슨 DNA》, 더하심, 2017.
황은자, "도산의 딸, '영웅' 안수산의 도전", 《여성신문》, 2021.3.8.
"전자기파 스펙트럼", 《두산백과》, 두피디아.
알렉산드라 딘(감독), 〈밤쉘〉(다큐멘터리), 2018.
Birkett, Dea. "Hedy Lamarr: Film star or scientist?." Engineering &
Technology 13, no. 3 (2018): 65-67.
Markström, Karl-Arne. "The invention by Hedy Lamarr and George

Antheil of frequency-hopping spread-spectrum secret communications." URSI Radio Science Bulletin 2020, no. 372 (2020): 62-63.

Woods, Robert O. "A Cable to Shrink the Earth." Mechanical Engineering 133, no. 01 (2011): 40-44.

Picker, John M. "Atlantic cable." Victorian Review 34, no. 1 (2008): 34-38.

Chen, Chen, Yan Chen, Yi Han, Hung-Quoc Lai, and KJ Ray Liu. "Achieving centimeter-accuracy indoor localization on WiFi platforms: A frequency hopping approach." IEEE Internet of Things Journal 4, no. 1 (2016): 111-121.

Challoo, Rajab, A. Oladeinde, Nuri Yilmazer, Selahattin Ozcelik, and L. Challoo. "An overview and assessment of wireless technologies and co-existence of ZigBee, Bluetooth and Wi-Fi devices." Procedia Computer Science 12 (2012): 386-391.

도러시 호지킨

이광현, 《발해인 이광현 도교저술 역주》, 이봉호 옮김, 한국학술정보, 2011.

달렌 스틸, 《시대를 뛰어넘은 여성과학자들》, 김형근 옮김, 양문, 2008.

개서린 휘틀록·로드리 에번스, 《과학으로 세계를 뒤흔든 10명의 여성》, 박선령 옮김, 문학사상, 2020.

곽충실·박준희·조지현, 〈한국인이 선호하는 음식점 한식 및 간편식품과 빵류의 비타민 B_{12} 함량분석 연구〉, 《한국영양학회(Korean J Nutr) 45》 no. 6 (2012): 588-599,

Howard, Judith AK. "Dorothy Hodgkin and her contributions to biochemistry." Nature reviews Molecular cell biology 4, no. 11 (2003): 891-896.

Dodson, Eleanor. "Dorothy Hodgkin: A Life." Structure 7, no. 6 (1999): R147-R148.

Kropman, M. F., and H. J. Bakker. "Dynamics of water molecules in aqueous solvation shells." Science 291, no. 5511 (2001): 2118-2120.

Laing, Michael. "No rabbit ears on water. The structure of the water molecule: What should we tell the students?." Journal of Chemical

Education 64, no. 2 (1987): 124.

Hansch, Corwin. "Quantitative approach to biochemical structure-activity relationships." Accounts of chemical research 2, no. 8 (1969): 232-239.

Hauptman, Herbert A. "History of x-ray crystallography." Chemometrics and Intelligent Laboratory Systems 10, no. 1-2 (1991): 13-18.

Mingos, D. Michael P. "Early History of X-Ray Crystallography." 21st Century Challenges in Chemical Crystallography I: History and Technical Developments (2020): 1-41.

FORCE 3 약력

리제 마이트너

김현철, 《강력의 탄생》, 계단, 2021.

데이비드 린들리, 《볼츠만의 원자》, 이덕환 옮김, 승산, 2003.

데니스 브라이언, 《퀴리 가문》, 전대호 옮김, 지식의숲(넥서스), 2008.

샤를로테 케르너, 《리제 마이트너》, 이필렬 옮김, 양문, 2009.

Gill, Matthew, Francis Livens, and Aiden Peakman. "Nuclear fission." In Future Energy, Elsevier, 2014, pp.181-198.

Sime, Ruth Lewin. "Lise Meitner: a 20th century life in physics." Endeavour 26, no. 1 (2002): 27-31.

Sime, Ruth Lewin. "Lise Meitner's escape from Germany." American Journal of Physics 58, no. 3 (1990): 262-267.

Sime, Ruth Lewin. "Lise Meitner and the discovery of nuclear fission." Scientific American 278, no. 1 (1998): 80-85.

Schunck, Nicolas, and David Regnier. "Theory of nuclear fission." Progress in Particle and Nuclear Physics (2022): 103963.

조슬린 벨 버넬

김부식. 《삼국사기》, 을유문화사, 1996.

소광섭, 〈역사와 고학의 학제적 연구에 부쳐〉, 《역사학보 149》 (1996): 246-252.

송경은. "[Science] 주기율표는 인류의 도전사..63개 원소, 150년만에 두배로", 《매일경제》, 2019.12.6.

Yakovlev, Dmitrii G., Pawel Haensel, Gordon Baym, and Ch Pethick. "Lev Landau and the concept of neutron stars." Physics-Uspekhi 56, no. 3 (2013): 289.

Burrows, Adam S. "Baade and Zwicky: 'Super-novae,' neutron stars, and cosmic rays." Proceedings of the National Academy of Sciences 112, no. 5 (2015): 1241-1242.

Kim, Kyeong, Kyoung Wook Min, Richard Elphic, Re Choi, Nobuyuki Hasebe, Hiroshi Nagaoka, Junghun Park et al. "Introduction to the lunar gamma-ray spectrometer for Korea pathfinder lunar orbiter." 42nd COSPAR Scientific Assembly 42 (2018): B3-1.

Pacucci, Fabio, and Abraham Loeb. "The search for the farthest quasar: consequences for black hole growth and seed models." Monthly Notices of the Royal Astronomical Society 509, no. 2 (2022): 1885-1891.

Lee, Sang-Sung, Do-Young Byun, Chung Sik Oh, Seog-Tae Han, Do-Heung Je, Kee-Tae Kim, Seog-Oh Wi et al. "Single-dish performance of KVN 21 m radio telescopes: simultaneous observations at 22 and 43 GHz." Publications of the Astronomical Society of the Pacific 123, no. 910 (2011): 1398.

Kalogera, Vassiliki, and Gordon Baym. "The maximum mass of a neutron star." The Astrophysical Journal 470, no. 1 (1996): L61., 06/DEC/2019 (2019).

McLerran, Larry, and Sanjay Reddy. "Quarkyonic matter and neutron stars." Physical review letters 122, no. 12 (2019): 122701.

Primak, N., C. Tiburzi, W. Van Straten, J. Dyks, and S. Gulyaev. "The polarisation of the drifting sub-pulses from PSR B1919+ 21." Astronomy & Astrophysics 657 (2022): A34.

Burnell, Jocelyn Bell. "Liberal helpings of knowledge." Physics World 8, no. 1 (1995): 42.

Thielemann, F-K., M. Eichler, I. V. Panov, and B. Wehmeyer. "Neutron star mergers and nucleosynthesis of heavy elements." Annual Review of Nuclear and Particle Science 67 (2017): 253-274.

Kasen, Daniel, Brian Metzger, Jennifer Barnes, Eliot Quataert, and Enrico Ramirez-Ruiz. "Origin of the heavy elements in binary neutron-star mergers from a gravitational-wave event." Nature 551, no. 7678 (2017): 80-84.

"Jocelyn Bell Burnell Special Public Lecture: The Discovery of Pulsars." YouTube, Perimeter Institute for Theoretical Physics, 26 Oct. 2018, https://www.youtube.com/watch?v=-335gUOvdhA.

FORCE 4 약력

우젠슝

달렌 스틸,《시대를 뛰어넘은 여성과학자들》, 김형근 옮김, 양문, 2008.

리언 레더먼 · 크리스토퍼 T. 힐,《힉스 입자 그리고 그 너머》, 곽영직 옮김, 지브레인, 2018.

막달레나 허기타이,《내가 만난 여성 과학자들》, 한국여성과총 교육출판위원회 옮김, 해나무, 2019.

개서린 휘틀록·로드리 에번스,《과학으로 세계를 뒤흔든 10명의 여성》, 박선령 옮김, 문학사상, 2020.

마틴 가드너,《마틴 가드너의 양손잡이 자연세계》, 과학세대 옮김, 까치, 1993.

박인규,《사라진 중성미자를 찾아서》, 계단, 2022.

주희,《대학·중용》, 김미영 옮김, 홍익, 2022.

장영민, 〈코카드 텔레비전 방송국 (KORCAD-TV)의 설립과 경영에 관한 연구〉,《한국언론학보 57》 no. 6 (2013): 663-690.

김승환, "김승환의 과학사랑방③ 안동 김씨 피를 이어 받은 풍운의 중국 물리학자 부부",《조선일보》, 2013.12.11.

Takhtamyshev, G. G. Interpretation of experiments on parity nonconservation. No. JINR-D--2-89-700. Joint Inst. for Nuclear

Research, 1989.

Bertozzi, Eugenio. "Toward a history of explanation in science communication: the case of Madame Wu experiment on parity violation." Journal of Science Communication 16, no. 3 (2017): A10.

Huggett, Nick. "Reflections on parity nonconservation." Philosophy of Science 67, no. 2 (2000): 219-241.

Ji, Na, and Robert A. Harris. "Atomic and molecular parity nonconservation and sum frequency generation solutions to the ozma problem." The Journal of Physical Chemistry B 110, no. 38 (2006): 18744-18747.

Brownmiller, Susan. "China Dolls and Dragon Ladies: American Images of Asian Women." Asian Women 6 (1998): 157-160.

Johnson, James E., James M. Hartsuck, Robert M. Zollinger Jr, and Francis D. Moore. "Radiopotassium equilibrium in total body potassium: studies using 43K and 42K." Metabolism 18, no. 8 (1969): 663-668.

Welsh, James S. "Beta decay in science and medicine." American journal of clinical oncology 30, no. 4 (2007): 437-439.

Rajasekaran, G. "Fermi and the theory of weak interactions." Resonance 19 (2014): 18-44.

Klimenko, Alexander Y., and Ulrich Maas. "One antimatter—two possible thermodynamics." Entropy 16, no. 3 (2014): 1191-1210.

"Introducing NCU.", National Central Univeristy, https://www.ncu.edu.tw/en/pages/show.php?top=1&num=477.

헨리에타 레빗

조지 존슨, 《리비트의 별》, 김희준 옮김, 이명균 감수, 궁리, 2011.

개서린 휘틀록 · 로드리 에번스, 《과학으로 세계를 뒤흔든 10명의 여성》, 박선령 옮김, 문학사상, 2020.

데이바 소벨, 《유리우주》, 양병찬 옮김, 알마, 2019.

이현경, "스티븐 와인버그 교수 88세로 별세…전자기력·약력 통합해 표준모형 이끈 선구자", 《동아사이언스》, 2021.7.25.

이성규, "'벤자민 리'의 유품", 《사이언스타임즈》, 2007.6.21.

Langanke, Karlheinz, and G. Martínez-Pinedo. "Nuclear weak-interaction processes in stars." Reviews of Modern Physics 75, no. 3 (2003): 819.

Fowler, William A. "Experimental and theoretical nuclear astrophysics: the quest for the origin of the elements." Reviews of Modern Physics 56, no. 2 (1984): 149.

Langanke, K., H. Feldmeier, G. Martínez-Pinedo, and T. Neff. "Astrophysically important nuclear reactions." Progress in Particle and Nuclear Physics 59, no. 1 (2007): 66-73.

Cox, John P. "Theory of Cepheid Pulsation: Excitation Mechanisms." In International Astronomical Union Colloquium, vol. 82, pp. 126-146. Cambridge University Press, 1985.

Carini, Roberta, Enzo Brocato, Gabriella Raimondo, and Marcella Marconi. "On the impact of helium abundance on the Cepheid period-luminosity and Wesenheit relations and the distance ladder." Monthly Notices of the Royal Astronomical Society 469, no. 2 (2017): 1532-1544.

Bono, Giuseppe, Filippina Caputo, and Marcella Marconi. "On the theoretical period-radius relation of classical Cepheids." The Astrophysical Journal 497, no. 1 (1998): L43.

Zhevakin, S. A. "Physical basis of the pulsation theory of variable stars." Annual Review of Astronomy and Astrophysics 1, no. 1 (1963): 367-400.

Davis, C. G. "Theoretical study of Cepheid light curves." In International Astronomical Union Colloquium, vol. 82, pp. 153-156. Cambridge University Press, 1985.

Ellis, John. "The superstring: theory of everything, or of nothing?." Nature 323, no. 6089 (1986): 595-598.

Tegmark, Max. "Is 'the theory of everything' merely the ultimate ensemble theory?." Annals of Physics 270, no. 1 (1998): 1-51.

다른 포스트

뉴스레터 구독신청

곽재식과 힘의 용사들

자연계 4대 힘을 쥐락펴락한 과학자들의 짜릿한 우주 정복기

초판 1쇄 2023년 6월 26일

지은이 곽재식

펴낸이 김한청
기획편집 원경은 차언조 양희우 유자영 김병수 장주희
마케팅 박태준 현승원
디자인 이성아 박다애
운영 최원준 설채린

펴낸곳 도서출판 다른
출판등록 2004년 9월 2일 제2013-000194호
주소 서울시 마포구 양화로 64 서교제일빌딩 902호
전화 02-3143-6478 **팩스** 02-3143-6479 **이메일** khc15968@hanmail.net
블로그 blog.naver.com/darun_pub **인스타그램** @darunpublishers

ISBN 979-11-5633-542-9 03400